舗装の維持修繕
ガイドブック 2013

舗装委員会 舗装設計施工小委員会 著

平成25年11月
公益社団法人 日本道路協会

は じ め に

わが国の道路構造物は，高度経済成長期における集中的な整備等を経て順次ストックとして蓄積され，その機能を発揮してきたところである。今後，これらの補修や更新を行う必要性が高まってくることが見込まれており，国・地方ともに厳しい財政状況にある中，いかに的確に対応するかが重要な問題となっている。なかでも舗装は，人や車が直接関わる部分であり，適切な機能の保持を通じた円滑な交通の確保ばかりでなく，多様化・高度化する道路利用者や沿道住民のニーズにも応えていく必要があるため，財政上の制約下での効率的な管理がより一層求められる。

このような状況下，今後の道路政策の基本的方向としてとりまとめられた「道路分科会建議『中間取りまとめ』」（平成24年6月）では，持続可能で的確な維持管理・更新の必要性が提案された。また，社会資本整備重点計画（平成24年7月）や，国土交通省技術基本計画（平成24年12月）においても，今後の社会資本整備の維持管理の戦略的な実施等の必要性について明記された。さらに，本年6月には社会資本整備審議会道路分科会道路メンテナンス技術小委員会にて，点検，診断，修繕等の措置や長寿命化計画等の充実を対象に維持管理の業務サイクルの構築の重要性を述べた，中間とりまとめ「道路メンテナンスサイクルの構築に向けて」がとりまとめられた。

これら一連の流れを踏まえ，（公社）日本道路協会舗装委員会舗装設計施工小委員会では，限られた予算のなかで計画的かつ効率的に舗装を管理し，その機能を維持あるいは向上させることに役立つよう，維持修繕の考え方や工法の選定手法，性能の確認・検査などについてガイドブックとしてとりまとめた。

本書は，技術基準や指針のように，ある一定の技術方法論を規定するものではなく，中長期を見据えた舗装の維持修繕の考え方への理解を深めるとともに，舗装の維持修繕における実務担当者の技術的な理解と判断を支援する参考書であると考えている。

道路のもつ性格・役割や地域・沿道の状況等は様々であり走行する車も多種多様であることから，道路管理者はそれぞれの道路の特性を理解し，適切な維持管理を行うことが求められる。本書を通じて，各道路管理者のメンテナンスサイクルの構築，個別の現場における維持修繕の一助となれば幸いである。

平成25年11月

舗装委員会　舗装設計施工小委員会
委員長　久　保　和　幸

舗装委員会

委員長　吉 兼 秀 典

舗装設計施工小委員会
委員長　久 保 和 幸

　　幹事長　　泉　　秀　俊

維持修繕WG

WG長	松 村 高 志
	石 垣 　 勉
	伊 藤 達 也
	海 老 澤 秀 治
	大 井 　 明
	加 納 孝 志
	小 関 裕 二
	五 伝 木 　 一
	坂 本 寿 信
	坂 本 康 文
	島 崎 　 勝
	田 口 　 仁
	竹 内 　 康
	田 中 輝 栄
	外 川 和 彦
	中 原 大 磯
	板 東 芳 博
	廣 藤 典 弘
	前 原 弘 宣
	美 馬 孝 之
	山 本 富 業
	渡 邉 一 弘

目　　　次

第1章　総　説 1
　1-1　維持修繕の意義と必要性 1
　1-2　本ガイドブック活用に当たっての留意事項 2
　　1-2-1　本ガイドブックの位置付け 2
　　1-2-2　本ガイドブックの構成 2
　　1-2-3　関連図書 3

第2章　維持修繕の考え方　～マネジメントへのアプローチ～ 5
　2-1　管理のあるべき姿 5
　2-2　マネジメント 7
　　2-2-1　概説 7
　　2-2-2　実施手順 8
　　2-2-3　階層的構造 13
　2-3　マネジメントの取組方法 15
　　2-3-1　幹線道路における取組方法 15
　　2-3-2　生活道路における取組方法 20
　2-4　マネジメントへのアプローチ 22

第3章　維持修繕の実施計画 24
　3-1　概説 24
　3-2　調査 25
　　3-2-1　調査のフロー 25
　　3-2-2　路面調査 27
　　3-2-3　構造調査 33
　3-3　評価 37
　　3-3-1　破損の分類と評価区分 37
　　3-3-2　破損の評価 37
　3-4　設計 55
　　3-4-1　維持修繕工法の種類と破損の程度に応じた工法の選定 56
　　3-4-2　要求性能の設定 60
　　3-4-3　路面設計 64
　　3-4-4　路面設計例 69
　　3-4-5　構造設計 71
　　3-4-6　構造設計例 76
　　3-4-7　LCCを考慮した設計の考え方 87

第4章　維持修繕の実施 … 91
4-1　概　説 … 91
- 4-1-1　維持修繕工法 … 91
- 4-1-2　維持修繕用材料 … 92

4-2　維持工法 … 95
- 4-2-1　パッチングおよび段差すりつけ工法 … 95
- 4-2-2　シール材注入工法（シーリング工法） … 100
- 4-2-3　切削工法 … 102
- 4-2-4　表面処理工法 … 103
- 4-2-5　空隙づまり洗浄工法 … 110
- 4-2-6　粗面処理工法 … 110
- 4-2-7　グルービング工法 … 111
- 4-2-8　薄層オーバーレイ工法 … 112
- 4-2-9　わだち部オーバーレイ工法 … 112
- 4-2-10　路上表層再生機等を使用した路面維持工法 … 112
- 4-2-11　注入工法（アンダーシーリング工法） … 114
- 4-2-12　バーステッチ工法 … 116

4-3　アスファルト舗装の修繕工法 … 116
- 4-3-1　打換え工法 … 116
- 4-3-2　オーバーレイ工法 … 121
- 4-3-3　表層・基層打換え工法（切削オーバーレイ工法） … 125
- 4-3-4　路上路盤再生工法 … 126
- 4-3-5　路上表層再生工法 … 129

4-4　コンクリート舗装の修繕工法 … 132
- 4-4-1　打換え工法 … 132
- 4-4-2　オーバーレイ工法 … 134
- 4-4-3　局部打換え工法 … 138
- 4-4-4　薄層コンクリートオーバーレイ工法 … 140

4-5　機能の追加等に応じた維持修繕 … 140
- 4-5-1　新たな機能や性能を追加する舗装 … 140
- 4-5-2　疲労破壊輪数を変更する舗装 … 145
- 4-5-3　道路占用復旧に伴う舗装 … 146

第5章　性能の確認・検査 … 150
5-1　概　説 … 150
5-2　性能の確認・検査の方法 … 150
- 5-2-1　性能指標の値の確認による方法 … 150
- 5-2-2　出来形・品質の確認による方法 … 151

5-3　性能指標の値の確認方法 … 151
- 5-3-1　性能指標の値の確認による方法 … 151

5-3-2	性能指標の値の検査および合格判定値	154
5-4	出来形・品質の検査	154
5-4-1	出来形・品質の検査方法	154
5-4-2	維持工法の出来形・品質の検査方法	155
5-4-3	出来形検査の実施項目と方法	157
5-4-4	品質検査の実施項目と方法	158
5-4-5	出来形・品質の合格判定値	160

第6章　工事記録の蓄積 …… 164

- 6-1　概　説 …… 164
- 6-2　工事記録の収集 …… 164
  - 6-2-1　工事記録の収集目的 …… 164
  - 6-2-2　工事記録の収集方法 …… 164
  - 6-2-3　工事記録の様式 …… 165
- 6-3　工事記録の蓄積 …… 169
  - 6-3-1　工事記録の蓄積目的 …… 169
  - 6-3-2　工事記録の蓄積方法 …… 169
- 6-4　工事記録の活用 …… 170
  - 6-4-1　工事記録の活用目的 …… 170
  - 6-4-2　工事記録の活用方法 …… 170

コラム

- 舗装の管理目標と日常生活および社会経済活動の関係 …… 13
- ロジックモデル …… 14
- 国際ラフネス指数（IRI：International Roughness Index） …… 16
- 歩道および自転車道等の舗装の維持修繕 …… 148

付　録

- 付録1　管理目標の設定・修正の考え方 …… 175
- 付録2　幹線道路における舗装のマネジメントの具体例 …… 179
  - 1　M県の取組事例 …… 179
  - 2　S自治体の取組事例 …… 183
- 付録3　生活道路における舗装のマネジメントの具体例 …… 189
- 付録4　アスファルト舗装の破損の形態と発生原因 …… 194
- 付録5　コンクリート舗装の破損の形態と発生原因 …… 213

索　引 …… 229

第1章　総　説

1-1　維持修繕の意義と必要性

　道路は，社会生活において最も基本的な社会資本の一つであり，全道路延長は未舗装も含め約120万kmとなっている。このような道路にあって，舗装の果たす役割は，沿道の環境に配慮しつつ安全で円滑かつ快適な交通を確保することである。舗装は，供用開始直後から車両の通行や雨水，紫外線などの影響によって，わだち掘れやひび割れなどが発生し，徐々にその性能が低下していく。舗装（路面）の状態は，構造的な耐久性や道路利用者および沿道住民の安全性，快適性等に直接影響を与えることから，適切な時期に，適切な方法でその性能を効率的に回復させることが必要となる。

　道路管理上要求される舗装（路面）の維持修繕は，一般に「維持」と「修繕」に大別されるが，本ガイドブックでは以下のように定義している。

　維　持：計画的に反復して行う手入れまたは緊急に行う軽度な修理をいい，路面の性能を回復
　　　　　させることを目的に実施することをいう。主な維持工法にはパッチングや表面処理な
　　　　　どがある。

　修　繕：維持では不経済もしくは十分な回復効果が期待できない場合に，建設時の性能程度に
　　　　　回復することを目的に実施することをいう。主な修繕工法には打換え工法や切削オー
　　　　　バーレイ工法などがある。

　なお，上記定義は技術的な分類によるもので，各道路管理者が予算等により便宜的に分類する場合とは異なるので留意されたい。

　舗装は，性能が低下することを前提に建設し，その状態を適宜把握しながら必要な管理行為の適切な実施が求められる。一方で，図-1.1.1に示す舗装のストックと舗装事業費の推移によると，舗装のストックは増加傾向であるが，舗装の維持修繕費は財政上の制約等により近年減少傾向にある。これらを踏まえると，近年では舗装の性能低下が進行しつつあると考えられる状態の中で供用されていることになる。しかしながら，長期的な視点でみると，低下しつつある舗装の性能はいずれ回復させることが必要なものであり，財政上の制約がある中でも今後より一層の合理的・効率的な舗装の管理を実現させるべく，新たなマネジメント手法も求められよう。さらに，維持修繕工事においても，舗装に求められる機能に対応した性能を規定するなど性能規定化の流れを踏まえた取り組みも重要となる。

　以上のことから，舗装の維持修繕を適切に行うことは，道路利用者や沿道住民の安全性，快適性を確保する上や，限られた予算の中で舗装を効率的に管理する上で重要なことといえる。

第1章　総　説

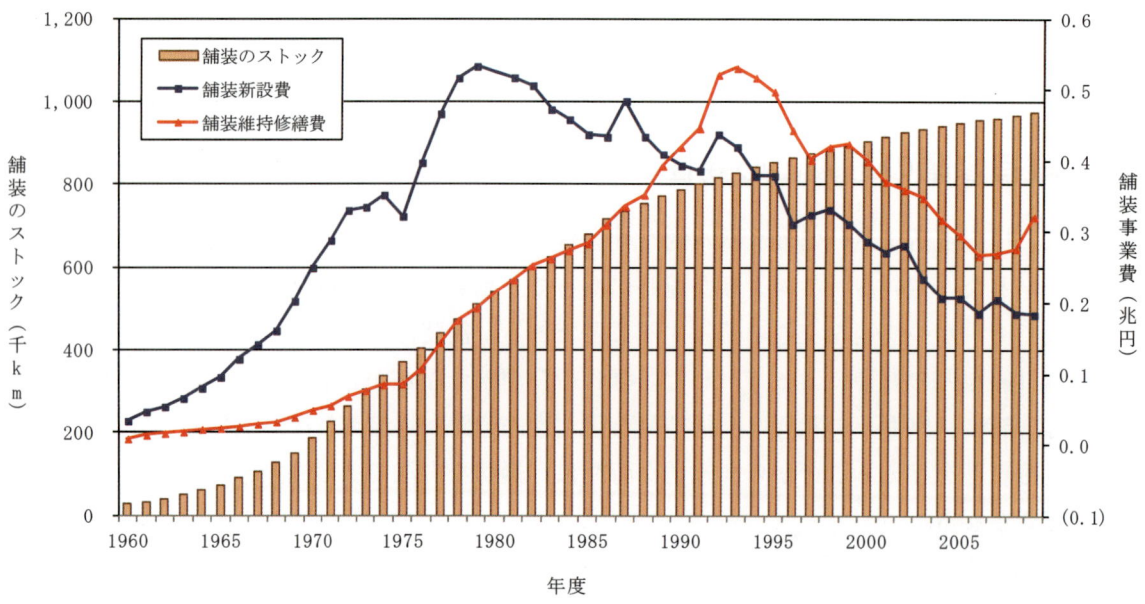

注）対象とした道路；未舗装道を除いた道路法上の道路

図-1.1.1　舗装のストックと舗装事業費の推移[1]

1-2　本ガイドブック活用に当たっての留意事項

1-2-1　本ガイドブックの位置付け

　本ガイドブックは，(公社)日本道路協会の関連図書をふまえ，舗装の管理を行うに当たっての，維持修繕の考え方，調査・評価から維持修繕工法の選択，設計・施工，性能の確認・検査，工事記録の蓄積に至る事項に関してまとめたものである。また，可能な限り実施例・写真等を取り入れることで具体的にイメージできるように配慮した。これらのことから，本ガイドブックは，舗装の維持修繕における実務担当者の技術的な理解と判断を支援する参考図書として活用されることを期待している。

1-2-2　本ガイドブックの構成

　本ガイドブックの構成を，図-1.2.1に示す。「第2章　維持修繕の考え方」では，今後の道路管理者に求められる新たな管理のあり方や考え方について述べており，舗装管理のあるべき姿，PDCA（Plan-Do-Check-Act）サイクルからなる舗装のマネジメントのフローを示すとともに，管理目標やライフサイクルコスト等について概説しており，管理目標の設定手法については巻末の「付録1」で具体的に例示している。また，幹線道路と生活道路における舗装のマネジメントの取組方法を示し，その具体例を「付録2」および「付録3」で紹介している。

　第3章以降は，舗装のマネジメントの中で抽出された区間における維持修繕の実施について，具体的な事例を交えて記述している。「第3章　維持修繕の実施計画」では，抽出された維持修繕区間における，舗装の現状評価としての調査から維持修繕工法の選定までを「実施計画」として位置付けて記述している。また，巻末の「付録4」および「付録5」に，アスファルト舗装とコンクリート舗装の破損に関する形態と発生原因について写真等を活用して具体的に示しており，これらを活用することで実務担当者が破損の状態にあわせて対応できるようにしている。「第4章　維持修繕の実施」では，具体的な維持修繕工法について適用条件や使用材料，施工方法および留

意事項等について記述するとともに，舗装に求められるニーズや交通量等の変化に伴って取り組む維持修繕を「機能の追加等に応じた維持修繕」として示している。「第5章　性能の確認・検査」においては，維持修繕を実施した場合の性能の確認方法および検査方法を示しており，「第6章　工事記録の蓄積」では工事記録を収集する目的や手法，その活用方法について記述している。

　なお，本ガイドブックは，車道を対象とした維持修繕の参考図書という位置付けとしているため，歩道および自転車道等に関しては，適宜，第2章から第4章を参考に，その観点の下での適用となる。また，本ガイドブックの活用に際しては，字句のみにとらわれることなく，記述内容の意図するところを把握し，道路管理者の実状や現地の諸条件を踏まえた最適な維持修繕を行うことが重要である。

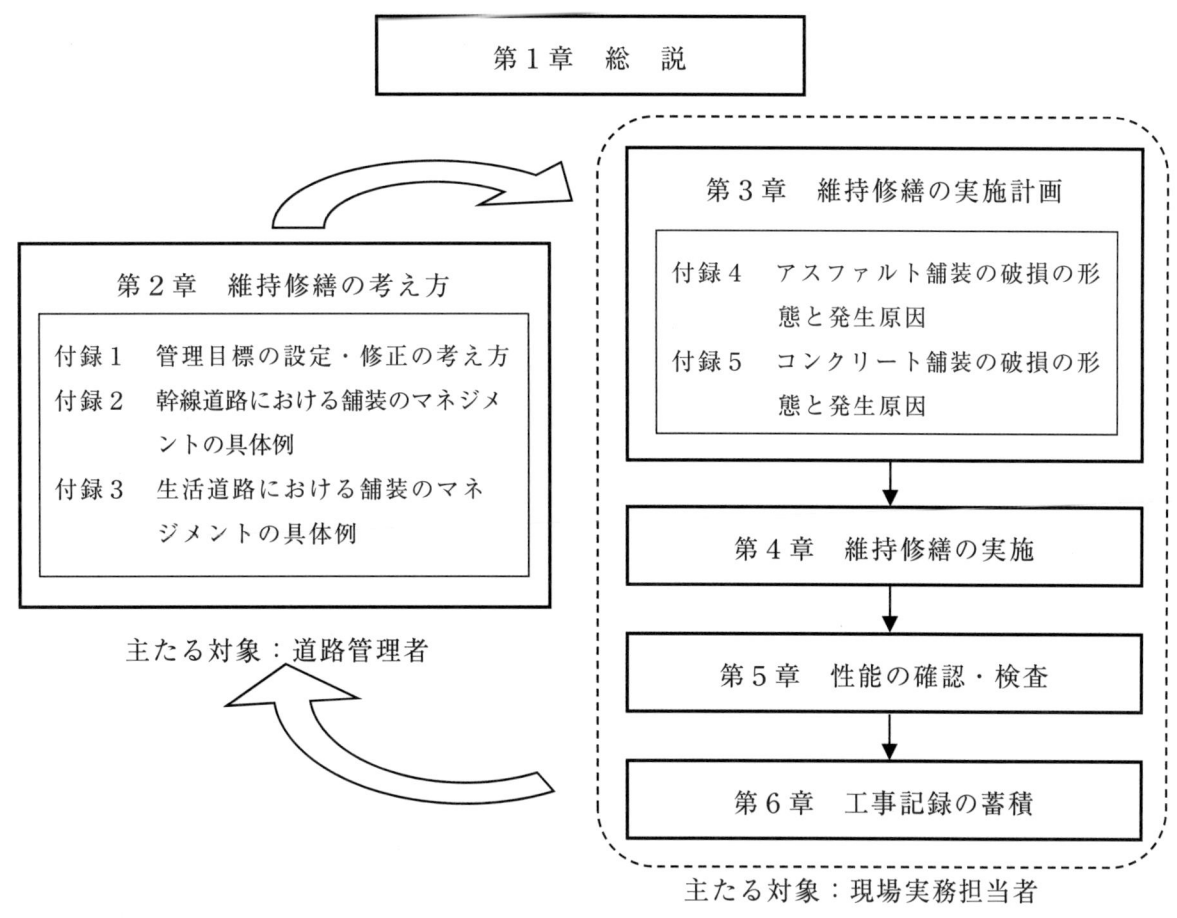

図-1.2.1　本ガイドブックの構成

1-2-3　関連図書

　材料の選定や取り扱い，施工に当たっては，関連する法規類を遵守することは当然であるが，本ガイドブックに関連する技術図書には**表-1.2.1**に示すものがあり，適宜参照されたい。

　なお，わだち掘れの程度については，従来，関連図書等では"わだち掘れ量"と表記しているが，本ガイドブックでは"わだち掘れ深さ"としている。これは，わだち掘れの程度をより明確に表現するためであって，測定方法は従来と同様であり同意と捉えていただきたい。

第1章 総説

表-1.2.1 関連図書

区 分	図 書 名	発行時期
道路構造	道路構造令の解説と運用	平成16年 2月
舗 装	舗装の構造に関する技術基準・同解説	平成13年 9月
	舗装設計施工指針（平成18年版）	平成18年 2月
	舗装設計便覧	平成18年 2月
	舗装施工便覧（平成18年版）	平成18年 2月
	舗装再生便覧（平成22年版）	平成22年11月
	アスファルト混合所便覧（平成8年版）	平成 8年10月
	道路維持修繕要綱	昭和53年 7月
	アスファルト舗装工事共通仕様書解説	平成 4年12月
	舗装性能評価法 －必須および主要な性能指標の評価法編－（平成25年版）	平成25年 4月
	舗装性能評価法　別冊 －必要に応じて定める性能指標の評価法編－	平成20年 3月
	舗装調査・試験法便覧（全4分冊）	平成19年 6月
土 工	道路土工要綱	平成21年 6月
橋 梁	道路橋示方書・同解説	平成24年 3月
	鋼道路橋塗装・防食便覧	平成17年12月
	道路橋床版防水便覧	平成19年 3月

【参考文献】
1）国土交通省道路局：道路統計年報2011

第2章 維持修繕の考え方
～マネジメントへのアプローチ～

2-1 管理のあるべき姿

　わが国の道路施設の多くは、戦後本格的な整備が始まり、高度経済成長期に大量の橋梁やトンネルなどが建設され、資産としてのストック量も相当なものになっている。道路施設の一つである舗装は、他のそれらとは異なり、供用後に車両の走行に伴う交通荷重を直接かつ繰り返し受けることによる累積疲労や紫外線等により破損や劣化が進行するため、その性能と管理上の目標値を踏まえ、再構築を含む修繕や維持という管理行為が必要である。つまり、舗装は、性能が低下することを前提に建設し、その状態を適宜把握しながら、必要な管理行為を適切に実施していく特徴を有している。なお、管理上の目標値の設定の仕方についてはさまざまな方法が考えられ、当該道路の性格や交通量・速度等の交通条件、地域・沿道の状況等を勘案し、各道路の管理者が適切な舗装の管理を実施する観点から適宜設定する。図-2.2.1 に「舗装設計施工指針（平成18年版）」で示されている管理上の目標値の設定の概念を示す。

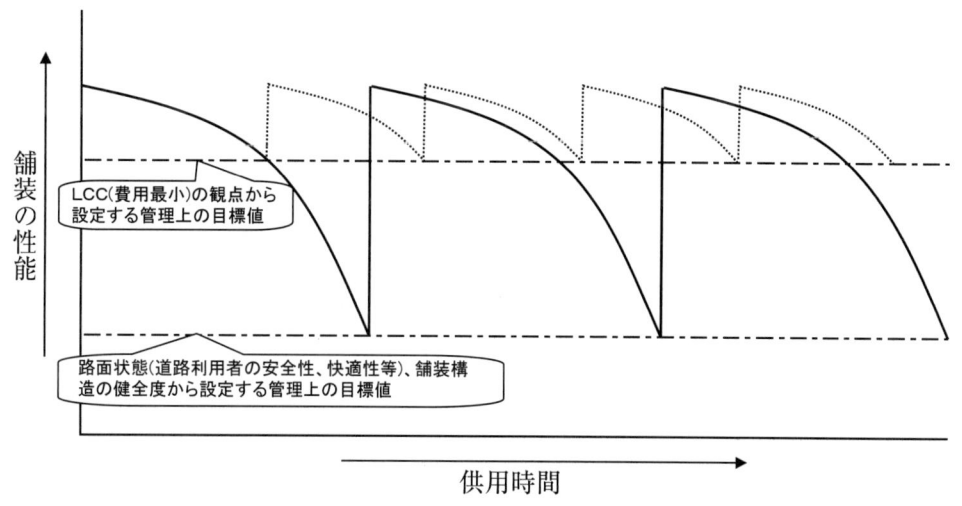

図-2.1.1　管理上の目標値の設定の概念[1]

　一方で、少子高齢化の影響を受けた、総人口および労働人口の減少による地域経済力の低下、年金や医療、福祉などの社会保障費の上昇などにより、財政上の制約が高まり、道路施設の管理に対する財源がいっそう厳しくなっている。

　舗装の管理は長期的な事業であり、その実績とそれによって得られた効用の把握によって事業の妥当性を確保すること、そして道路利用者（道路本体の利用者と沿道住民を含む。）および納税者との適切なコミュニケーションを行い、事業の妥当性や資産価値についてのアカウンタビリティを確保することが求められる。このことから、舗装のマネジメントを単に舗装の管理に関する業務の合理化とコスト縮減に帰着する問題としてとらえるのではなく、様々な制約の中で道路利用者および納税者からの信頼を得つつ、長期的かつ持続的にサービス水準を確保しつづけるため

第2章　維持修繕の考え方

の舗装の管理に関する業務プロセスの改善，再構築ととらえる視点こそ，戦略的な舗装の管理と称される取組といえよう。

舗装の管理のあるべき姿とは，「道路利用者および納税者にとってわかりやすい，透明性のある管理の実現」，および「最小のコストで最適な効果を調達する効率的な管理の実現」である[2]。舗装を国民，市民から預かっている大切な資産としてとらえ，どれだけ満足度が向上するか等の顧客志向および成果志向を基本として，限られた予算の中で計画的かつ効率的に管理し，管理上生じた問題点の抽出と改善を繰り返しながら，その機能を維持，向上させることにより，国民，市民に最大の効用を提供することが求められる。そのために，舗装の一連の管理行為にマネジメント手法を導入することが必要であり，これが舗装のマネジメントといえる。舗装のマネジメントの最終的な目的は，資産としての舗装の管理行為の意志決定を合理的に行うためのマネジメントシステムを構築し，長期的かつ持続的に運用し改善していくことにより，安全かつ円滑な交通の実現に向けた管理行為に対して社会からの信頼を確保することにある。

前述の舗装の管理のあるべき姿とは，以下のものである。

(1) 道路利用者および納税者にとってわかりやすい，透明性のある管理の実現

道路利用者および納税者とのコミュニケーションによるニーズの把握を通じて，舗装の管理のアウトカムをわかりやすい指標で表現し，そのレベル（管理目標）について道路利用者および納税者と合意形成を図る。また，管理目標の達成に向けた道路管理者の舗装の管理に関する様々な取組については，積極的に情報公開を図り，舗装の管理に関して道路利用者および納税者の関心を高め，その理解を得られるように努める。これらの取組を通じて，道路利用者および納税者とのコミュニケーションレベルをさらに高め，舗装の管理実態等に応じて管理目標を適宜修正するなど，PDCAのサイクルを実現することにより，透明性のある舗装の管理が実現される。

なお，道路や舗装は，国民生活を支える重要な社会基盤施設の一つであり，舗装の状態を維持することが，単に道路利用者の快適な交通を支えるものにとどまらず，物流や救急医療といった国民，市民の生活を支える重要な役割を担っていることも踏まえた管理が必要である。

(2) 最小のコストで最適な効果を調達する効率的な管理の実現

コストと効果の組み合わせは，提供するサービス水準，舗装の管理の仕方によって多様な選択肢があり，道路利用者の意向，道路管理者の方針，財政の制約，現場条件等によって決定される。ライフサイクルコスト（LCC，3-4-2 (1) 5) 参照）を視野に入れ，適切な時期に適切な維持修繕工法を選定することにより，コストに対して最も価値の高いサービスを提供することが重要である。LCCを視野に入れた検討を通じた短期的，長期的な予算規模の把握により，それとサービス水準の関係に関して(1)に示す合意形成に資することが期待される。そのためには，舗装の性能の将来予測が必要であり，追跡調査等を通じた維持修繕工法の検証に関する取組[3]も重要である。

舗装のマネジメントに関する取組は，一部の道路管理者において進められてきているが，「道路利用者および納税者にとってわかりやすい，透明性のある管理の実現」，「最小のコストで最適な効果を調達する効率的な管理の実現」に向けては，さらにその取組を充実させていくべきである。舗装の性能の将来予測や路面性状と道路利用者満足度との関係[4]等，引き続き技術的知見の充実を図る必要もある。また，各道路管理者は，道路利用者のニーズ，財政，現地の条件，利用可能な物的および人的資源等おかれている状況が様々である。これらを考慮しながら，各道路管理者で可能なところから舗装のマネジメントに関する取組を進め，その取組状況について道路管理者

間等での情報共有[5]を通じた相乗的な進化を図り，舗装の真のマネジメントに少しずつ近づけていくことが求められる。

　海外に目を転ずると，英国では1980年代の民営化プログラムを経て，民間企業に社会インフラの適切な維持管理を求めるためアセットマネジメントを標準化する必要性が高まり，2004年にイギリス規格協会がアセットマネジメントのプロセス標準 PAS55（Publicly Available Specification：公開仕様書）を作成した。2009年からは ISO（International Organization for Standardization：国際標準化機構）で，PAS 55をベースにアセットマネジメントシステムの国際標準化（ISO55000シリーズ策定）に向けた検討が始まっている。ISO において，マネジメントとは「組織を指揮し，管理するための調整された活動」，マネジメントシステムとは「方針及び目標を定め，その目標を達成するためのシステム」と定義されている。マネジメントシステムで求められる重要な点は，マネジメントの継続的な改善ができる仕組みが組織の中で組み込まれ，機能しているかどうかということである[6]。ISO では，組織に対してこの継続的な改善を要求している。舗装の管理においても，このような考え方をとりいれるべきである。

2-2　マネジメント

2-2-1　概　説

　舗装のマネジメントは，図-2.2.1に示すフローのとおり，PDCA サイクルを回すことであり，このシステムが舗装マネジメントシステムである。全体の概略手順は，①管理目標の設定，②舗装の現状把握，③健全度の評価・将来予測，④データの蓄積・更新，⑤維持修繕計画の策定・管理目標の修正，⑥維持修繕の実施，⑦事後評価・結果のフィードバックとなる。このフローにおいては，維持修繕の実施を含む舗装の管理の状況について，道路利用者および納税者とのコミュニケーションを活用しながらニーズを把握し，管理目標の再設定を行うなどの施策的性格を有する PDCA サイクルが成立する。同様に，維持修繕の実施後の供用性に関する蓄積データの分析による工法選定の妥当性検証や，早期劣化路線や区間に対する原因究明および改善策の実施など，現場実務に近いレベルの業務プロセスの改善という工学的性格を有する PDCA サイクルも成立する。

　なお，舗装マネジメントシステムにはネットワークレベルとプロジェクトレベルの2つが存在する[7]。ネットワークレベルの舗装マネジメントシステムでは，道路を網（ネットワーク）としてとらえ，すべての区間を対象としてどの区間がいつ管理目標以下になるのか把握すること，およびその管理目標の設定レベルに応じ LCC を見据えて全体の最小費用を求めることになる。一方，プロジェクトレベルの舗装マネジメントシステムでは，ネットワークレベルで維持修繕が必要とされた区間に対し，その実施区間の設定，既設舗装の評価，設計および採用すべき工法等についての技術的な判断を個別に行い[8]，当該区間で LCC が最小となるように維持修繕の実施計画を立案して実施するものである。維持修繕の実施結果は，当然のことながらデータベースに蓄積され，ネットワークレベルの舗装マネジメントシステムに反映されるものである。

第2章　維持修繕の考え方

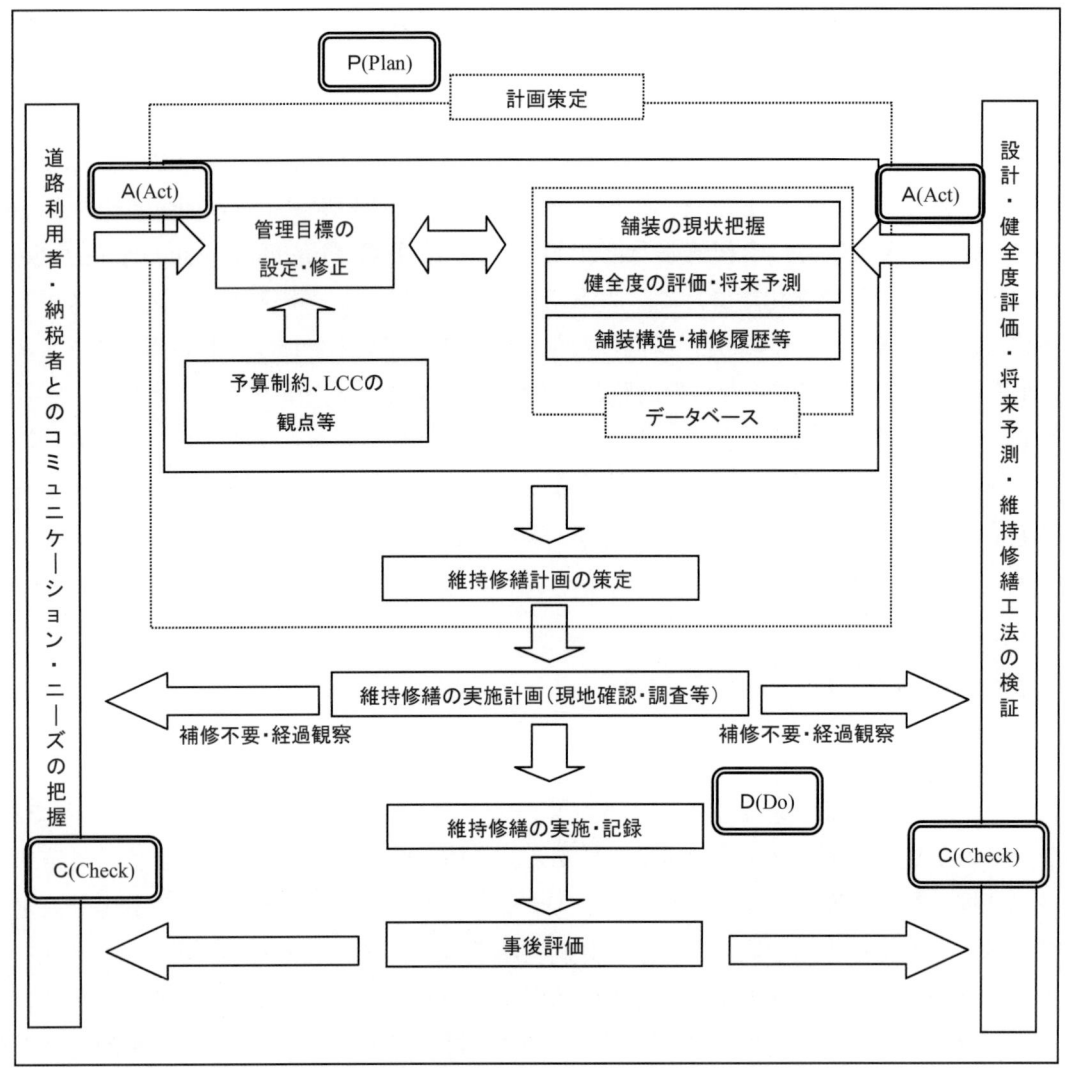

図-2.2.1　舗装マネジメントシステムのフロー

2-2-2　実施手順

実施手順は，以下のとおりである。

(1) 管理目標の設定

　管理目標は，舗装の果たす機能に着目して，その度合いを数値で表したもの，あるいはランク分けをしたものであり，その指標としては，道路利用者および納税者のニーズを反映し，舗装の状態をわかりやすく説明するサービス指標と，道路管理者が舗装の状態を専門的に把握，評価する管理指標が存在する。

　サービス指標としては乗り心地等の満足度が最上位に位置付けられる。その満足度に影響を及ぼす舗装の機能としては，安全，円滑，快適および環境というものが挙げられる。乗り心地等の満足度や安心感といったサービス指標は，専門知識のない一般の人にも理解しやすい指標であることから，道路利用者とのコミュニケーションや，舗装の維持修繕の効果を一般に説明する際などに利用[2]される。

　管理指標は，たとえば舗装のひび割れ率やFWD（Falling Weight Deflectometer）によるたわみ量[9]のように，道路利用者の関心を必ずしも引くものではないが，舗装の構造的な健全度の把握等，舗装の適切な管理を実施するために，道路管理者が把握しておかなければならない指標で

第 2 章　維持修繕の考え方

あり，道路管理者の視点[10]に立ったものといえる。

　舗装の管理に当たっては，これら両者（図-2.2.2）をバランスよく考慮しながら管理目標を設定することになる。管理目標の指標は，サービス指標と管理指標をバランス良く組み合わせて一つの指標として統合化した指標が考えられるが，複数の指標でもよい。また，管理目標を設定する上で対象とした指標によって舗装の現状把握（モニタリング）をすることになるので，これまでの管理実績や今後の管理体制等を踏まえて，管理目標を設定することが必要である。

```
管理目標を設定する上で対象とする指標
├── 道路利用者・納税者のニーズを反映し、舗装の状態をわかりやすく説明する指標    ⇒ サービス指標
│   （例：満足度、安心感、周辺環境　等）
└── 道路管理者が舗装の状態等を専門的に把握・評価する指標                      ⇒ 管理指標
    （例：舗装の健全度、FWDたわみ量、ひび割れ率　等）
```

図-2.2.2　サービス指標と管理指標[2]より作成

　管理目標は，そのレベルにより道路利用者へのサービス水準や，舗装の管理に必要となる予算に影響を与えるものである。よって，管理目標については，道路利用者や納税者の理解を得ることが必要であり，道路利用者へのサービス提供の観点，そのサービスを得るために必要となる納税者の負担（あるいは必要となる予算）の観点等から，わかりやすく説明することが求められる。

　管理目標の設定に当たっては，考慮すべき項目の例として，「路面状態とサービス水準の関係」，「道路条件，地域条件等による区分」，「目標値を維持するために必要となる予算」が挙げられ，道路の性格に応じて個別に設定することも当然考えられる。さらに，短期的な視点とともに中長期的な視点も重要であり，舗装の管理に要する費用について LCC の観点からの検討も必要である。

　「付録1」で，管理目標の設定・修正の考え方について例示しているので，適宜参照されたい。

(2) 舗装の現状把握

　管理している全道路の状況を客観的に評価するため，設定した管理目標の指標に関する情報を取得するように舗装の状態を全線にわたって把握する必要がある。この現状把握の方法については，定量的に把握することが好ましいが，各道路の特性，地域の実情やそれまでの舗装の管理実態に応じて，その把握レベルについては個別に設定することになる。舗装の状態を把握することによって，道路利用者の個別のニーズに適切に対応できることも可能となり，舗装の管理の透明性が向上するものである。

(3) 健全度の評価・将来予測

　健全度の評価は，各区間の舗装の状態が管理目標と照らし合わせてどのような状態にあるのかを定量的または定性的に評価するものである。ここで評価した健全度は，その将来予測を通じ，道路管理者が舗装の維持修繕に，いつ，どの程度費用がかかるのかを適切に算出するための基礎資料となる。

　健全度の将来予測は，LCC の算出や維持修繕計画の策定等において重要な要素となる。しかし，舗装の劣化の速さは，舗装の構成，材料や維持修繕履歴，交通特性や気候等の多くの要因が関係しており，その影響の度合いも多種多様である。健全度の将来予測に当たっては，劣化過程のこ

のような不確実性を認識しておく必要がある。

　また，舗装をマネジメントするという観点から要求される将来予測の精度も様々である。たとえば，交通量が少なく劣化が遅い区間に関して，維持修繕サイクルの間隔を設定する程度のモデルを構築し，道路管理者費用のみで LCC を算出した例[1]もある。このような場合は，維持修繕サイクルの間隔やその内容を過去の実績や近隣区間の状況から把握する程度でよいといえる。その一方，幹線交通を担い舗装の劣化速度が速い道路においては，たとえばひび割れ率，わだち掘れ深さ等の指標ごとに，過去の路面性状データ等を統計処理し，大型車交通量区分，積雪寒冷地域か一般地域かなどの地域区分，前回に実施した維持修繕工法の区分などに応じた実績回帰式を設定し，それを通じて健全度を将来予測することも考えられる。舗装の状態の劣化過程には不確実性が不可避であることから，リスクマネジメントの考え方を導入し，蓄積された路面性状データ等から，舗装の区間毎の劣化過程に規則性を見出し，確率的劣化予測モデルを用いて[11]将来の必要投資量を算出していく新たな取組もある。

　いずれの手法においても，ある時点に利用可能な情報をもとに設定した劣化予測モデルは，その時点では最適なモデルかもしれないが，それ以降もそのモデルが最適である保証はない。舗装の管理行為に関する技術の進展とともに，供用性の推移も変化する。よって，適切な時期に劣化予測モデルに対する検証を行うことも必要である。

　また，新たな点検データを獲得し，劣化予測モデルを更新した際，既存の劣化予測モデルより長寿命化の方向へシフトすれば，この間に行った管理行為により平均的な劣化速度が遅くなったことを意味する。この間に舗装の何らかの長寿命化施策を適用したとするならば，劣化予測モデルのシフト量が長寿命化の効果として評価することが可能である。舗装の劣化予測モデルは，このように計画立案（Plan）はもとより，それ以上に事後評価（Check, Act）において重要な役割を有している。

(4) データの蓄積・更新

　データベースは，舗装のマネジメントを実施する上で中核となるパーツである[8]。ここでは，路面性状等の舗装の状態を示すデータのみならず，舗装のデータバンクとして，道路種別，舗装構造，使用材料，維持修繕履歴等の基本的なデータを格納すべきである。これらのデータは，日常の維持管理を行う上や実際の維持修繕工法を検討する際，あるいは道路利用者のニーズへの対応を行う際など様々な段階にて使用される貴重な情報[12]であり，データの散逸を防ぐためにも，一元化したデータベースを構築しておくべきである。また，実務レベルでデータベースが道路管理上有効に活用されるよう，データベース構築後，維持修繕履歴などの情報を適宜蓄積していく必要があり，各道路管理者にとって必要な情報の検索とデータの修正や更新，蓄積を的確かつ迅速に行うマネジメント体制を構築することが重要である[2]。

(5) 維持修繕計画の策定・管理目標の修正

　管理している全道路において，道路を網（ネットワーク）としてとらえ，舗装の現状把握および将来予測の結果をもとに，舗装の性能，サービス水準に関して各々の道路の性格に応じて設定した管理目標を下回る路線や区間を抽出し，LCC を見据えて最も効率的な維持修繕計画を策定する。そして，ネットワークとしての長期計画の立案，維持修繕投資の需要予測や投資効果の評価を行う[13]。ここで LCC の算出に当たっては，様々な維持修繕パターン（舗装の打換え，切削オーバーレイ，表面処理系等の組み合わせ（なお，それぞれについて単価および舗装の劣化予測モデルを設定することが必要となる。））を設定し，設定した管理目標を満足した上で LCC が最小

第2章 維持修繕の考え方

となる維持修繕パターンを見出すことになる[14]。

具体的には，舗装の性能について将来予測を行い，設定した管理目標を満足できない区間が，いつ，どの程度発生するか把握し，それぞれの区間でLCCが最小となる維持修繕パターンを見出して設定することにより，将来の維持修繕事業量および事業費を計画することになる。これが舗装の維持修繕計画であり，舗装のマネジメントに取り組んだ上で最も求められるアウトプットに当たる。いわゆる「舗装の長期投資計画」といえる。

こうして，ネットワークレベルでの長期的な全体投資計画を立案することができるが，予算的制約を踏まえ，その計画内容や実行可能性に応じて，必要に応じて管理目標を再検討して当該計画を修正することも考えられる。管理目標の見直しに当たっては，必要となる予算に影響を与えることから，設定した管理目標により必要となる予算規模を過去の実績や現在ある知見から推定し，実施可能な水準であるか検証するとともに，道路利用者および納税者とのコミュニケーションにより把握したニーズに照らし合わせた検証も求められる（「付録1」参照）。

わが国では，LCCの算定手法について確立されたものはないが，LCCの算定に用いる一般的な費用項目は，道路管理者費用，道路利用者費用ならびに沿道および地域社会の費用の3つに大別できる。各費用項目について，代表的なものを表-2.2.1に示す。

表-2.2.1　LCCの費用項目例[2]より作成

分　類	項　目	詳細項目例
道路管理者費用	調査・計画費用	調査，設計費
	建設費用	建設費，現場管理費
	維持管理費用	維持費，除雪費，点検費，修繕費
	再建設費用	再建設費，廃棄処分費，現場管理費
	管理者人件費	人件費，諸経費等
	関連行政費用	広報費
道路利用者費用	車両走行費用	燃料費，車両損耗費の増加
	時間損失費用	工事車線規制や迂回による時間損失費用
	その他費用	事故費用，心理的負担（乗り心地の不快感，渋滞の不快感などの）費用
	安全性回復費用	維持修繕工事により安全性が回復する費用
	定時性確保費用	工事後の渋滞緩和により定時走行が可能となる費用
	異常時通行可能費用	補強工事により，災害時に規制や通行止めが回避されることによる便益費
沿道および地域社会の費用	環境費用	騒音，振動等による沿道地域等への影響
	その他費用	工事による沿道住民の心理的負担，沿道事業者の経済損失

LCCの算定においては，必ずしもこれらすべての項目について考慮する必要はない。LCCの算定は，その目的や要求される精度，工事条件，交通条件，沿道および地域条件等により，算定項目を適切に選択して行うとよい。たとえば，交通量が少なく，工事規制に伴う渋滞等の影響も小さい地方部では，LCCにおける道路管理者費用の占める割合が圧倒的に大きい結果となるLCC算定結果[15]もあり，そのような場合は道路管理者費用のみを選択してLCCを算定することも考えられる。都市部において，道路利用者費用（車両走行費用，工事渋滞による時間損失費用等）や補修工事に伴う沿道住民の心理的負担費用も加味してLCCを試算した例[16]もある。また，道路利用者費用についてはその算出が困難なものもあるが，たとえばポーラスアスファルト舗装の

ように多様な機能を有する舗装に関して，それら機能による便益の道路利用者費用への加算に取り組んだ研究[17]や，舗装の劣化，維持修繕などの道路投資による改良効果，道路利用者の走行費用，渋滞損失費用を算出するモデルを構築した例もある[18]。

(6) 維持修繕の実施

ネットワークレベルで抽出された維持修繕候補箇所について，プロジェクトレベルとして現地で維持修繕を実施するに当たっては，その実施区間の設定，既設舗装の評価，設計および採用すべき工法等についての技術的な判断が個別に必要[8]となり，維持修繕の実施計画が求められる。これに関しては第3章以降で詳述する。たとえば，維持修繕を実施する区間が抽出されたとして，当該区間の現地の破損状況は平均的なのか局所的なのか，隣接する区間の舗装の破損程度や維持修繕履歴，沿道利用状況，さらには工事規制に伴う交通への影響を見据えて一度で維持修繕を実施する範囲はどこか等を判断する必要があり，実施する維持修繕工法も舗装構成や破損原因，維持修繕履歴等に応じて現地で適切に選定しなければならない。

また，安全性に支障をきたすような破損や劣化等が発見されれば，予算的制約にかかわらず緊急対応をそのつど実施し，安全の確保を最優先に図らなければならない。

(7) 事後評価・結果のフィードバック

維持修繕の実施後に，データベースに工事データを蓄積する。また，維持修繕の事後評価を行い，舗装マネジメントシステムにおける維持修繕計画へフィードバックすることが必要である。

具体的には，道路利用者および納税者とのコミュニケーションを活用しながらニーズを把握し，管理目標の再設定を行うなどのサイクルの導入が重要であり，これらの取組を通じて舗装の管理に対する透明性が向上していくものである。

このような施策的性格を有するマネジメント的なフィードバックの他，舗装の現状把握，健全度の評価および将来予測，維持修繕や新たな工法等に対する蓄積データの分析による劣化予測モデルの精度向上や妥当性検証を行う工学的なフィードバックも実施する必要がある。近年，反復して行う維持の中でも舗装の構造としての性能に大きな変状が現れる前に行う「予防的維持」に関心が高まっているが，費用と耐久性の関係について事後評価を行い，効果が確認されれば積極的に採用していく，効果が確認されなければ代替の予防的維持工法の選定を検討する，といったことも工学的なフィードバックに該当する。

このように，事後評価を通じて管理目標の設定および修正や維持修繕工法の設定などへフィードバックすることでPDCAサイクルが成立することとなる。

以上が舗装のマネジメントのフローである。しかしながら，それぞれの道路管理者において管理している道路の区分，延長，交通量等の道路の性格や，道路管理体制，路面性状の把握状況等も異なることが考えられ，現時点では様々なレベルの舗装のマネジメントの取組が考えられる。上述したフローを最終目標としつつ，それぞれの実情に応じ，可能な取組から進めていくことが重要である。

> **コラム：舗装の管理目標と日常生活および社会経済活動の関係**
>
> わだち掘れが生ずる，平たん性が悪化するというように舗装の状態が悪くなれば，「速度を落として走行する」，「積み荷に悪影響を及ぼす」，「車両の消耗が進行する」，「騒音や振動が増大する」等の道路利用者費用が発生する。たとえば，舗装の状態によっては地方部で生産される新鮮な青果物の都市部への供給に影響を及ぼすといったことも考えられる。また，密粒度舗装からポーラスアスファルト舗装への打換えや景観に配慮した舗装への打換えなど，機能付加に対する道路利用者費用（便益）も発生しうる。このようにサービス指標を含む舗装の管理目標は日常生活および社会経済活動と密接に関連するものであり，LCCの検討にあたっては道路利用者費用も含めることが本来必要である。一方，舗装の維持修繕の合理性や機能付加の経済効果についての知見は少なく，特に便益についてはどこまで考慮すべきか等の議論の余地が大きく，調査研究が引き続き求められる。いずれにせよ，このようにLCCは道路管理者費用と道路利用者費用の総費用を考慮すべきことを考えると，舗装の管理目標は，道路の性格，役割，使われ方等を踏まえて設定していくことが必要であることが分かる（図参照）。
>
>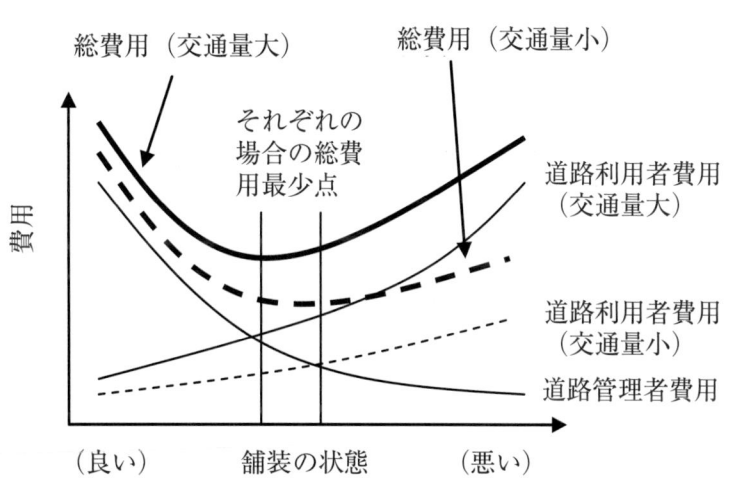
>
> 例：交通量に着目した総費用の比較

2-2-3 階層的構造

舗装マネジメントシステムにおいては，道路管理に携わる者が自分の果たすべき役割を考え，マネジメントのフローの中で実践することが求められる。また，業務の改善等の最終的な決定は予算執行の決定権を有する責任者が下し，これを各担当者が共有して組織が一丸となって改善目標を達成することが重要である。よって，視点を変えれば，舗装マネジメントシステムは意志決定の時間的視野や組織的階層性の違いにより，多階層の構造を有しているといえる。

現場に最も近いPDCAサイクルは，日常管理業務のサイクルであり，年度予算の下で，その年度の維持修繕計画（P）を策定し，維持修繕事業を執行し（D），その成果をとりまとめる（C&A）。中間的なサイクルでは，舗装の現状把握の成果を踏まえて，中期的な維持修繕計画（P）を策定し，舗装の維持修繕の優先順位や各年度の予算を決定し（D），中期計画の執行状況を評価する（C&A）。施策側に最も近いサイクルでは，長期的な視点から，限られた資源の範囲内において，達成すべき舗装の管理目標とそれを実現するための長期的予算を検討し，現時点から将来にわたって検討すべき課題とその対処方針を決定することが重要な課題となる[19]。このように，日常管理業務のレベルを始め，それぞれの意志決定段階で舗装のマネジメントを実践していることを意識することが重要といえる。

第2章　維持修繕の考え方

　このような階層的な取組や継続的業務改善を，維持管理業務の全体をモデル化し業務遂行をモニタリングし改善するためのツールであるロジックモデルを用いて実現する舗装マネジメントシステムのモデルも存在する（図-2.2.3）。

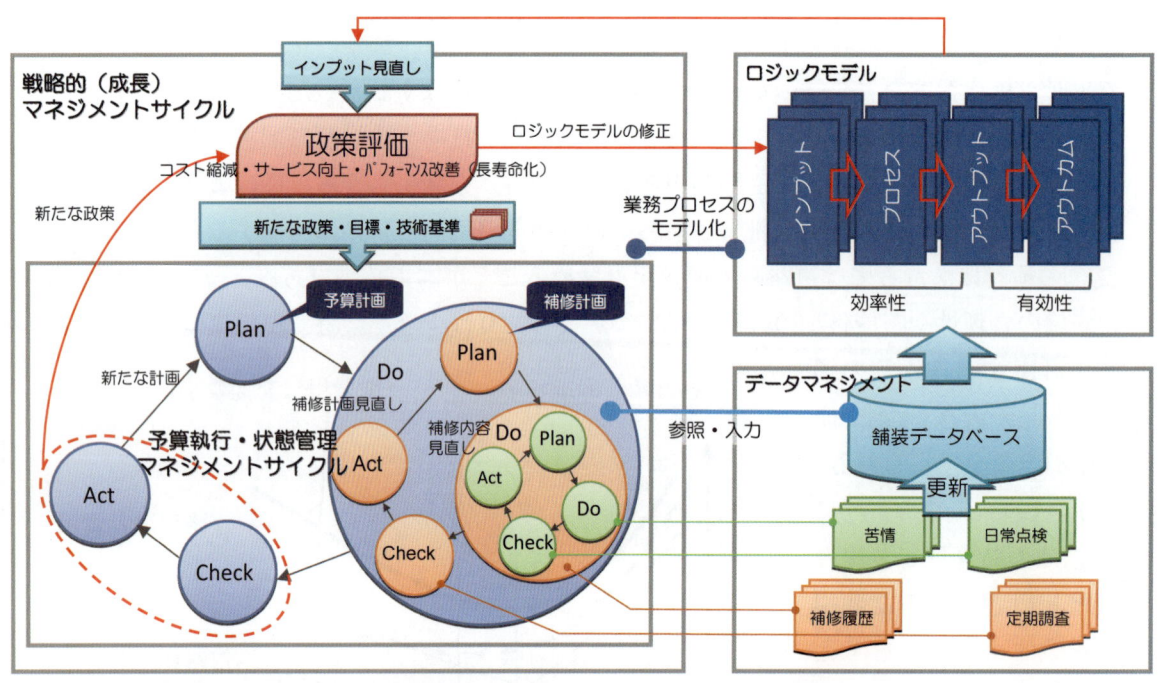

図-2.2.3　舗装マネジメントシステムのモデル例[20)より作成]

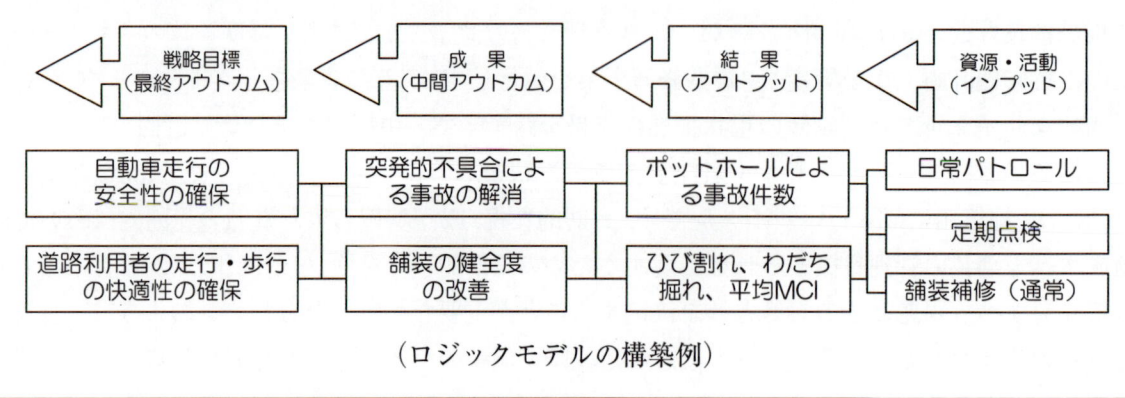

コラム：ロジックモデル

　ロジックモデルとは，維持管理業務の目標をサービスの視点にたった成果（アウトカム）として表現し，その目標を達成するための業務と成果との関係を論理的に結びつけ，業務全体を系統立って表現するものである。ロジックモデルに基づき業務を実施した結果を，アウトプット指標，アウトカム指標として定量的に評価し，それにより日常業務や個々の事業が事業全体に与える貢献度を分析し，貢献度が低い業務（活動）を抽出することで，インプット改善の対象を明らかにする。また，計画通りに目標を達成できなかった場合には，その要因をロジックモデルを用いて分析し，新たな計画の見直し時において，目標を達成するための手段（インプット）の組合せを再検討することとなる。

（ロジックモデルの構築例）

― 14 ―

2-3 マネジメントの取組方法

　本節では，幹線道路を対象とした場合と生活道路を対象とした場合に分類し，それぞれの舗装のマネジメントに関する具体的な取組方法を例示的に紹介する。また，「付録2」，「付録3」では実際の取組事例を紹介しているので，適宜参照されたい。

　なお，ここでいう「幹線道路」と「生活道路」は，道路の区分のみで一義的に決まるものではなく，舗装のマネジメントに関して合理的と考えられる取組レベルで分類したものである。「幹線道路」とは，相対的に交通量が多く，また舗装の劣化速度が速いため，道路延長に対して相対的に維持修繕費用が大きくなり，定期的な路面性状調査による舗装の定量的な現状把握をベースとした舗装のマネジメントを実施することが求められる道路である。こうしたデータの蓄積を通じたPDCAサイクルが，LCCを見据えより適切な時期により適切な工法での維持修繕の実施につながり，舗装の効率的な管理を可能とする性格を有している。一方，「生活道路」とは，相対的に交通量が少なく舗装の劣化速度も遅く，また道路延長も長いため，本格的な路面性状調査を行うと調査費用に要する費用は少なくなく，維持修繕費用の縮減効果が得られないおそれのある道路である。よって，舗装のマネジメントを実施する上で，舗装の現状把握方法の簡素化などの工夫がより必要となる道路を指す。概して，それぞれの道路は，以下のような特徴を有している。

　幹線道路：相対的に交通量（特に大型車交通量）が多く舗装の劣化速度が速く，路面性状測定
　　　　　　車を用いた高速かつ効率的で定期的な現状把握が有効
　生活道路：相対的に総延長が長く交通量が少なく，目視や通報等による現状把握とデータ管理
　　　　　　が重要

2-3-1　幹線道路における取組方法
(1) 管理目標の設定

　これまでの路面性状調査の実績や今後の予定，あるいは舗装の主たる破損形態や維持修繕工法といった管理実績等を踏まえ，管理目標の指標を適切に選定することが必要である。

　管理目標の指標としては，「2-2-2 (1)」で述べたとおり，サービス指標と管理指標があるが，サービス指標に関して，道路利用者の満足度に影響をおよぼす要因としては，舗装の状態のみならず，道路の規格，線形，交通量，天候など様々なものがあるため，舗装の状態との関係を定量的に把握することは難しい問題である。路面の状態と車両等の挙動に対するモニター評価試験[4]，ヒアリング調査等から道路利用者の満足度との関係を推定し，その結果を踏まえて指標を再設定していくことが考えられる。当面は，管理目標の指標として路面性状を表す指標をそのまま用いることも可能である。

　管理目標の指標として路面性状を表す指標を選定した場合，国際ラフネス指数（IRI：International Roughness Index）や平たん性，ひび割れ率，わだち掘れ深さといった単独指標を用いることも考えられる。また，舗装の維持管理指数（MCI：Maintenance Control Index）等のように，複数の路面性状データを組み合わせた総合指標を用いることも考えられる。単独指標は，形態別（たとえばひび割れ卓越かわだち掘れ卓越か等）に劣化した複数の箇所の舗装の状態を単純に比較することはできないが，それを用いた評価値は，舗装の性能，劣化や破損形態との関係が比較的明確である。総合指標の場合は，舗装の状態が形態別に劣化した複数の箇所について統一の指標により評価することが可能となるため，維持修繕の優先順位を評価する際やマクロ的な

舗装状態の把握に有用である。なお，総合指標の一例としてMCIの算出式[21]を以下に示す。

MCI：MCI（平たん性が未測定の場合はMCI_0），MCI_1，MCI_2のうちの最小値

$$MCI = 10 - 1.48C^{0.3} - 0.29D^{0.7} - 0.47\sigma^{0.2}$$
$$MCI_0 = 10 - 1.51C^{0.3} - 0.30D^{0.7}$$
$$MCI_1 = 10 - 2.23C^{0.3}$$
$$MCI_2 = 10 - 0.54D^{0.7}$$

C：ひび割れ率（％）
D：わだち掘れ深さ（mm）
σ：平たん性（mm）

いずれにせよ，管理目標の指標は，それぞれの道路の性格，状況，地域の実情および舗装の管理実態や蓄積データの種類等を踏まえ，上記の例示にとらわれることなく個別に設定することになる。

管理目標の指標を選定した後，これまでの舗装の管理実態や道路の性格等に応じた値やレベルを管理目標として設定することとなる。

コラム：国際ラフネス指数（IRI：International Roughness Index）

IRIは1989年に世界銀行が提案した路面のラフネス指標で，「2軸4輪の車両の1輪だけを取り出した仮想車両モデルをクォーターカーと呼び，このクォーターカーを一定の速度で路面上を走行させたときの車が受ける上下方向の運動変位の累積値と走行距離の比（m/kmまたはmm/m）を，その路面のラフネスとする」と定義されている。IRIにより路面の縦断方向の凹凸レベルについて，下図のように全く維持作業が行われていない未舗装道路から非常に高い平たん性が要求される滑走路まで同一尺度で評価できる（図参照）。測定方法としては，水準測量による方法からパトロールカーに乗車した調査員の体感や目視による方法まで4クラスが存在しており，様々な道路の路面の状態について，比較的安価に相対比較することも可能であることから，近年関心が高まっている。

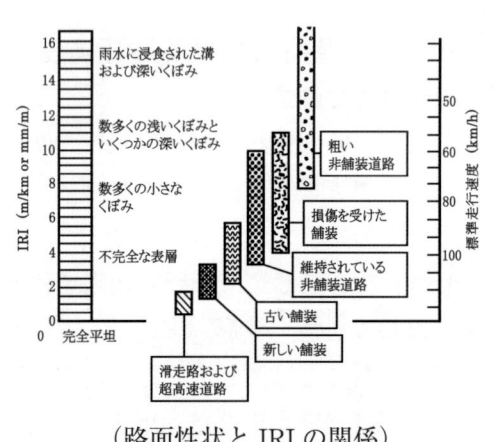

（路面性状とIRIの関係）

---

(2) 舗装の現状把握

幹線道路は，一般的に交通量が多く，その中でも大型車の占める割合が高い。人流および物流の動脈であり，社会経済活動を支える基盤である半面，舗装の劣化速度も速い。このような性格を有する道路では，道路管理者が主体となって舗装の現状把握を行うことが適切である。一般的には，交通に支障が生じない手法により舗装の状態を把握するため，路面性状測定車（**写真-2.3.1**）を用いた調査や巡回点検などによって，代表的な路面性状（IRIや平たん性，ひび割れ，わだち掘れ）を取得することが多い。取得するデータが舗装のマネジメントの出発点であり，劣化予測モデルの設定にも影響を及ぼすため，それぞれの調査や点検手法に応じた測定精度の確保に留意

する必要がある。なお，路面性状測定車に関しては，搭載されている路面性状自動測定装置に関する性能確認試験[22]を通じて装置毎に各項目の測定精度の検定を定期的に受けているものを用いるか，それと同等以上の精度を有する路面性状測定車を活用することが望まれる。

写真-2.3.1　路面性状測定車

　把握する頻度は，提供するサービスレベルや将来予測精度，道路管理者の体制的および予算的制約に応じて設定する。管理延長も限定された中で高いサービスレベルを提供する場合は，路面性状調査を毎年実施することも考えられるが，一般的には3～5年おきに路面性状測定車を用いて調査し，短期間の将来予測と組み合わせることにより，舗装の現状把握を行う。路面性状の変化の速度や劣化予測モデルの検証結果に応じ，把握頻度を再設定することも考えられる。
　なお，対象とする道路全線にわたり，舗装の現状把握を行う必要があるが，方向別全車線にわたって路面性状を測定する必要は必ずしもない。把握する頻度と同様に様々なレベルが考えられるが，代表車線における路面性状の取得を通じ，当該区間の舗装の状態を表すことが一般的に行われる。

(3) 健全度の評価・将来予測

　健全度の評価は，各区間の舗装の状態が管理目標と照らし合わせてどのような状態にあるのかを定量的または定性的に評価するものである。管理目標の指標としてひび割れ率等の路面性状を表す指標を選定した場合は，路面性状調査の結果得られるひび割れ率等により定量的に評価することとなる。
　将来予測は，これまでに蓄積された路面性状データから，ひび割れ率，わだち掘れ深さ等の路面性状の指標ごとに，あるいは直接的に管理目標の指標に対し，劣化予測モデルを構築することが一般的である。精度の高い劣化予測モデルが望ましいことはいうまでもないが，舗装の状態の劣化過程には不確実性が存在すること，また，定期的に路面性状データを取得していくことを踏まえると，舗装のマネジメントの取組開始時点では劣化予測モデルの精度にあまりこだわる必要

はない。当初は，近隣の道路管理者が採用している劣化予測モデルを参考に設定することも考えられる。ただし，蓄積していくデータを用い，劣化予測モデルの検証を通じた路面性状データの取得頻度の見直しにより調査費用を縮減できる可能性がある。劣化予測モデルの検証という階層でも PDCA サイクルを成立させていくことは重要である。さらに，LCC の算出に影響を及ぼす維持修繕パターン別の劣化予測モデルが妥当であったか，どの破損・劣化状態にはどの維持修繕工法が適切であったかといった，「2-2-2 (7)」で述べた工学的アプローチの面からの事後評価も重要である。

道路管理者が用いている路面性状の劣化予測モデルには，既往の実績から一次回帰式で設定している例[5]や，路線や箇所による劣化の進行速度の不確実性を考慮し，確率的手法を用いた路面性状の劣化予測モデルを構築し，劣化過程の不確実性に対するリスクマネジメントを実践している例[23]もある。

(4) データの蓄積・更新

舗装の維持修繕工法を検討する場合，舗装の劣化，破損状況やその原因調査に加え，当該区間の舗装設計条件，舗装構成，使用材料，舗設時期や維持修繕履歴等の確認が必要となってくる。これらの情報をデータベースとして一元管理することは，データの散逸を防ぐとともに，効果的な維持修繕工法を検討する上で極めて有益な情報をもたらすことになる。格納すべきデータの例を**表-2.3.1**に示す。

表-2.3.1　格納すべき舗装関係データの例 [24] より作成

データ分類	格納データの例
位　　置	路線番号，距離票または座標系，車線番号，地名
道 路 構 造	車線構成，幅員，橋梁等の構造物，交差点
沿 道 状 況	DID，積寒地域の別，沿道利用状況
交 通 状 況	交通量調査結果（大型車の別を含む。），旅行速度
舗 装 現 況	舗装計画交通量（設計区分），設計 CBR，性能規定状況，T_A，舗装構成，使用材料，舗設年月，施工業者名，プラント名
舗 装 設 計	舗装計画交通量（設計区分），設計 CBR，性能規定状況，T_A，残存 T_A，舗装構成，使用材料，補修理由，調査結果（FWD たわみ量等）
舗 装 工 事	工事名，施工業者名，プラント名，発注方式，新設・補修の別，補修理由，施工方法，施工時期，舗装構成，使用材料，性能確認結果
路 面 性 状	ひび割れ率，わだち掘れ深さ，平たん性，その他（すべり抵抗等）
その他調査	FWD たわみ量，環境騒音
参 考 調 査	通報データ，苦情データ等

このデータベースの運用に当たっては，必要な情報の検索とデータの修正や更新，蓄積を的確かつ迅速に行うマネジメント体制を構築することが重要である。さらに，たとえば緊急的に実施した小規模維持修繕の情報などの反映方法にも配慮する必要がある。

データベースは，舗装マネジメントシステムの核となるパーツであるが，データベース構築当初から完成形を目指すことに時間を割くよりは，手元にあるデータから構築を始め，更新時に少しずつ格納データを増やしていく等の工夫で，実行可能な範囲からデータベースを構築していくことも大切である。

また，路面性状の劣化予測モデルの精度向上といった工学的なアプローチ，路面性状と道路利用者の満足度との関係といった施策的なアプローチ，いずれにおいても事後評価の際には，それまでの蓄積データを活用することになる。データベースをマネジメントする上では，それまでの

データを含めて蓄積しながら更新していくことが適切である。また，新しい調査方法や技術開発，道路利用者や地域の新たなニーズ等に応じて，格納すべきデータが増えることも考えられる。データベースの拡張性の確保にも留意する必要がある。

なお，データベースの活用面における利便性の観点からは，たとえば舗装の健全度の評価ランクなどのデータベースの情報を路線網上に色分けして描画するなど，地図情報とリンクさせると便利である（例：図-2.3.1）。このようにすることで，データベースの情報を簡便かつ迅速に把握できるようになり，データベースの有効活用に繋がると考えられる。

図-2.3.1　舗装の健全度等に関して地図情報とのリンク例

(5) 維持修繕計画の策定・管理目標の修正

前項までのフローを通じ，ネットワークレベルで全体の舗装状態を把握して，設定した管理目標に照らして中長期的に発生する維持修繕候補箇所を抽出し，複数の維持修繕パターンを取捨選択しながらライフサイクルを見据えた道路管理者費用等が最小となるパターンを見出し，いつどの区間でどの維持修繕工法を実施するかという維持修繕計画を策定することになる。

維持修繕計画の策定に当たっては，少なくとも道路管理者費用を対象とした LCC を踏まえ，設定した管理目標のレベルおよび予算的制約の中で複数の代替案を比較しながら最小のコストで最大の効果を上げることを目指すことが必要である。そのためには，前項でふれた維持修繕工法ごとの劣化予測モデルが必要となり，現実的には，舗装の打換え，切削オーバーレイ，表面処理系の組み合わせが基本と考えられる。

こうして，ネットワークレベルでの長期的な全体投資計画を立案することになるが，予算的制約を踏まえ，その計画内容や実行可能性に応じて，適宜管理目標を再検討し，当該計画を修正することも考えられる。

将来的には道路管理者費用のみならず道路利用者費用ならびに沿道および地域社会の費用も加

味してLCCを算定して，維持修繕計画を策定することを目標とする。

(6) 維持修繕の実施

実際の維持修繕は，第3章以降で述べるとおり，舗装の破損や劣化状況に応じて現場ごとに個別の技術的判断を行い，維持修繕の実施計画をたてて実施することとなるため，舗装マネジメントシステム上の維持修繕計画と異なる工法等となる場合もある。実際の適用工法等について，的確にデータベースに反映していくことが必須である。

また，安全性に支障をきたすような破損や劣化等は，予算的制約にかかわらず緊急対応をそのつど実施し，安全の確保を最優先に図ることが求められる。

(7) 事後評価・結果のフィードバック

維持修繕実施後の道路利用者の満足度を把握するなど，道路利用者および納税者とのコミュニケーションによるニーズの把握を通じ，管理目標の修正や維持修繕計画策定のプロセスへ着実にフィードバックし，PDCAサイクルを実現することが求められる。また，維持修繕の設計方法や工法選定の妥当性の検証に加え，必要に応じて追跡調査も行い，維持修繕工法ごとの路面性状の劣化予測モデルの改善，有効な工法の積極採用や基準化など，工学的なアプローチからの事後評価を活かしてPDCAサイクルを機能させることも求められる。

2-3-2　生活道路における取組方法

(1) 管理目標の設定・舗装の現状把握・健全度の評価

生活道路は，路線数も多く，総延長も膨大であり，客観的な評価を行うことが出来ていない場合が多い。そこで，これから生活道路の舗装のマネジメントに取り組む道路管理者を想定し，**図-2.3.2**に舗装マネジメントシステムの取組開始時点の簡素フローを例として示す。このように，舗装マネジメントシステムのすべてのパーツを最初からそろえなくとも，後々の拡張性にのみ留意して実行可能な範囲から取り組むべきである。

生活道路は客観的な評価を行うことが出来ていない場合が多いため，生活道路の管理目標の設定に当たっては，今後どのように舗装の現状把握を行っていくのかを念頭におく必要がある。

生活道路における舗装の現状把握に当たっては，総延長が膨大であり，一般に大型車交通量が少ないことから舗装の劣化の進行速度が遅く，幹線道路のように道路管理者が主体となって路面性状測定車を用いた手法は現実的ではない。域内交通が主体で，道路利用者の多くが沿道住民であることから，生活道路における舗装の現状把握の方法は，道路管理者による簡易機器による点検，目視による点検，または住民からの通報をベースにした方法など住民協働型の方法，あるいはこれら組合せによる方法が考

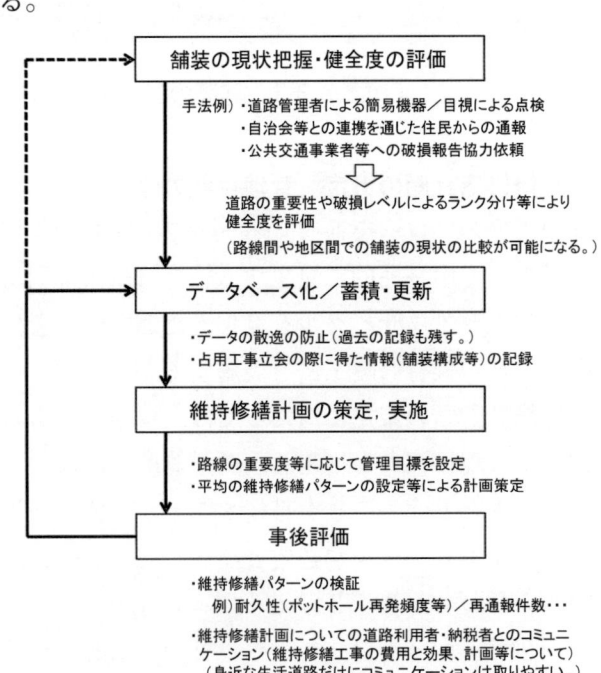

図-2.3.2　生活道路における舗装マネジメントシステムの簡素フロー（例）

えられる。住民協働型の方法としては，道路管理者以外の組織への協力依頼を通じ，公共交通事業者や自治会等の組織と連携し，道路の状況を道路管理者に報告してもらう体制を整え，その内容を蓄積していくことにより行うことが考えられる。その際，写真や画像も併せて蓄積しておくと効果的である。また，住民協働型の方法とすることにより，道路利用者の満足度の把握といったコミュニケーションが行いやすくなるメリットもある。

簡易機器による把握は，小型車や原動機付自転車を用いて，画像取得等により連続的に状態を把握する方法が取組例としてあげられる。目視による把握は，ひび割れや段差，パッチングや占用復旧跡といった具体的な破損指標を設定し，写真等を用いた判定基準と見比べて，舗装の状態を軽度，中度，重度など数段階に評価する方法が考えられ，参考となる取組を進めている道路管理者も存在する[25]。

管理実態や道路の性格，道路管理者側の体制的および予算的制約等を勘案して，舗装の現状把握について適切な方法で行うことが望ましい。舗装の現状把握を行っておけば，より客観的な，透明性のある舗装の管理に役立つものとなる。

続いて，対象とする生活道路のネットワークレベルでの健全度を評価する。健全度の評価としては，たとえば，目視点検の場合では，破損レベルを示す写真と見比べて軽度，中度，重度といった三段階程度に評価する方法[25]も考えられる。通報等をベースとして評価を行う場合は，その内容や件数により評価することもあり得るが，客観性が担保できないので，写真撮影等により現地の状況を把握することが必要である。

(2) 健全度の将来予測

一般的に生活道路は大型車の交通量が少なく舗装の劣化速度が遅いため，精度の高い将来予測の必要性は高くない。維持修繕の実施データを今後蓄積していき，(1)で実施する現状把握を通じて取得した情報と併せ，将来必要な維持修繕事業量の算出に活用していくと考えればよい。

(3) データの蓄積・更新

幹線道路における取組と考え方は同じであるが，生活道路の場合は，路線数も多く，既設の舗装構成や維持修繕履歴に関するデータが散逸していることが多いと考えられる。まず，存在するデータを収集してデータベース化し，たとえば，占用工事の際に立ち会って舗装構成を確認するといった工夫をしていき，少しずつデータベースの充実を図ればよい。また，路線数が多く，またその改廃も少なくないと考えられる。よって，路線単位でのデータ集計にこだわることなく，舗装の現状を色分けして地区ブロック単位で地図に書き込むと分かりやすい資料となるなど，幹線道路以上に地図とのリンクが有効となる。

(4) 維持修繕計画の策定，実施

維持修繕計画は，舗装の現状把握，健全度の評価を行った後，維持修繕候補箇所の集計を行い，予算的制約と事業量の平準化等を総合的に検討して策定することになる。現状把握を行うことにより，客観的に維持修繕候補箇所の抽出を行うことができ，舗装の状態の地域間格差も考慮することもできる。生活道路においても，維持修繕の実施に際しては，第3章以降で述べるとおり，現地調査を行い，適切な維持修繕工法を選定することが必要となる。そして，それらのデータをデータベースに反映することが重要である。

(5) 事後評価・結果のフィードバック

「道路利用者および納税者にとってわかりやすい，透明性のある管理の実現」および「最小のコストで最適な効果を調達する効率的な管理の実現」に向け，事後評価に関しては，生活道路に

おいても幹線道路の場合と同様に重要である。むしろ、舗装の現状把握手法として、生活道路の場合は住民協働型の取組も特に考えられること、また住民が身近に接する道路であることから、より道路利用者および納税者とコミュニケーションをとりやすい環境下にあるといえる。図-2.2.1に示すPDCAサイクルを通じ、より透明性のある舗装の管理の実現に積極的に取り組むことが期待される。

2-4 マネジメントへのアプローチ

「2-1」および「2-2」では、舗装のあるべきマネジメントの姿について述べたが、舗装のマネジメントを実践している先進的な道路管理者においても、現状の具体的な取組フローは図-2.4.1に示すレベルにあるといえる。図-2.2.1と比較して大きく欠けている視点は、道路利用者および納税者とのコミュニケーションによるニーズの把握である。舗装の管理目標次第で維持修繕計画の内容や費用は大きく変動するため、与えられた維持修繕のための予算の中で舗装を効率的に管理していくだけでなく、舗装の路面性状のレベルが道路利用者の満足度に与える知見や社会経済に与える影響に関する知見等の蓄積をはかり、道路利用者および納税者のニーズを引き出しながらどのレベルの管理目標が望ましいのか、またそのために中長期的な維持修繕費用はどの程度なのか明らかにし、道路利用者および納税者との合意をはかっていく方向に舗装のマネジメントに関する取組を進めていく必要がある。

また、舗装のマネジメントの出発点である舗装の状態把握でさえ実施できていない、または管理している道路の一部にとどまっている場合もある。それぞれ道路管理者の実情や管理実態に応じ、現在実行可能なレベルから取組を進め、他の道路管理者との情報交換[5]や住民への情報発信を通じた舗装の管理の考え方や進め方についての理解の促進等を通じ、少しずつ図-2.2.1に示す舗装のあるべきマネジメントの姿に改善していくことが望まれる。

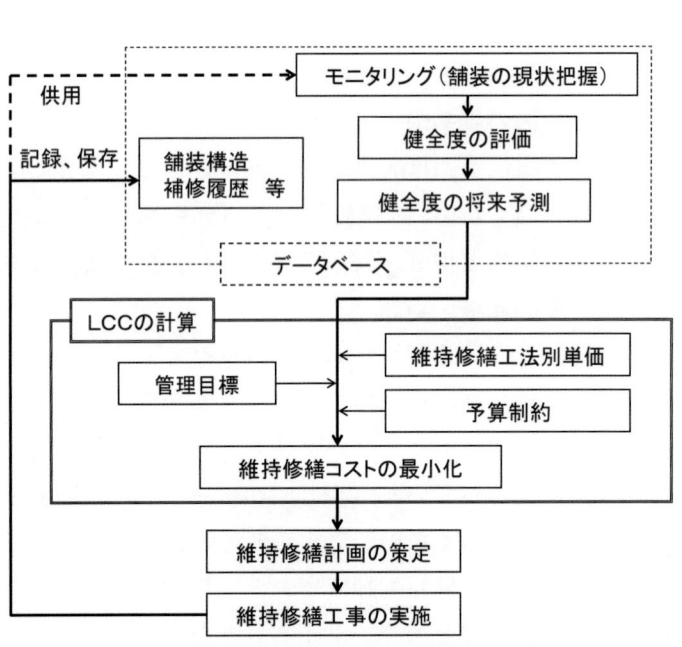

図-2.4.1　現状の舗装マネジメントの取組フロー

【参考文献】
1) (社) 日本道路協会：舗装設計施工指針（平成18年版）, pp.19, pp.28, pp.185-192, 2006年2月
2) (社) 日本道路協会道路維持修繕委員会：道路資産管理の手引き, 2008年7月
3) たとえば, 金子, 田高, 丸山：舗装における予防的修繕工法に関する現地調査（第2報）, 寒地土木研究所月報, 第667号, pp.27-33, 2008年12月
4) たとえば, 渡邉, 石田：舗装の管理目標に関する一考察, 第11回北陸道路舗装会議技術報

文集，D-11，2009 年 8 月
5）（公社）日本道路協会ホームページ：http://www.road.or.jp/technique/090210.html
6）澤井：アセット・マネジメントシステムの国際標準化（ISO5500X の動向を踏まえて），アセットマネジメントサマースクール－国際規格化 ISO5500X に向けて－，pp.15-23，2011 年 8 月
7）笠原：舗装マネジメントシステム，土木学会論文集，No.478/V-21，pp.1-12，1993 年 11 月
8）渡邉：舗装マネジメントの取組に関する一考察，土木技術，Vol.65，No.1，pp.36-42，2010 年 1 月
9）（社）日本道路協会：舗装調査・試験法便覧，pp[1]234-240，2007 年 6 月
10）建設省道路局国道課，土木研究所舗装研究室：舗装の計画的管理手法に関する調査研究，第 52 回建設省技術研究会報告，pp22-4-22-7，1998 年 11 月
11）ロジックモデルを用いた舗装長寿命化のベンチマーキング評価：土木技術者実践論文集，Vol.1，pp.40-52，2010 年 3 月
12）R.ハース，W.R.ハドソン，J.ザニュースキー：最新舗装マネジメント，北海道土木技術会舗装研究委員会，pp.57-64，pp.157-162，2000 年 6 月
13）建設省道路局国道第一課，土木研究所：舗装の管理水準と維持修繕工法に関する総合的研究，第 41 回建設省技術研究会道路部門指定課題論文集，pp.323-362，1987 年 10 月
14）伊藤：道路舗装におけるアセットマネジメント，道路，Vol.764，pp.34-38，2004 年 10 月
15）藪，伊藤：舗装マネジメントシステムの構築，土木技術資料，Vol.46，No.12，2004 年 12 月
16）関口：環状七号線における経済性評価モデルの一例，舗装，Vol.32 No.5，pp.9-18，1997 年 5 月
17）角川，桐生，小澤：費用便益分析に基づく排水性舗装の適用条件および最適管理水準，舗装，Vol.44 No.3，pp.13-19，2009 年 3 月
18）坂井，荒川，井上，小林：阪神高速道路橋梁マネジメントシステムの開発，土木情報利用技術論文集，Vol.17，pp.63-70，2008 年 11 月
19）小林：予防保全型管理の重要性，土木学会誌，Vol.95，No.12，pp.14-17，2010 年 12 月
20）青木：舗装 海外デファクト標準化戦略：京都モデル，アセットマネジメントサマースクール－国際規格化 ISO5500X に向けて－，pp.91-102，2011 年 8 月
21）建設省道路局国道第一課，土木研究所：舗装の維持修繕の計画に関する調査研究，第 34 回建設省技術研究会道路部門指定課題論文集，pp.247-254，1980 年 11 月
22）（一財）土木研究センターホームページ：http://www.pwrc.or.jp/kaihatsu02.html
23）長崎県土木部道路維持課：舗装維持管理ガイドライン，2009 年 3 月
24）（社）日本道路協会：舗装設計便覧，p.254，2006 年 2 月
25）上杉，関，末廣，永瀬，遠藤：横浜市のアセットマネジメントシステム構築に向けた生活道路の評価方法，舗装工学論文集，第 13 巻，pp.31～38，2008 年 12 月

第3章　維持修繕の実施計画

3-1　概　説

　本章では，第2章での維持修繕の考え方をもとに維持修繕が必要な区間（路線）が抽出された後，その区間での破損の実態を把握・評価し，破損の程度や原因等に応じて適切な維持修繕工法を選定するまでの手順と考え方を示す。

　具体的には，抽出された維持修繕が必要な区間を対象として，
① 　現地調査による破損の実態の把握
② 　破損の程度の評価
③ 　破損の原因の特定（推定）
④ 　評価結果に応じた適用可能な維持修繕工法の選定
⑤ 　設計に必要となる性能や条件の整理
⑥ 　路面設計・構造設計

までの一連の行為を「維持修繕の実施計画」と位置付け，それぞれの詳細について図-3.1.1に示すような順序で解説する。

　なお，本章は車道の舗装を対象に記述しているが，歩道および自転車道等の舗装についても，基本的な調査～評価～設計までの一連の行為は，車道の舗装と同様に行うとよい。

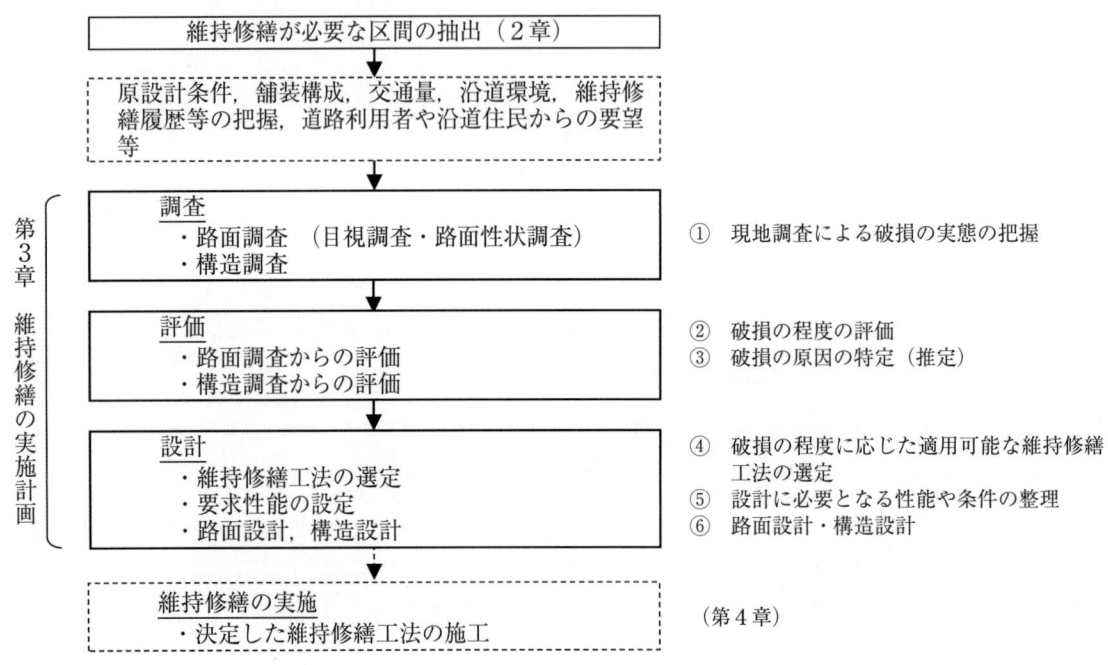

図-3.1.1　第3章の内容

　舗装の主な破損の形態やその発生原因については，別途「付録4　アスファルト舗装の破損の形態と発生原因」および「付録5　コンクリート舗装の破損の形態と発生原因」に示しているので参照されたい。

第3章　維持修繕の実施計画

3-2　調　査

　舗装の維持修繕を効率的かつ経済的に実施するためには，破損の状況やその発生原因を的確に把握し，適切な維持修繕工法の選定および維持修繕の設計を行う必要がある。そのためには，舗装の破損の調査を実施し現状を評価することが重要であり，その結果は維持修繕区間の設定または維持修繕工法の選定や維持修繕の設計を行うための重要な資料となる。

　舗装の破損の調査には，図-3.2.1に示すように「路面調査」と「構造調査」がある。「路面調査」には，目視観察を主体とした目視調査と，調査試験機や器具等を用いて測定し評価する路面性状調査がある。「構造調査」は，舗装の内部や路床の状態を調査するものである。ここでは，舗装の維持修繕の実施計画作成のための調査方法について解説する。

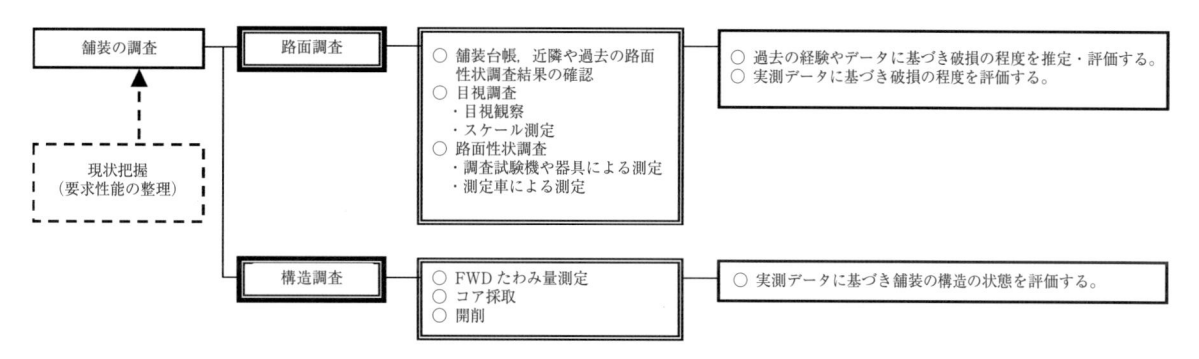

図-3.2.1　維持修繕のための舗装の調査

3-2-1　調査のフロー

　調査のフローを図-3.2.2に示す。路面調査の結果から，基層以下やコンクリート版の下に破損の原因があるなど構造的な破損が懸念される場合や，破損の程度が大きい場合には構造調査を行うことが望ましい。

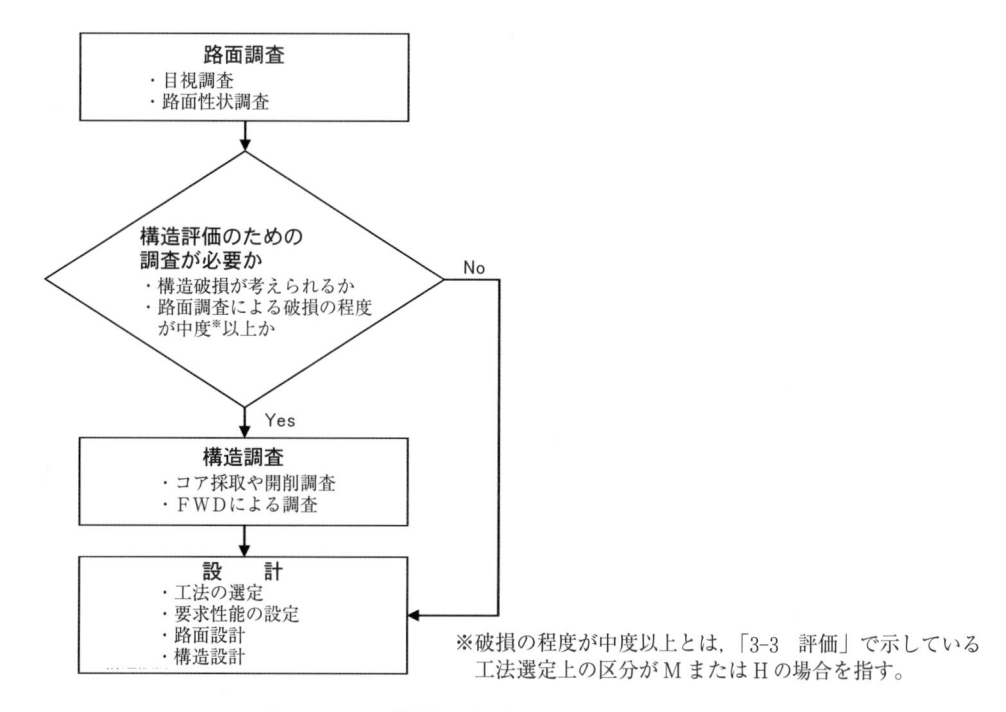

※破損の程度が中度以上とは，「3-3　評価」で示している工法選定上の区分がMまたはHの場合を指す。

図-3.2.2　舗装の調査フロー

第3章　維持修繕の実施計画

調査を実施するにあたっての考え方を以下に示す。
- 調査は，破損の種類と程度，破損の原因を把握し，維持修繕の設計を行うために実施する。
- 維持修繕の設計を行うためには，破損の原因が表層や路面にあるのか，基層以下やコンクリート版の下にあるのかを把握することが必要となる。
- 表層や路面に破損の原因があり，それのみが破損しているものを「路面破損」，基層以下やコンクリート版の下が原因で表層や基層が破損している場合，あるいは路面破損が進行して舗装の構造・機能が直接的に阻害されて耐久性に影響を及ぼしているものを「構造破損」として区別する。
- 構造破損の可能性を判断するには，破損の形態や程度を求め，破損の範囲を推し量ることが重要である。
- 路面性状だけでは破損の範囲を深さ方向に特定しにくい場合や，沈下を伴ったひび割れやわだち掘れなどが発生し，支持力不足が考えられる場合などには構造調査を実施する。
- 維持修繕工法の選定上の区分の目安がM，H（「3-3　評価」参照）の場合には，構造破損が懸念されるため，構造調査を行うことが望ましい。
- 構造調査では，多くの場合コア採取によって破損の程度（深さ方向の範囲だけでなく，路盤材のエロージョンやアスファルト混合物層の粒状化の確認などの破損の状態）を直接確認することが行われている。幹線道路などではさらに，非破壊にて路床・路盤までの状態を推定可能なFWD調査が実施される場合もある。
- 過去に類似の破損事例や対応実績があり，路面調査だけで破損の分類や原因が推定できる場合には構造調査を省略することもできる。

　図-3.2.3に既設舗装の調査・評価パターンの例を4例示す。パターン1は「目視調査」「路面性状調査」「構造調査」，パターン2は「目視調査」「路面性状調査」，パターン3は「目視調査」「構造調査」，パターン4は「目視調査」だけを行うものである。
　このほかにも，維持修繕区間細部にわたっての検討や追跡調査が予定されている場合などでは，目視調査を実施せず，「路面性状調査」と「構造調査」の調査・評価パターンが考えられる。また，近隣区間や過去に蓄積されたデータがあり，それらを設計入力値とみなせる場合には「構造調査」だけ実施する，あるいは，調査を実施せずにデータの整理だけ行うパターンも考えられる。調査は，技術者が設計を行うための資料やデータを得ることが目的である。

第3章 維持修繕の実施計画

【既設舗装の調査・評価パターン1】	【既設舗装の調査・評価パターン2】	【既設舗装の調査・評価パターン3】	【既設舗装の調査・評価パターン4】
目視調査を実施	目視調査を実施	目視調査を実施	目視調査を実施
↓	↓	↓	↓
過去に類似の破損がない,あるいは定量的な評価をする必要がある。	過去に類似の破損がない,あるいは定量的な評価をする必要がある。	過去に類似の破損があり,対応実績がある。	過去に類似の破損があり,対応実績がある。
↓	↓	↓	↓
路面性状調査を実施	路面性状調査を実施	構造状態を定量的に評価する必要がある。	構造的にも過去の破損と同類と断される。
↓	↓	↓	↓
構造状態も定量的に評価する必要がある。	構造的には過去の破損と同類と判断される。	構造調査を実施	過去に実績がある維持修繕工法で対応
↓	↓	↓	
構造調査を実施	過去に実績がある維持修繕工法で対応	適した維持修繕工法を選定	
↓			
適した維持修繕工法を選定			

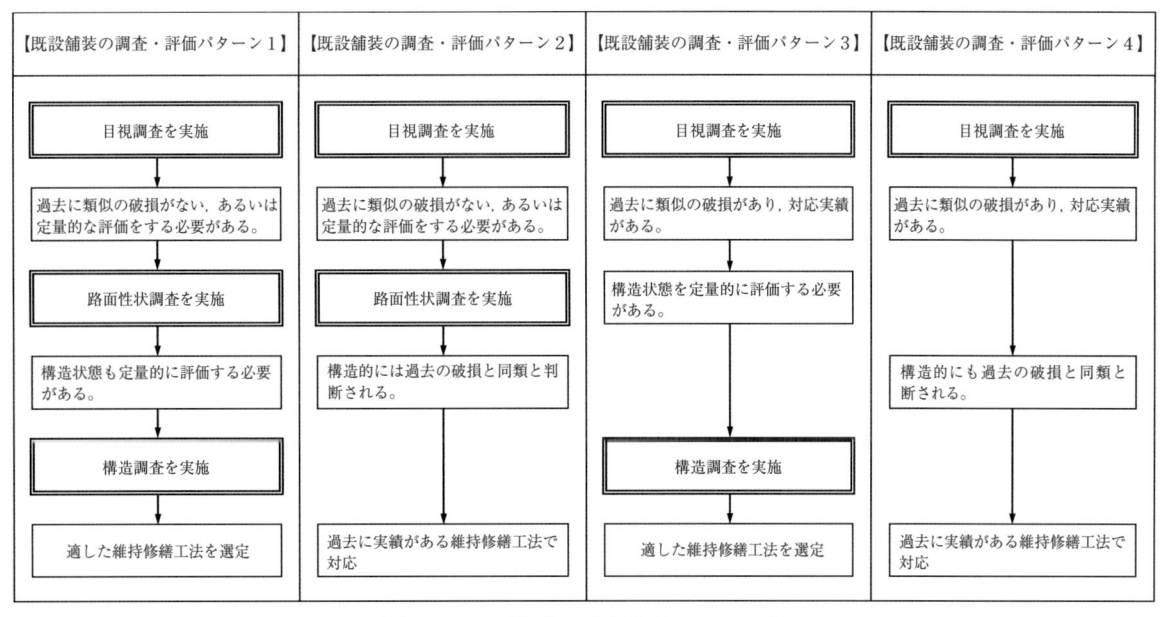

図-3.2.3 調査・評価パターンの例

3-2-2 路面調査

舗装の「路面調査」は,目視観察等を主体とした「目視調査」と調査試験機や器具等を用いて定量的に評価する「路面性状調査」から路面の状態を把握することになる。以下には「目視調査」と「路面性状調査」の調査方法について記述する。

(1) 目視調査

目視調査では,目視観察や簡易な器具(スケール等)を用いて破損の状況を把握し,交通量や気象状況などの既存データなどを参考に破損の発生原因を推定(特定)する。目視調査の調査結果は技術者の経験等も加味され,破損の程度を評価する資料や構造調査の必要性を判断する資料となる。目視調査は,路面の状況を詳細に観察し,記録するもので原則,徒歩により実施する。徒歩による調査が困難な場合は,車上より路面の状態を観察するとよい。

調査結果は調査表等で整理,記録し,必要に応じて観察図や写真を添付するとよい。また,交通量や気象条件,沿道環境,維持修繕履歴などの供用条件も把握し記録しておくとよい。なお,生活道路においては,この目視調査が主体となる。

目視調査の項目と調査内容を**表-3.2.1**,**表-3.2.2** に示す。調査方法の詳細については,「舗装調査・試験法便覧〔第1分冊〕,S001 破損状況の簡易調査方法」を参照するとよい。

表-3.2.3にアスファルト舗装の目視調査結果の事例を,**表-3.2.4**にコンクリート舗装の目視調査結果の事例を示す。

表-3.2.1 目視調査の概要（アスファルト舗装の場合）

調査項目	調査内容
ひび割れ	○目視観察 ・ひび割れの発生状態 ・ひび割れの程度 ・ひび割れ幅 ・下面からの析出物の確認
わだち掘れ	○目視あるいはスケール測定 ・わだち掘れの程度 ・滞水や水はねの程度
段差，平たん性 （コルゲーション，くぼみ， 寄り，ブリスタリング）	○目視あるいはスケール測定 ・周囲との高さの違い ・下面からの析出物の確認 ○感覚評価 ・車両走行による騒音，振動
ポットホール	○目視あるいはスケール測定 ・ポットホールの面積や深さ ・周囲の状態（油漏れの有無，フィラーの滲出など）
ポリッシング， フラッシュ， ブリージング （すべり抵抗の低下）	○目視あるいはスケール測定 ・ポリッシング面積 ・滞水や水はねの程度 ○感覚評価 ・車両走行による騒音，振動，すべり
ポーラスアスファルト舗装 の骨材飛散	○目視あるいはスケール測定 ・骨材飛散の面積や深さ ・滞水や水はねの程度 ○感覚評価 ・車両走行による騒音，振動
ポーラスアスファルト舗装 の空隙づまり，空隙つぶれ	○目視 ・空隙の閉塞状態 ・滞水や水はねの程度 ○感覚評価 ・散水による水の浸透度合い
ポーラスアスファルト舗装 における部分的な寄り （側方流動）	○目視あるいはスケール測定 ・わだち掘れの程度 ・滞水や水はねの程度
剥　離	○目視あるいはスケール測定 ・舗装表面へのフィラー分の滲出の有無 ・部分的な沈下の面積や深さ
供用状況の把握	○交通量，気象条件，沿道状況，維持修繕履歴　等

表-3.2.2　目視調査の概要（コンクリート舗装の場合）

調査項目	調査内容
ひび割れ	○目視観察 　・ひび割れの発生状態（形態，角欠け等） 　・ひび割れ幅 　・砂質分の滲出の有無
目地部の破損	○目視あるいはスケール測定 　・目地材のはみ出しや飛散の程度 　・目地幅や角欠けの程度
段　差	○目視あるいはスケール測定 　・周囲との高さの違い 　・下面からの析出物の確認 ○感覚評価 　・車両走行による騒音，振動
わだち掘れ	○目視あるいはスケール測定 　・わだち掘れの程度 　・滞水や水はねの程度
ポットホール	○目視あるいはスケール測定 　・ポットホールの面積や深さ 　・周囲の状態
スケーリング ラベリング	○目視あるいはスケール測定 　・剥がれ程度（面積，深さ） 　・滞水や水はねの程度 　・縦断方向の変形（凹凸） ○感覚評価 　・車両走行による騒音，振動
ポリッシング （すべり抵抗の低下）	○目視あるいはスケール測定 　・ポリッシング面積 　・滞水や水はねの程度 ○感覚評価 　・車両走行による騒音，振動，すべり
供用状況の把握	○交通量，気象条件，沿道状況，維持修繕履歴　　等

第 3 章　維持修繕の実施計画

表-3.2.3　アスファルト舗装の目視調査結果の事例

路線番号	○○道○○号	整理番号	5	箇所名	○○市○○町 ○○市△△町
調査項目			点検者		□□　□□
撮影位置	写　真				コメント
○○kp 下り線					ひび割れ破損が主体の路面 左側わだち部に亀甲状ひび割れ。 右側わだち部にはひび割れはなく15mm程度の凹形状。 下面からの析出物はみられない。 表層だけの破損と推定されるが，コア等による確認が必要。
○○kp 付近 下り線					ひび割れ破損が主体の路面 上記測点と同様な路面。 右側わだち部はほとんど変形していない。
○○kp 付近 下り線					ひび割れ破損が主体の路面 左側わだち部に沈下を伴う亀甲状ひび割れがあり，近接してマンホールがあるので，埋設物に伴う沈下もひび割れの発生要因として考えられる。
○○kp 下り線					破損はほとんどみられない。

第3章　維持修繕の実施計画

表-3.2.4　コンクリート舗装の目視調査結果の事例

路線番号	○○道○○号	整理番号	7	箇所名	○○市○○町 ○○市△△町
調査項目			点検者		□□　□□
撮影位置					コメント
○○kp 下り線					平たん性の低下 ラインが波をうっている。 一部のコンクリート版が沈下している。 コンクリート版は健全である。 切土のり面からの湧水により，地盤支持力の低下が懸念される。
○○kp 付近 下り線					目地部の破損 隅角部にひび割れが発生している。 目地部が角欠けし，アスファルト混合物で補修されている。 タイヤ走行部のグルービングが摩耗で消滅している。
○○kp 付近 下り線					目地部の破損：トンネル坑口 供用後26年が経過しているが，角欠け等の発生はわずかである。 積雪寒冷地であり，タイヤ走行部の路面はポリッシングを受けているので，すべり抵抗値の低下が懸念される。
○○kp 下り線					部分的な欠損 走行部に部分的な欠損が見られる。 異物の混入など，施工時の原因が考えられる。

(2) 路面性状調査

路面性状調査は，舗装の路面の状態（破損の程度）を数値化して把握するもので，調査試験機や器具等を用いて実施する。路面性状調査には，舗装路面のひび割れ率測定やわだち掘れ深さ測定，平たん性測定などがある。路面性状調査の調査結果は，破損の発生原因の推定（特定）や，維持修繕の対象となる区間の局所的な破損あるいは複合した破損の程度や路面性状を定量的に評価することで，維持修繕工法の選定や設計時の参考資料あるいは構造調査の必要性の判断資料となる。評価の詳細については，「3-3-2 破損の評価」を参照されたい。

アスファルト舗装およびコンクリート舗装の路面破損の種類とその調査項目および調査方法の例を，それぞれ表-3.2.5 および表-3.2.6 に示す。これらの例では，破損の種類ごとに必要となる調査項目を示しているので，破損の状態に応じて，適切に選択するとよい。なお，調査項目ごとの詳細な調査方法については，「舗装調査・試験法便覧」を参照するとよい。

また，生活道路においても必要に応じて路面性状調査を行い，維持修繕工法の選定や設計を行う上での参考資料とするとよい。

表-3.2.5　路面破損の種類とその調査項目・方法（アスファルト舗装の場合）

調査項目	調査方法[注1]	ひび割れ 線状	ひび割れ 亀甲状	わだち掘れ	平たん性	その他の破損 段差	その他の破損 ポットホール	その他の破損 剥離
舗装路面のひび割れ測定	S029	◎	◎	○	△	△	◎	◎
舗装路面のわだち掘れ深さ測定	S030	△	○	◎	◎	△	△	○
舗装路面の平たん性測定	S028	△	△	○	◎	△	△	○
国際ラフネス指数（IRI）の調査	S032T	△	△	○	◎	△	△	○
舗装路面の段差測定	S031	△	△	△	△	◎	△	○
ポットホールの測定	S033T	−	−	−	−	−	◎	○
舗装路面のすべり抵抗測定	S021	△	△	△	△	△	△	△
現場透水量の測定	S025	−	−	−	−	−	−	−

調査項目	調査方法[注1]	その他の破損 ポリシング	その他の破損 コルゲーション	その他の破損 寄り	その他の破損 くぼみ	ポーラスアスファルト混合物特有の破損 骨材飛散	ポーラスアスファルト混合物特有の破損 空隙づまり，つぶれ	ポーラスアスファルト混合物特有の破損 部分的な寄り
舗装路面のひび割れ測定	S029	△	△	△	△	△	△	○
舗装路面のわだち掘れ深さ測定	S030	△	△	◎	◎	△	△	◎
舗装路面の平たん性測定	S028	△	◎	△	△	△	−	−
国際ラフネス指数（IRI）の調査	S032T	△	◎	△	△	△	−	−
舗装路面の段差測定	S031	△	△	△	△	△	−	△
ポットホールの測定	S033T	−	−	−	−	−	−	−
舗装路面のすべり抵抗測定	S021	◎	△	△	△	△	△	△
現場透水量の測定	S025	−	−	−	−	○	◎	△

注1）：調査方法欄の英数字は，「舗装調査・試験法便覧」の略号
注2）：「◎」必須項目，「○」望ましい調査項目，「△」必要に応じて実施する調査項目

表-3.2.6　路面破損の種類とその調査項目・方法（コンクリート舗装の場合）

調査項目	調査方法[注1]	破損の種類[注2] ひび割れ	目地部の破損	段差	わだち掘れ	ポットホール	スケーリング	ポリッシング
舗装路面のひび割れ測定	S029	◎	-	-	-	-	-	-
舗装路面の平たん性測定	S028	△	◎	◎	△	△	○	○
国際ラフネス指数（IRI）の調査	S032T	△	◎	◎	△	△	○	○
舗装路面のわだち掘れ深さ測定	S030	-	△	○	◎	-	△	△
舗装路面の段差測定	S031	-	◎	◎	-	-	-	-
ポットホールの測定	S033T	-	-	-	-	◎	△	-
舗装路面のすべり抵抗測定	S021	-	-	-	-	-	-	◎
舗装路面の粗さ測定	S022	-	-	-	◎	-	◎	◎
タイヤ路面騒音測定	S027	△	-	-	△	-	△	△

注1）：調査方法欄の英数字は，「舗装調査・試験法便覧」の略号
注2）：「◎」必須項目，「○」望ましい調査項目，「△」必要に応じて実施する調査項目

3-2-3　構造調査

(1) アスファルト舗装の場合

　構造調査は，舗装の内部や舗装構造を詳細に把握するもので，FWD（Falling Weight Deflectometer：重錘落下たわみ測定装置）によるたわみ量測定や切取りコアの採取，開削調査などにより行う。

　FWD で路面たわみ量を測定することで，舗装の支持力が十分であるのか，また解析によりどの層が損傷しているかを推定することができる。

　ひび割れ箇所においては，切取りコアにより直接ひび割れ幅やひび割れ深さなどを測定することができる。また図-3.2.4 に示すようにひび割れ部のみだけでなく，ひび割れ端部やひび割れの止まっている先の部分から採取すると，ひび割れの発生が表面からか，あるいはアスファルト混合物層下面からかがわかる場合が多い。

　わだち掘れ箇所においては，切り取りコアの各層の厚さを測定することで，変形が表層のみか，あるいは基層まで及んでいるのかなどを確認することができる。

　採取したコアを用いて，混合物の粒度分布や回収アスファルトの性状，混合物の諸性状を把握する試験も実施可能である。なお，採取コアの直径は通常 10cm であるが，直径 15cm を使用することで一つのコアからより多くの試料を採取することができる。また，破損箇所と健全箇所の両方からから試料を採取するとよい。

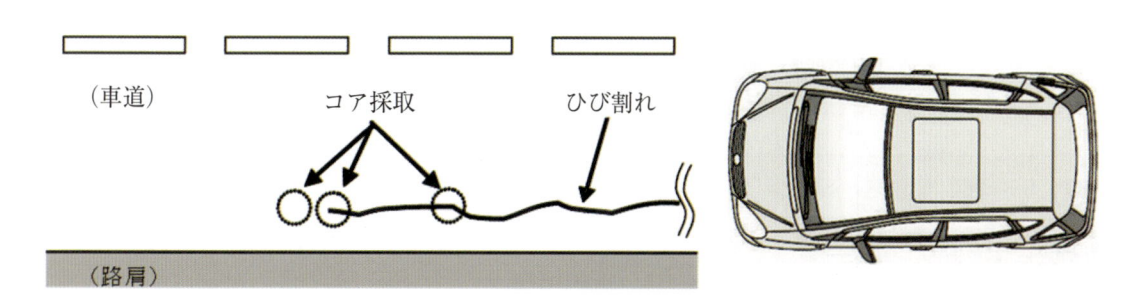

図-3.2.4　コア採取箇所の事例

第3章　維持修繕の実施計画

　開削調査は，路面を開削するためかなり大がかりな調査となるが，各層の厚さ測定，採取した試料によるCBR試験や材料試験を実施することで，破損の原因を特定できる場合が多い。また，路床・路盤とアスファルト混合物層下面を比較的広範囲にわたって直接確認できるので，より確かな修繕工法の選定に繋げることができる。

　このように，構造調査の調査結果は，路面破損なのか構造破損なのかを特定でき，修繕工法の選定や設計の参考資料となる。

　構造破損の種類とその調査項目および調査方法を表-3.2.7に示す。表-3.2.7では，破損の種類ごとに必要となる調査項目をその必要性に応じて示している。調査項目ごとの詳細な調査方法については，「舗装調査・試験法便覧」を参照するとよい。

　なお，生活道路においても必要に応じて構造調査を行い，維持修繕工法の選定や設計を行う上での参考資料とするとよい。

表-3.2.7　構造破損の種類とその調査項目・方法（アスファルト舗装の場合）

調査項目	調査方法[注1]	破損の種類[注2] ひび割れ 線状					破損の種類[注2] ひび割れ 亀甲状		
		疲労ひび割れ	わだち割れ	施工継目ひび割れ	リフレクションクラック	温度応力ひび割れ	凍上によるひび割れ	路床・路盤の支持力低下によるひび割れ	路床・路盤の沈下によるひび割れ	アスファルト混合物の劣化・老化によるひび割れ
FWDたわみ量測定（弾性係数，路床支持力，舗装の健全度など）	S047	○	○	△	△	△	◎	◎	◎	◎
コア採取（各層の厚さ，ひび割れ深さ，密度測定など簡易な計測）	S002	○	◎	◎	○	○	○	◎	△	○
コア採取（抽出試験，強度試験等を実施）	S002	○	○	○	○	○	○	○	△	○
開削調査（各層の厚さ，路床・路盤材の性状，路盤支持力など）	S002	△	△	△	△	△	○	○	○	△

調査項目	調査方法[注1]	破損の種類[注2] ひび割れ 亀甲状		わだち割れ			平たん性	その他の破損		
		構造物周辺のひび割れ	基層の剥離によるひび割れ	路床・路盤の圧密沈下	流動	摩耗	縦断方向の凹凸	段差	ポットホール	剥離
FWDたわみ量測定（弾性係数，路床支持力，舗装の健全度など）	S047	◎	△	○	△	△	◎	◎	◎	◎
コア採取（各層の厚さ，ひび割れ深さ，密度測定など簡易な計測）	S002	△	◎	○	○	○	○	○	○	◎
コア採取（抽出試験，強度試験等を実施）	S002	△	◎	○	○	○	○	○	○	○
開削調査（各層の厚さ，路床・路盤材の性状，路盤支持力など）	S002	△	△	○	○	○	△	△	△	△

調査項目	調査方法[注1]	破損の種類[注2] その他の破損				ポーラスアスファルト混合物特有の破損		
		ポリッシング	コルゲーション	寄り	くぼみ	骨材飛散	空隙づまり，つぶれ	部分的な寄り
FWDたわみ量測定（弾性係数，路床支持力，舗装の健全度など）	S047	−	△	△	◎	−	−	△
コア採取（各層の厚さ，ひび割れ深さ，密度測定など簡易な計測）	S002	△	○	○	○	△	△	○
コア採取（抽出試験，強度試験等を実施）	S002	△	△	△	△	△	△	△
開削調査（各層の厚さ，路床・路盤材の性状，路盤支持力など）	S002	△	△	△	△	−	−	△

　注1）：調査方法欄の英数字は，「舗装調査・試験法便覧」の略号
　注2）：「◎」必須項目，「○」望ましい調査項目，「△」必要に応じて実施する調査項目

(2) コンクリート舗装の場合

構造調査は，舗装の内部や舗装構造を詳細に把握するもので，FWD によるたわみ量測定や切取りコアの採取，開削調査などにより行う。FWD で路面たわみ量を測定することでひび割れ部や目地部の荷重伝達率や路床・路盤の支持力を推定したり，切取りコアの観察によりひび割れの深さや鉄筋（鉄網）の状態などを把握したり，より構造的に踏み込んだ評価が可能となる。

開削調査は大がかりな調査となるが，破損の発生原因の特定が必要不可欠な場合，あるいはコンクリート舗装版の下の層の支持力等を詳細に評価する場合に行う。構造調査の調査結果は，路面破損なのか構造破損なのかの破損区分を把握する判断材料となり，修繕工法の選定や設計の参考資料となる。

構造破損の種類とその調査項目および調査方法を表-3.2.8に示す。表-3.2.8では，破損の種類ごとに必要となる調査項目をその必要性に応じて示している。なお，調査項目ごとの詳細な調査方法については，「舗装調査・試験法便覧」を参照するとよい。

表-3.2.8 構造破損の種類とその調査項目・方法（コンクリート舗装の場合）

調査項目	調査方法[注1]	破損の種類[注2]						
		ひび割れ	目地部の破損	段差	わだち掘れ	ポットホール	スケーリング	ポリッシング
FWDによるたわみ量測定 （路床・路盤の支持力，荷重伝達率，舗装の健全度等）	S046	○	○	○	ー	ー	ー	ー
切り取りコア採取 （ひび割れ深さ，鉄筋位置，密度測定など）	S002	○	△	○	ー	ー	ー	ー
開削調査 （路床・路盤の支持力，各層の横断形状，コンクリート舗装版の状態，強度など）	S002	△	△	△	ー	ー	ー	ー

注1）：調査方法欄の英数字は，「舗装調査・試験法便覧」の略号
注2）：「◎」必須欄の英数字の項目，「○」望ましい調査項目，「△」必要に応じて実施する調査

(3) 構造調査の実施判断の目安

構造調査は，破損の及んでいる深さ方向の範囲や構造破損の有無が，路面性状調査の結果からだけでは判断しにくい場合に行うとよい。

構造調査の実施判断の目安としては以下のようなことがあげられる。
・路面性状のみでは深さ方向の破損の範囲を特定しにくい場合
・沈下を伴ったひび割れやわだち掘れが発生し，破損の特徴から支持力不足が考えられる場合
・維持修繕工法を選定する上での区分が「M，H（「3-3 評価」参照）」と判断された場合

(4) FWDによる構造調査の例

構造調査の一例として，図-3.2.5にFWD調査測定結果の事例を，写真-3.2.1にアスファルト舗装面におけるFWDの測定状況を，写真-3.2.2にコンクリート舗装面におけるFWDの測定状況を示す。

FWD測定は，アスファルト舗装やコンクリート舗装各層の支持力（たわみ量），路床の支持力，残存等値換算厚，アスファルト舗装およびコンクリート舗装各層の弾性係数を求めることができるが，図-3.2.5では舗装の構造的な支持力を評価する指標として用いられるFWDの載荷点直下のたわみ量 D_0 を示した。

第3章　維持修繕の実施計画

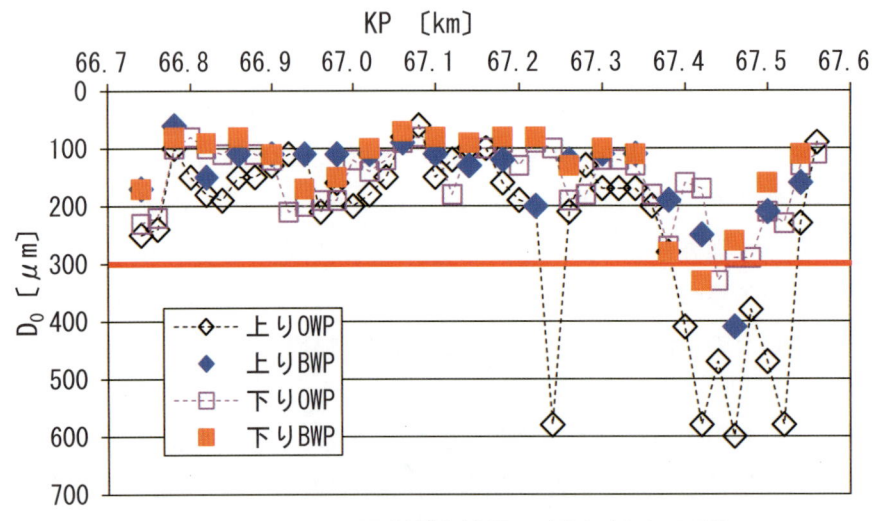

図-3.2.5　ＦＷＤ調査測定結果の事例（たわみ量）

写真-3.2.1　アスファルト舗装面におけるＦＷＤ測定状況

写真-3.2.2　コンクリート舗装面におけるＦＷＤ測定状況

3-3 評 価

　アスファルト舗装の破損の主なものには，ひび割れやわだち掘れ，平たん性の低下があげられ，その他の破損として，段差，ポットホール，剥離などがある。また，ポーラスアスファルト舗装においては，それらに加え，骨材飛散，空隙づまり，空隙つぶれ，基層の剥離による流動など特有の破損もある。一方，コンクリート舗装の主な破損には，ひび割れや目地部の破損（目地材のはみ出し，飛散，角欠け，段差）があげられ，その他の破損として，わだち掘れ，ポットホール，スケーリング，ポリッシングなどがある。

　これら舗装の破損の発生原因としては，供用による疲労に起因するもの，材料に起因するもの，設計に起因するもの，施工に起因するものなどがあり，破損の種類（発生形態）にかかわらずそれらの要因が相互に影響していることが多い。したがって，破損の状態と原因を把握し舗装の現状を適切に評価することが，維持修繕の要否判断，または維持修繕工法の選定や設計を行うために重要となる。舗装の主な破損の形態や発生原因の詳細については，「付録4　アスファルト舗装の破損の形態と発生原因」および「付録5　コンクリート舗装の破損の形態と発生原因」に示したので参考にされたい。

　本節では，舗装の調査結果をもとに，舗装の現状の評価方法について解説する。

3-3-1　破損の分類と評価区分

　舗装の破損は，「路面破損」と「構造破損」に大別される。路面破損とは，表層や路面に破損の原因があり，それのみが破損しているものである。また，構造破損とは，基層以下やコンクリート版の下が原因で表層や基層が破損している場合，あるいは路面破損が進行して，舗装の構造・機能が直接的に阻害されて耐久性に影響を及ぼしている破損をいう。

　舗装の破損が路面破損の場合は維持で対応する場合が多く，アスファルト舗装では表層または表層と基層の修繕での対応となることもある。なお，路面破損は，供用とともに構造的に影響を及ぼすことがあるので，なるべく早期に維持管理を実施するとよい。一方，構造破損の場合は，アスファルト舗装の表層および基層あるいはコンクリート版にとどまらず，路盤および路床にまで損傷が及んでいることから，舗装構造などの検討を行うことが多い。したがって，舗装の調査結果を踏まえて破損の程度から路面破損か構造破損かを判断し維持修繕の工法検討を行うことが重要となる。「路面破損」か「構造破損」かの分類は，「付録4」および「付録5」を参考に破損の発生形態や原因などから分類するとよい。

3-3-2　破損の評価

　維持修繕の要否や設計，実施の検討を行う際，その判断要因となる主な破損には，アスファルト舗装の場合では「ひび割れ」や「わだち掘れ」が，コンクリート舗装の場合では「ひび割れ」や「目地部の段差」があげられる。本項では，舗装の破損にかかわる調査結果をもとにした，主な破損の評価方法と維持修繕工法を選定する上での区分（以下，工法選定上の区分 L，M，H）についてアスファルト舗装とコンクリート舗装に分けて記述する。また，これら主な破損以外のものについても「その他の破損」として，その評価方法や工法選定上の区分について概説する。

第3章　維持修繕の実施計画

(1) アスファルト舗装の場合
1) ひび割れ
① 路面調査からの評価

　路面調査結果からの評価では，目視調査より判断したひび割れの程度や路面性状調査より得られたひび割れ率から維持修繕の要否を判断し，ひび割れの発生位置や形態，沿道状況，工事履歴などから発生原因を推察して，維持修繕工法を選定することになる。

　維持修繕工法の選定に当たっては，表-3.3.1に示す工法選定上の区分の目安を参考にするとよい。目視調査の結果からひび割れ率の程度を推定するための参考写真を**写真-3.3.1**に示す。

　なお，工法選定上の区分M，Hに該当するひび割れ箇所については，構造調査により深さ方向の状態を詳細に評価し，修繕工法の選定，設計を行うことが望ましい。

表-3.3.1　ひび割れ率による工法選定上の区分の目安
(a) 自動車専用道路

	L	M	H
ひび割れ率(%)	10程度以下	10〜20程度	20程度以上

(b) 一般道路

	L	M	H
ひび割れ率(%)	15程度以下	15〜35程度	35程度以上

注1：L，M，Hは，維持修繕工法を選定するにあたっての目安であり，維持修繕行為の実施の要否を判断する管理目標値とは異なる。
注2：L，M，Hのそれぞれの値は，「道路維持修繕要綱」や実績などを踏まえ設定
注3：ポーラスアスファルト舗装は別途考慮する。

　工法選定上の区分がLの場合でも，構造破損の場合もあり，ひび割れの種類や形態から路面破損なのか，構造破損なのかを評価することになる。表-3.3.2はひび割れの形態と破損の分類を示したものであり，ひび割れの破損の分類を評価する際の参考にするとよい。なお，ひび割れ率の算出方法は「舗装調査・試験法便覧 S029 舗装路面のひび割れ測定方法」を，ひび割れの発生形態や発生箇所例などの詳細は「付録4」を参照するとよい。

表-3.3.2　ひび割れの形態と破損の分類

ひび割れの形態		破損の分類	
		路面破損	構造破損
疲労ひび割れ	線　状		◎
わだち割れ	線　状	◎	○
施工継目のひび割れ	線　状	◎	
リフレクションクラック	線　状		◎
温度応力ひび割れ	線　状	○	
路床・路盤の支持力低下によるひび割れ	亀甲状		◎
路床・路盤の沈下によるひび割れ	亀甲状		◎
アスファルト混合物の劣化・老化によるひび割れ	亀甲状	○	○
凍上によるひび割れ	線　状		◎
融解期の路床・路盤の支持力低下によるひび割れ	亀甲状		◎
構造物周辺のひび割れ	亀甲状	○	○
基層の剥離によるひび割れ	亀甲状	○	○

〔注〕◎：特にその破損である可能性が強い，○：いずれの破損も可能性がある。

第3章　維持修繕の実施計画

ひび割れ率5％程度

ひび割れ率20％程度

ひび割れ率35％程度

写真-3.3.1　目視調査でのひび割れ率の程度の評価事例

② 構造調査からの評価

ひび割れ部の構造調査は，舗装の破損が路面破損か構造破損かをより正確に把握するために実施する。ひび割れ部の構造調査には，切取りコアの採取や開削，FWD によるたわみ量測定などがあり，アスファルト舗装内部や路床状態を詳細に評価することになる。ここでは，これら構造調査での既設アスファルト舗装の評価方法を示す。

（ⅰ）コア採取や開削調査による評価

コア採取や開削調査による評価では，①ひび割れがどの層まで及んでいるかの目視観察，②アスファルト混合物等の強度試験，③アスファルトの量や劣化の確認，④アスファルト混合物等の粒度確認などを実施し，これらの結果より，ひび割れの発生原因を特定する。**写真-3.3.2** にコア採取によるひび割れの評価事例を示す。

写真-3.3.2　アスファルト舗装の疲労ひび割れの事例

このほか構造破損ではないと判断できた事例としては，沈下を伴っていない亀甲状のひび割れが発生している箇所からコア採取を行い，①ひび割れは表層の部分のみが大半，②表層から回収したアスファルトの針入度が著しく小さい，③基層の混合物は強度，回収アスファルトの性状とも特に問題はない，などの結果が得られ，発生原因は表層混合物の劣化と推察し，路面破損と判断することができた場合などがある。

（ⅱ）FWD のたわみ量による評価

FWD による調査では，測定たわみ量を使用し舗装の健全度を評価することが可能である。たわみ量を用いた評価は，測定したたわみ量から経験式等を用いて舗装の特性値を求める方法と，舗装各層の弾性係数を求める方法に大別される。

ⅰ）舗装の特性値を求める方法

測定したたわみ量より，舗装の支持力，路床の支持力，残存等値換算厚，アスファルト混合物層の弾性係数を求めることができる。

これらの特性値と路面調査結果などから総合的に判断し，舗装の破損が路面破損か構造

破損かを判断する。

a）舗装の支持力

載荷点直下のたわみ量（D_0）は舗装の支持力の健全度を評価する目安となる。たとえば**表-3.3.3**に示すように，N_6交通量区分の舗装において，D_0のたわみ量が0.4mmよりも大きい値の場合，舗装の支持力が不足していると判断される。

表-3.3.3　交通量区分別の許容たわみ量の目安の例[1]

交通量区分	N_3	N_4	N_5	N_6	N_7
D_0 (mm)	1.3	0.9	0.6	0.4	0.3

〔注〕D_0：載荷点直下のたわみ量

b）路床の支持力

式（3.3.1）[2]を用いて，路床のCBRを推定することが可能である。

なお，本式は，路床の弾性係数EとD_{150}の関係式$E=10/D_{150}$および$E=10×CBR$をもとに作られている。

そのため，含水量や締固めの程度によって弾性係数やCBR値が大きく異なる砂質土や，CBR値が20％より大きい礫混じり土などの土質に本式を適用すると現実的ではない評価となることもある。

$$路床のCBR（\%）= \frac{1}{D_{150}} \qquad (3.3.1)$$

ここに，D_{150}：載荷点から150cmの位置のたわみ量（mm）

c）残存等値換算厚

式（3.3.2）[3]を用いて，舗装の残存等値換算厚を推定することができる。残存等値換算厚（T_{A0}）とは，舗装の破損状況に応じて既設舗装の残存価値を表層・基層用加熱アスファルト混合物の等値換算厚で評価したものである。「3-4-4 (1) 1) 残存等値換算厚（T_{A0}）による設計」の際に参考となる。

$$T_{A0} = -25.8\log(D_0 - D_{150}) + 11.1 \qquad (3.3.2)$$

ここに，T_{A0}：残存等値換算厚（cm）
　　　　D_0：載荷点直下のたわみ量（mm）
　　　　D_{150}：載荷点から150cmの位置のたわみ量（mm）

d）アスファルト混合物層の弾性係数

式（3.3.3）[3]を用いてアスファルト混合物層の弾性係数を推定することができ，アスファルト混合物層の健全度を評価するための目安となる。

一般的に20℃における正常なアスファルト混合物の弾性係数は6,000MPa程度といわれており，この値以上であればアスファルト混合物層は健全であると判断することができる。

$$E_{as} = \frac{2352 \times (D_0 - D_{20})^{-1.25}}{h_{as}} \qquad (3.3.3)$$

ここに，E_{as}：アスファルト混合物層の弾性係数（MPa）
　　　　D_0：載荷点直下のたわみ量（mm）
　　　　D_{20}：載荷点から20cmの位置のたわみ量（mm）
　　　　h_{as}：アスファルト混合物層の厚さ（cm）

第3章　維持修繕の実施計画

ⅱ）舗装各層の弾性係数を求める方法

舗装構成が既知の場合，計測したたわみ量を用いて各層の弾性係数を推定することができる。弾性係数の推定には一般に逆解析プログラム[4),5)]が使用される。推定された各層の弾性係数を利用することによって次のような評価などが可能である。

- 舗装に用いられる各種材料の一般的な弾性係数と比較することにより，舗装各層の診断を行うことができる。
- 求めた弾性係数から理論的設計方法による構造設計を行うことができる。
- 求めた弾性係数から舗装各層の等値換算係数を推定し，経験的設計方法に従って既設舗装の残存等値換算厚を評価し構造設計を行うことができる。

2）わだち掘れ

① 路面調査からの評価

わだち掘れの路面調査からの評価では，目視調査より推察したわだち掘れ深さの程度や路面性状調査より得られたわだち掘れ深さから維持修繕の要否を判断し，わだち掘れの形状や発生形態，沿道状況や工事履歴などから推察した発生原因を考慮して，維持修繕工法を選定することになる。

維持修繕工法の選定に当たっては，**表-3.3.4**に示す工法選定上の区分の目安を参考にするとよい。滞水の状態や水はねの程度を目視により確認し，わだち掘れ深さを推察する場合の目安を**表-3.3.5**に，参考写真を**写真-3.3.3**に示す。

この工法選定上の区分をもとに次節で記述する維持修繕工法の選定や路面設計，構造設計を行うことになる。なお，工法選定上の区分 M，H に該当するわだち掘れ箇所については，構造調査により舗装内部の状態を詳細に評価し，修繕工法の選定，設計を行うことが望ましい。

表-3.3.4　わだち掘れ深さによる工法選定上の区分の目安

(a) 自動車専用道路

	L	M	H
わだち掘れ深さ(mm)	15 程度以下	15～25 程度	25 程度以上

(b) 一般道路

	L	M	H
わだち掘れ深さ(mm)	20 程度以下	20～35 程度	35 程度以上

注1：L，M，H は，維持修繕工法を選定するにあたっての目安であり，維持修繕行為の実施の要否を判断する管理目標値とは異なる。
注2：L，M，H のそれぞれの値は，「道路維持修繕要綱」や実績などを踏まえ設定

表-3.3.5　目視調査によりわだち掘れの程度を判定する場合の目安
（走行速度 40km 程度の場合）

調査項目	工法選定上の区分（一般道路）		
	L 20mm 程度以下	M 20～35mm 程度	H 35mm 程度以上
滞水状態	うっすらとした水膜が確認される	部分的な滞水が確認される	明らかな滞水が確認される
水はねの程度	水しぶきがあがる	軽い水はねがある	隣接車線や歩道に大きくはねる

注：それぞれの目安は，「舗装調査・試験法便覧」や実績などを踏まえ設定

第 3 章　維持修繕の実施計画

わだち掘れ深さ 15mm 程度

わだち掘れ深さ 30mm 程度

わだち掘れ深さ 40mm 程度

写真-3.3.3　目視調査でのわだち掘れ深さの程度の評価事例

わだち掘れの工法選定上の区分がLの場合でも構造破損の場合もあり，わだち掘れの形態から路面破損なのか，構造破損なのかを評価することになる。表-3.3.6はわだち掘れの形態と破損の分類を示したものであり，破損分類を評価する際の参考にするとよい。なお，わだち掘れの形態や発生箇所例などの詳細は，「付録4」を参照するとよい。

表-3.3.6　わだち掘れの形態と破損の分類

わだち掘れの形態	破損の分類	
	路面破損	構造破損
路床・路盤の圧縮変形		◎
アスファルト混合物の塑性変形	◎	○
アスファルト混合物の摩耗	◎	

〔注〕◎：特にその破損である可能性が強い，○：いずれの破損も可能性がある

② 構造調査からの評価

　わだち掘れ部の構造調査は，路面破損か構造破損かをより正確に把握するために実施される。わだち掘れ部の構造調査には，切取りコアの採取や開削などがあり，アスファルト舗装内部や路床状態の詳細を把握する。ここでは，これら構造調査でのわだち掘れ部の評価方法を紹介する。

　わだち掘れ部のコア採取や開削調査では，①わだち掘れがどの層まで及んでいるか，②わだち掘れの発生が路盤以下の影響によるものかなどを評価する。たとえば，採取したコアや開削した舗装断面を観察し，①流動によるわだち掘れは表層のみである，②流動によるわだち掘れが基層まで及んでいる，③路盤以下の層の沈下の影響でわだち掘れが発生しているなどの評価を行い，これらの評価結果により，路面破損か構造破損かを判断し修繕工法の選定や構造設計を行う際の参考資料とすることができる。

3）その他の破損の評価

　アスファルト舗装のその他の破損には，平たん性の低下や段差，ポットホールなどがある。これらの破損は，主に路面調査の結果により評価を行う。その評価方法の例を以下に示す。その他の破損は，予め設定した工法選定上の区分の目安やパトロール中の走行性などから，維持修繕の要否を判断するとよい。また，ポットホールなど部分的な破損が多発した箇所は構造破損も考えられるので，修繕工法の選定に当たっては構造調査も行うとよい。

① 平たん性の低下

　平たん性の低下は，乗り心地を悪くしたり，騒音や振動の発生の原因となることがあるので適切に維持管理を行う必要がある。平たん性は，縦断方向の凹凸の程度で評価を行う。縦断方向の凹凸など，ある程度の延長を有する区間の平たん性を評価する場合には，3mプロフィルメータなどによる測定を適用するとよい。

　なお，この破損は路面破損である場合が多いが，支持力不足など構造破損による場合もある。

② 段差

　段差は，乗り心地を悪くしたり，走行車両により振動・騒音を引き起こしたり，ときには構造物を破損させることもある。

　したがって，路面に段差が発生している箇所は，沿道状況，交通条件等を考慮し，適切に

第3章　維持修繕の実施計画

維持管理していくことが肝要であり，その程度によっては緊急の対応（維持工法等の実施）が必要となる。

なお，この破損は路面破損である場合が多いが，路盤層以下の締固めが不十分な場合や構造破損による場合もある。

③　ポットホール

ポットホールは，乗り心地を悪くさせるばかりでなく，交通事故を誘発する原因となることもあるので，発見次第，緊急の対応（維持工法等の実施）を行う必要がある。

なお，ポットホールが多発した箇所は構造破損も考えられるが，一般に破損の分類は路面破損である場合が多い。ただし，ポーラスアスファルト舗装や橋面舗装では基層混合物の剥離によりポットホールへと進行したり，橋面舗装ではブリスタリングによってもポットホールへと進行したりすることもあるので，修繕を行う場合にはコア採取などの構造調査を実施し，工法選定を行うとよい。

④　剥離

剥離が始まっていると，**写真-3.3.4**に示すように舗装表面にフィラーや細骨材などの細粒分が滲出することが多く，このような現象を認めた場合，できるだけ早い段階で切取りコアの採取や開削を行い，剥離の発生の有無を確認するとよい。

なお，現場で，剥離の発生の有無を確認する方法は，路面状態や採取したコア，開削した断面の状態などの目視観察と，採取した混合物の強度試験による耐水性の評価，抽出試験によるアスファルト量や粒度の把握であり，技術的な判断を行う。

表層にポーラスアスファルト混合物を使用する場合，基層混合物の耐水性が不十分であると，基層の破損により表層が早期に破損することがあるので，基層の耐水性能を室内試験で確認しておくとよい。

写真-3.3.4　舗装表面へフィラーや細骨材などの細粒分が滲出している状況の事例

⑤　ポリッシング

すべり抵抗性の低下は交通事故を誘発する原因となることもある。したがって，ポリッシングが発生している箇所では，その前後の舗装のすべり抵抗値を測定し，すべり抵抗性の低下を評価する。走行速度60km/hを想定する道路において，ポリッシングが認められた場合

第3章　維持修繕の実施計画

のすべり抵抗値による工法選定上の区分の目安（路面性状調査）を**表-3.3.7**に示す。ここでは，すべり抵抗値の評価をすべり抵抗測定車を用いて行った場合を示しているが，その他の機器により測定したすべり抵抗値については，「舗装性能評価法－必須および主要な性能指標編－（平成25年版）」を参照するとよい。

なお，この破損は路面破損である場合が多い。

表-3.3.7　すべり抵抗値による工法選定上の区分の目安

測定方法	すべり抵抗値の低下程度（すべり摩擦係数：$\mu 60$）	
	M	H
すべり抵抗測定車	0.25～0.33 程度	0.25 程度以下

注1：M，Hは，維持修繕工法を選定するにあたっての目安であり，維持修繕行為の実施の要否を判断する管理目標値とは異なる。
注2：M，Hは，「道路維持修繕要綱」や実績などを踏まえて設定

⑥　**コルゲーション**

コルゲーションの程度は，凹凸量や発生規模（面積）により破損の程度を評価するが，明確な維持修繕の要否判断目安はなくパトロール車の走行性などから判断することになる。

なお，この破損は路面破損である場合が多い（「付録4　付写真-3.2.19　コルゲーション」の例参照）。

⑦　**くぼみ**

アスファルト舗装のくぼみは，路面の沈下量や発生規模（面積）により破損の程度を評価するが，明確な維持修繕の要否判断目安はなくパトロール車の走行性などから判断する。

なお，この破損は路面破損である場合が多いが，基層が変形していることもあるので，コア採取により各層の厚さを確認するなどし，維持修繕工法を選定するとよい（「付録4　付写真-3.2.21　くぼみの例」参照）。

⑧　**寄り**

アスファルト舗装の寄りは，路面の盛り上がり量や発生規模（面積）により破損の程度を評価するが，明確な維持修繕の要否判断目安はなくパトロール車の走行性などから判断することになる（「付録4　付写真-3.2.20　寄りの例」参照）。

なお，この破損は路面破損である場合が多いが，基層が変形していることもあるので，コア採取により各層の厚さを確認するなどし，維持修繕工法を選定するとよい。

⑨　**路面陥没**

路面陥没は，道路に損傷を与えるのみではなく，道路や沿道の機能を麻痺させ，交通事故による人的被害をも発生させる可能性がある。よって，路面陥没を未然に防ぐために路面下の管理，特に空洞の発見が重要となる。しかし，地下埋設物の老朽化・劣化や自然現象などいろいろな要因での空洞発生が考えられるため，日常の道路パトロールによる目視と路面空洞探査車等による空洞探査とを組み合わせ，効果的，効率的な陥没防止を行うとよい。

路面下空洞の判定は，電磁波レーダで得られる空洞の異常信号の位置データ等と地盤，地形，地下水位，舗装構造，地下埋設物件，工事履歴，交通量等の周辺情報を活用して行う。

4）ポーラスアスファルト舗装特有の破損の評価

ポーラスアスファルト舗装特有の破損には，骨材飛散，空隙づまり，空隙つぶれ，部分的な寄

り（側方流動）があげられる。これらの破損の評価方法の例を以下に示す。

① 骨材飛散

骨材飛散は，調査方法が確立されていないこともあり，定まった評価方法がないのが現状である。

骨材飛散が進むと，ポットホールとなったり，走行車両による振動・騒音の発生，飛散骨材が走行車両や駐車車両を傷つけたりすることがあるので，沿道状況，交通条件等を考慮し，適切に維持管理していく必要がある。

なお，この破損は路面破損である場合が多い。

② 空隙づまり，空隙つぶれ

ポーラスアスファルト舗装の空隙づまりや空隙つぶれの程度を現場で直接，定量的に測定する方法は確立されていないため，定まった評価方法がないのが現状である。

空隙の閉塞が発生しているかの判断は，目視調査，現場透水量試験による浸透水量，タイヤ/路面騒音測定車による騒音値などをもとに判断することが多い。ただし，浸透水量や騒音値と閉塞の程度との関係は明確になっていない。

また，空隙の閉塞原因が空隙づまりと空隙つぶれのいずれかを判断するには，目視調査あるいは採取コアの観察によることが多い。

なお，この破損は路面破損である場合が多い。

③ 部分的な寄り（側方流動）

開削調査，コア採取により，破損の原因が，表層と基層との接着不良によるものか，基層の剥離によるものか等を目視観察や混合物試験など，総合的な調査により判断する必要がある。

たとえば，コア採取を行った際，基層混合物の厚さが確保されているにもかかわらず表層と基層が接着していない場合は，表層と基層との接着不良が原因と考えられる。

さらに，基層材料を「3）アスファルト舗装のその他の破損　⑤剥離」で述べたような耐水性に対する評価を行い，耐水性が劣ると判断された場合には，基層への遮水性が確保できるような工法の選択や基層からの維持修繕を検討する必要がある。

一方，付図-3.2.6に示したように基層に剥離や塑性変形が認められた場合には，基層の損傷が著しいと判断できるので，基層から修繕を行う必要がある。

(2) コンクリート舗装の場合

1) ひび割れ

① 路面調査からの評価

路面調査結果からのひび割れの評価は，目視調査より判断したひび割れ度の程度や路面性状調査より得られたひび割れ度から維持修繕の要否を判断し，さらに，ひび割れの発生位置や形態，沿道状況や工事履歴などから推察した発生原因を考慮して，維持修繕工法を選定することになる。

維持修繕工法の選定に当たっては，表-3.3.8に示す工法選定上の区分の目安を参考にするとよい。目視調査の結果からひび割れ度の程度を推定するための目安を図-3.3.1に示す。

なお，工法選定上の区分M，Hに該当するひび割れ箇所については，構造調査により深さ方向の状態を詳細に評価し，修繕工法の選定，設計を行うことが望ましい。

第3章　維持修繕の実施計画

表-3.3.8　ひび割れ度による工法選定上の区分の目安（一般道路の場合）

	L	M	H
ひび割れ度 (cm/m²)	30程度以下	30～50程度	50程度以上

注1：L,M,Hは，維持修繕工法を選定するにあたっての目安であり，維持修繕行為の実施の要否を判断する管理目標値とは異なる。
注2：L,M,Hのそれぞれの値は，「道路維持修繕要綱」や実績などを踏まえ設定

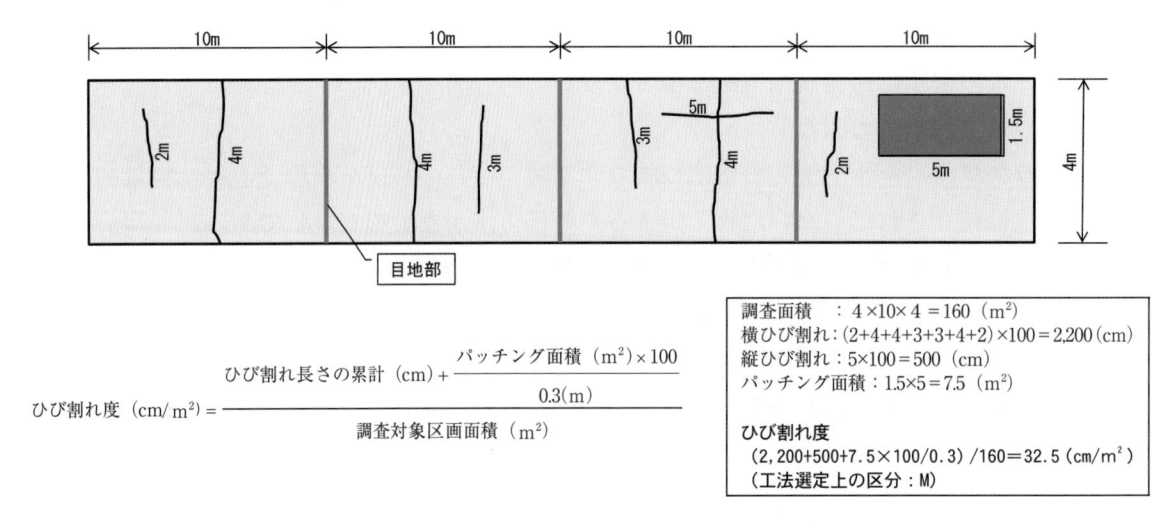

$$\text{ひび割れ度 (cm/m}^2\text{)} = \frac{\text{ひび割れ長さの累計 (cm)} + \dfrac{\text{パッチング面積 (m}^2\text{)} \times 100}{0.3\text{(m)}}}{\text{調査対象区画面積 (m}^2\text{)}}$$

調査面積：$4 \times 10 \times 4 = 160$ (m²)
横ひび割れ：$(2+4+4+3+3+4+2) \times 100 = 2,200$ (cm)
縦ひび割れ：$5 \times 100 = 500$ (cm)
パッチング面積：$1.5 \times 5 = 7.5$ (m²)
ひび割れ度
$(2,200+500+7.5 \times 100/0.3)/160 = 32.5$ (cm/m²)
（工法選定上の区分：M）

図-3.3.1　目視調査でのひび割れの評価事例

　路面性状調査からは，ひび割れの幅や長さ，角欠け幅を整理し，当該ひび割れの損傷の程度を評価することもできる。普通コンクリート舗装および転圧コンクリート舗装の場合の横ひび割れの工法選定上の区分の目安を**表-3.3.9**に示す。

表-3.3.9　横ひび割れによる工法選定上の区分の目安[6]
（普通コンクリート舗装，転圧コンクリート舗装の場合）

工法選定上の区分	判断の目安
L	ひび割れ幅3mm程度以内，角欠けや段差はない。
M	ひび割れ幅3mm程度以上6mm程度以内で角欠け幅75mm程度以内，あるいは段差6mm程度以内
H	ひび割れ幅6mm程度以上で角欠け幅75mm程度以上，あるいは段差6mm程度以上

注：L，M，Hは，維持修繕工法を選定するにあたっての目安であり，維持修繕行為の実施の要否を判断する管理目標値とは異なる。

　コンクリート舗装も工法選定上の区分がLであってもひび割れの種類や形態によっては構造破損の場合があり，ひび割れの状態や発生状況から路面破損なのか，構造破損なのかを評価することになる。**表-3.3.10**はひび割れの形態と破損の分類を示したものであり，ひび割れの破損の分類を判断する際の参考にするとよい。なお，コンクリート舗装のひび割れの発生形態や発生箇所例などの詳細は，「付録5」を参照するとよい。

表-3.3.10　ひび割れの形態と破損の分類

ひび割れの形態	破損の分類	
	路面破損	構造破損
横ひび割れ	−	◎※
縦ひび割れ	−	◎
Y型・クラスタ型ひび割れ*	◎	○
隅角ひび割れ	−	◎
Dクラック	◎	○
面状・亀甲状ひび割れ	−	◎
乾燥によるひび割れ	◎	−
円弧状ひび割れ	○	◎
沈下ひび割れ	◎	−
不規則ひび割れ（拘束ひび割れ）	○	◎

〔注〕◎：特にその破損である可能性が強い。○：いずれの破損も可能性がある。
　　※：連続鉄筋コンクリート舗装の場合を除く。
　　＊：連続鉄筋コンクリート舗装特有のひび割れである。

　連続鉄筋コンクリート舗装の場合は，縦方向鉄筋によりコンクリートの乾燥収縮や温度によるひび割れを分散・発生させて，個々のひび割れ幅を 0.5mm 以下に制御するよう設計されており，ひび割れ部の角欠けが原因で表面のひび割れ幅が大きく観察されることがあっても構造上問題とならないことが多い。このように，当該舗装に発生する横ひび割れは上記のような破損には該当しない場合が多い。しかし，ひび割れ部の角欠けが進行し，拡大すると車両の走行性や安全性に支障をきたすことや，走行騒音が問題となることもある。また，ひび割れ部の荷重伝達率が低下することで版のたわみ量が大きくなりひび割れ幅が増大し，その結果，角欠けが進行している場合もあるので，横ひび割れの角欠けの進行程度を経過観察し評価することも必要である。

② **構造調査からの評価**

　ひび割れ部の構造調査には，コア採取や開削，FWD によるたわみ測定などがある。コア採取では，コンクリート版内部の状態（鉄網や鉄筋の腐食程度やコンクリート版下面の状態）が把握でき，FWD たわみ量測定では，コンクリート版下の状態（空洞の有無等）やひび割れ部の荷重伝達性などが確認できる。コンクリート版下の空洞の維持修繕を実施した後の空洞の有無を確認するための判定値としては，一般に 49kN 載荷時のたわみ量 0.4mm 以下が採用されていることから，FWD たわみ量 D_0 は，コンクリート版下の空洞の有無を判断する一つの目安となる。一方，荷重伝達率については，荷重伝達率は 80％以上であれば有効であり，65％以下の場合，ダウエルバーの損傷や路盤の支持力低下もしくは空洞化の恐れがある。たわみ量と荷重伝達率にもとづく，横ひび割れ部の評価フロー例を**図-3.3.2**に，FWD による荷重伝達率測定方法の概念を**図-3.3.3**に示す。

第3章　維持修繕の実施計画

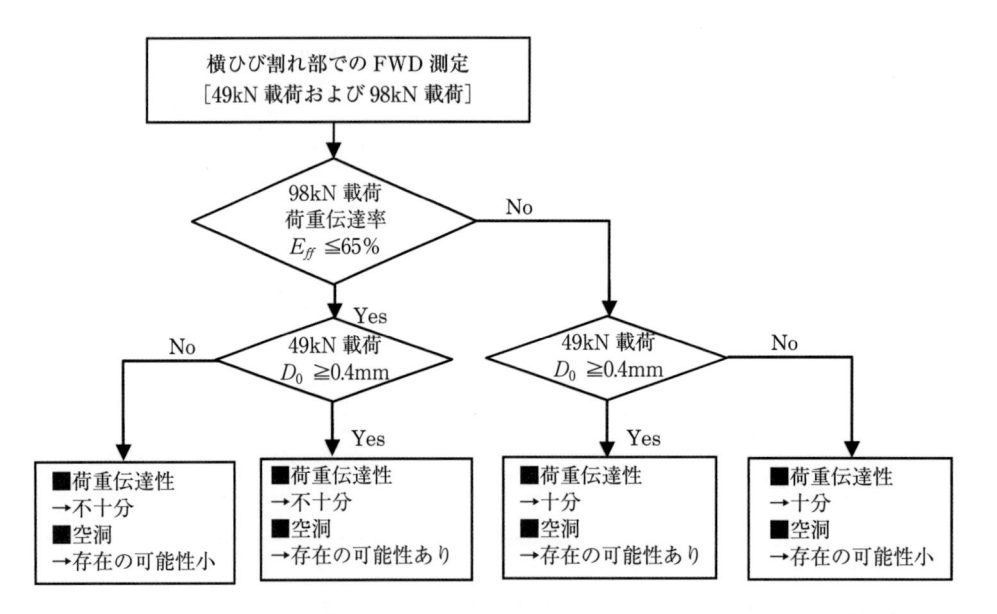

```
┌─────────────────────┐
│ 横ひび割れ部でのFWD測定 │
│[49kN載荷および98kN載荷]│
└──────────┬──────────┘
           ↓
      ╱ 98kN載荷 ╲
     ╱ 荷重伝達率  ╲── No ──┐
     ╲ E_ff ≦65%  ╱         │
      ╲         ╱           │
       Yes                  │
        ↓                   ↓
   ╱ 49kN載荷 ╲       ╱ 49kN載荷 ╲
 No╲ D_0≧0.4mm╱Yes  Yes╲ D_0≧0.4mm╱No
```

■荷重伝達性	■荷重伝達性	■荷重伝達性	■荷重伝達性
→不十分	→不十分	→十分	→十分
■空洞	■空洞	■空洞	■空洞
→存在の可能性小	→存在の可能性あり	→存在の可能性あり	→存在の可能性小

図-3.3.2　たわみ量，荷重伝達率による横ひび割れ部の評価フロー例[7),8)]

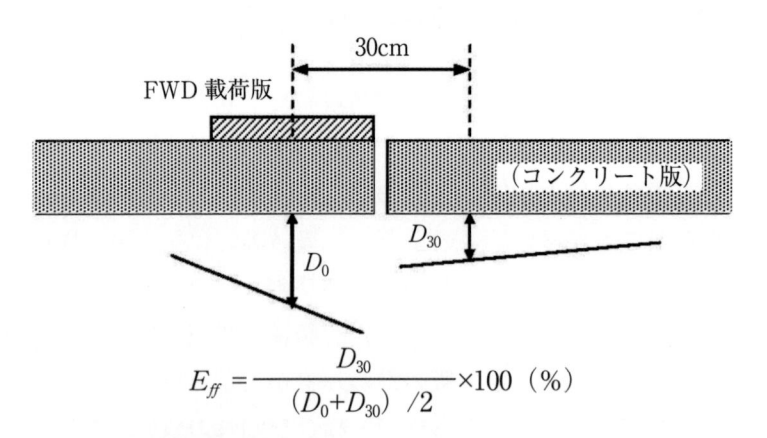

$$E_{ff} = \frac{D_{30}}{(D_0+D_{30})/2} \times 100 \ (\%)$$

E_{ff}：荷重伝達率（％）
D_0：載荷点直下のたわみ量（mm）
D_{30}：載荷点から30cmの位置のたわみ量（mm）

図-3.3.3　FWDによる荷重伝達率測定方法の概念[8)]

2）目地部やひび割れ部の段差

① 路面調査からの評価

コンクリート舗装の目地部やひび割れ部の段差の維持修繕は，路面性状調査の結果をもとに，段差量から工法を選定するとよい。段差量による工法選定上の区分の目安を表-3.3.11に示す。工法選定上の区分がM，Hに該当する場合，FWDたわみ量の測定などによる構造評価を実施し，段差箇所の空洞の有無や荷重伝達性などを確認するとよい。

表-3.3.11　段差量による工法選定上の区分の目安

	L	M	H
段差量（mm）	10程度以下	10～15程度	15程度以上

注1：L, M, Hは，維持修繕工法を選定するにあたっての目安であり，維持修繕行為の実施の要否を判断する管理目標値とは異なる。
注2：L, M, Hのそれぞれの値は，「道路維持修繕要綱」や実績などを踏まえ設定

第3章　維持修繕の実施計画

　コンクリート舗装の段差は，その発生位置や形態，沿道状況や維持修繕履歴などから判断して，その発生原因を推定することになる。**表-3.3.12** は，目視調査から目地部やひび割れ部の状態を評価し，維持修繕工法の選定上の区分の目安を示したものであり，参考にするとよい。

　目地部において段差が生じていた場合，路盤以下の損傷も想定されるので，路面性状調査や構造調査を実施し，段差箇所の詳細を把握・対処することが重要である。

表-3.3.12　目地部やひび割れ部の状態（段差・ポンピング）と工法選定上の区分の目安

段　差	ポンピング※	破損の状態		工法選定上の区分
なし	なし	健全	（参考：**写真-3.3.5** ①）	-
なし	あり	路盤損傷が進行中	（参考：**写真-3.3.5** ②）	L
あり	なし	路盤以下が不等沈下	（参考：**写真-3.3.5** ③）	M
あり	あり	路盤以下まで損傷が進行	（参考：**写真-3.3.5** ④）	H

※ポンピングの概念については，「付録5」参照
注：L，M，H は，維持修繕工法を選定するにあたっての目安であり，維持修繕行為の実施の要否を判断する管理目標値とは異なる。

① 健全

② 路盤損傷が進行中

③ 路盤以下が不等沈下

④ 路盤以下まで損傷が進行

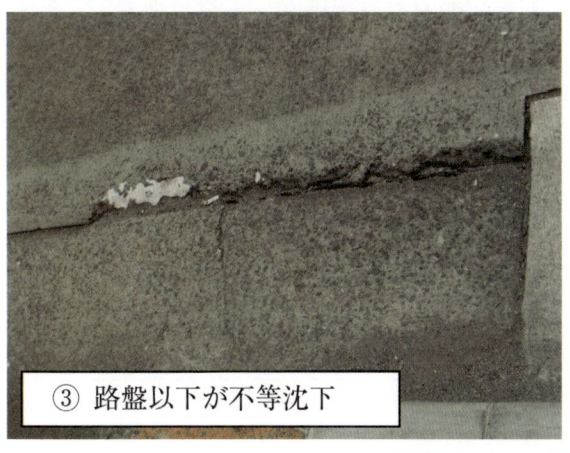

写真-3.3.5　目地部の状態の事例

② **構造調査からの評価**

　目地部の段差箇所の空洞の有無については，49kN 載荷時のたわみ量 0.4mm 以下を判断の目安に，また，荷重伝達性については，①荷重伝達率が 80％以上であれば荷重伝達は有効で

あり，②荷重伝達率が65％以下であれば荷重伝達は不十分である，とされている検討例をもとに評価するとよい．たわみ量と荷重伝達率にもとづく，目地部の段差箇所の評価フロー例を図-3.3.4に示す．

コンクリート舗装の段差については，これら調査結果をもとに当該箇所の維持修繕工法の選定を行うことになる．

```
                目地部の段差箇所でのFWD測定
                [49kN 載荷および98kN 載荷]
                          │
                          ▼
                    ┌───────────┐
                    │  98kN 載荷  │
          No ──────│  荷重伝達率  │
          │         │ $E_{ff} ≦65\%$ │
          │         └───────────┘
          │               │ Yes
          │               ▼
    ┌─────┴─────┐   ┌───────────┐         ┌───────────┐
    │  49kN 載荷 │   │  49kN 載荷 │         │           │
No──│ $D_0 ≦0.4$mm│   │ $D_0 ≦0.4$mm│──No──│           │
    └───────────┘   └───────────┘         └───────────┘
       │  │ Yes       Yes │                    │
       ▼  ▼               ▼                    ▼
  ■荷重伝達性    ■荷重伝達性        ■荷重伝達性       ■荷重伝達性
   →不十分       →不十分           →十分           →十分
  ■空洞         ■空洞            ■空洞           ■空洞
   →存在の       →存在の           →存在の          →存在の
    可能性小      可能性あり         可能性あり        可能性小
```

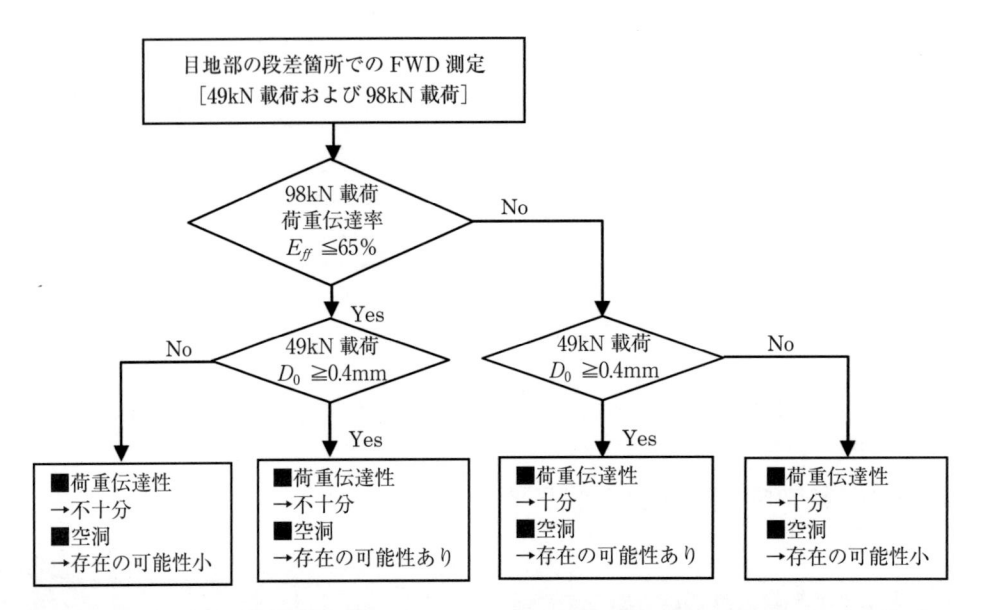

図-3.3.4 たわみ量，荷重伝達率による目地部の段差箇所の評価フロー例[7),8)]

3) 目地部の破損（目地材のはみ出し，飛散，角欠け）
① 目視調査からの評価

目地部の目視調査結果からは，目地部の損傷のうち主に目地材の飛散やはみ出しの程度について評価することになる．目地材がはみ出し，飛散した状態で放置すると目地部の大きな破損に繋がることがあることから，目地部周辺での下層（路盤以下）からの析出物の有無などの観察結果をもとに目地部の状態を評価する必要がある．目視調査による目地部の工法選定上の区分の目安を表-3.3.13に示す．

目視調査で目地部の角欠けが認められた場合，路面性状調査を実施し詳細を把握するとよい．

表-3.3.13 目地部の状態（目地材のはみ出し，飛散）からの工法選定上の区分の目安[9)]

工法選定上の区分	判断の目安（目地材のはみ出しや飛散の程度，目地部周辺の表面の変色）
L	全体の50％未満の目地材のはみ出しや飛散がある． 表面の変色は認められない（写真-3.3.6 ①）．
M	全体の50％以上の目地材のはみ出しや飛散がある． 表面の変色が認められる（写真-3.3.6 ②）．

注：L，Mは，維持修繕工法を選定するにあたっての目安であり，維持修繕行為の実施の要否を判断する管理目標値とは異なる．

第3章　維持修繕の実施計画

① 10～50%の目地材のはみ出し・飛散

② 50%以上の目地材のはみ出し・飛散

写真-3.3.6　目地部の破損状態の事例

② 路面性状調査からの評価

　目視調査で目地部の角欠けが認められた場合，路面性状調査を実施して評価を行う。維持修繕工法を選定するに当たっては，路面性状調査から得た角欠け部の長さや幅をもとに**表-3.3.14**を参考に行うとよい。

表-3.3.14　目地部の角欠けからの工法選定上の区分の目安[9]

工法選定上の区分	判断の目安
L	角欠け幅150mm 未満あるいは角欠け率50%未満
M	角欠け幅150mm 以上あるいは角欠け率50%以上

<備考>
　　l：目地の長さ（cm）　　S：角欠けの長さ（cm）
　　b：角欠けの幅（mm）

$$\text{角欠け率}（\%） = \frac{\text{角欠けの長さの累計（S1+S2）}}{\text{目地の長さ（l）}} \times 100$$

注：L，M は，維持修繕工法を選定するにあたっての目安であり，維持修繕行為の実施の要否を判断する管理目標値とは異なる。

4）コンクリート舗装のその他の破損

　コンクリート舗装のその他の破損には，わだち掘れ，ポットホール，ポリッシングなどがある。これらの破損は，主に路面調査の結果により評価を行い，その評価方法の例を以下に示す。その他の破損は，予め設定した工法選定上の区分の目安やパトロール中の走行性などから，維持修繕の要否を判断するとよい。

第3章　維持修繕の実施計画

① わだち掘れ

　わだち掘れの路面調査からの評価では，目視調査より判定したわだち掘れの程度や路面性状調査より得られたわだち掘れ深さから維持修繕の要否を判断し，わだち掘れの形状や発生形態，沿道状況や工事履歴などから推察した発生原因を考慮して，維持修繕工法を選定することになる。

　わだち掘れの目視調査の結果は，目視や車両走行時の観察結果に車両の走行安全性や快適性，沿道や隣接車線への影響などを加味して評価するとよい。ここでの評価結果は，緊急的な維持修繕の要否判断や路面性状調査の実施判断の資料として用いられることになる。

　目視調査におけるわだち掘れの評価では，その発生状況や供用状況からわだち掘れ深さを推定し，維持修繕工法を選定することになる。目視調査によるわだち掘れの程度と工法選定上の区分の目安を表-3.3.15に示す。なお，工法選定上の区分がMおよびHの場合は，路面性状調査を実施し，わだち掘れの定量的な評価を行うことが望ましいが，スパイクタイヤ禁止後のわが国において，工法選定上の区分MやHはごく稀な状態である。

表-3.3.15　目視調査によりわだち掘れの程度を推察する場合の目安
（走行速度40km程度の場合）

調査項目	工法選定上の区分（一般道路）		
	L 20mm程度以下	M 20〜35mm	H 35mm程度以上
滞水状態	うっすらとした水膜が確認される	部分的な滞水が確認される	明らかな滞水が確認される
水はねの程度	水しぶきがあがる	軽い水はねがある	隣接車線や歩道に大きくはねる
事例写真	写真-3.3.7 ①	写真-3.3.7 ②	－

注：それぞれの目安は，「舗装調査・試験法便覧」や実績などを踏まえ設定

写真-3.3.7　わだち掘れの程度の事例

　路面性状調査で得られた，わだち掘れ深さからの工法選定上の区分の目安を表-3.3.16に示す。この工法選定上の区分をもとに次節で記述する維持修繕工法の選定や路面設計，構造設計を行うことになる。

表-3.3.16 わだち掘れ深さによる工法選定上の区分の目安
(a) 自動車専用道路

	L	M	H
わだち掘れ深さ（mm）	15 程度以下	15～25 程度	25 程度以上

(b) 一般道路

	L	M	H
わだち掘れ深さ（mm）	20 程度以下	20～35 程度	35 程度以上

注1：L，M，Hは，維持修繕工法を選定するにあたっての目安であり，維持修繕行為の実施の要否を判断する管理目標値とは異なる。
注2：L，M，Hのそれぞれの値は，「道路維持修繕要綱」や実績などを踏まえ設定

② ポリッシング（すべり抵抗値の低下）

コンクリート舗装版のポリッシングは，すべり抵抗性の低下を招き車両の走行安全性に大きな影響を及ぼすことになる。したがって，ポリッシングが認められた場合，早急の対応が必要となる。

走行速度60km/hを想定する道路において，ポリッシングが認められた場合のすべり抵抗値による工法選定上の区分の目安（路面性状調査）を表-3.3.17に示す。ここでは，すべり抵抗値の評価をすべり抵抗測定車を用いて行った場合を示しているが，その他の機器により測定したすべり抵抗値については，「舗装性能評価法－必須および主要な性能指標－（平成25年版）」を参照するとよい。

なお，この破損は路面破損である場合が多い。

表-3.3.17 すべり抵抗値による工法選定上の区分の目安

測定方法	すべり抵抗値の低下程度（すべり摩擦係数：μ60）	
	M	H
すべり抵抗測定車	0.25～0.33 程度	0.25 程度以下

注1：M，Hは，維持修繕工法を選定するにあたっての目安であり，維持修繕行為の実施の要否を判断する管理目標値とは異なる。
注2：M，Hは，「道路維持修繕要綱」や実績などを踏まえ設定

③ ポットホール

ポットホールの破損の程度の把握は，目視調査が主体となる。ポットホールが発生した場合，車両の走行性や快適性を損なうばかりでなく，交通事故の原因となることもあるので，すみやかな対応が求められる。なお，この破損は路面破損である場合が多い。

3-4 設 計

本節での設計とは，抽出された維持修繕区間を調査・評価し，それらのデータをもとに，①要求性能の整理に基づく性能指標の設定，②破損の程度の評価結果や破損の原因の推定などから，維持修繕の具体的な範囲と工法を決定することである。

路面設計や構造設計は，現状の把握から調査，評価，工法選定まで含んでいることから，維持修繕の実施計画そのものとみなすこともできる。

第3章　維持修繕の実施計画

　実際の設計では，①と②の手順にこだわることなく，道路条件や要求性能によっては性能指標を設定せずに，目視調査だけで維持区間と工法などを設計することもできる。ただし，そのような場合であっても，現状の路面を評価することと要求性能の整理が重要であることにかわりはなく，当該道路の設計過程や路面評価データを蓄積することで，その道路が存在する地区独自の評価や設計手順が構築され，より広い地区を網羅した維持修繕の手順として標準化されることが望ましい。

　本節では，維持修繕の実施計画の一連の手順を「設計」として位置付け，破損の程度に応じた工法の種類，要求性能の設定，路面設計，構造設計などについて解説する。

3-4-1　維持修繕工法の種類と破損の程度に応じた工法の選定

　舗装の維持修繕を実施する際は，調査結果を踏まえ，破損の分類（路面破損，構造破損）や破損の程度を的確に評価したうえで破損の原因を十分究明し，その原因を排除・解消するような工法を選定することが重要である。たとえば，アスファルト舗装を例にとると，図-3.4.1に示すように破損の面的な広がりの他に深さ方向の状態も評価し，その対策の及ぶ範囲を考慮する必要がある。また，維持修繕工法の選定にあたっては，それぞれに品質，コスト，環境への影響，耐久性などの面で異なった特性を有するので，工法の組み合わせによる効果やそれぞれの特性を把握したうえで維持修繕工法を選定することも重要である。なお，路面破損の場合でも基層以下の層の修繕を行う場合もある。

　生活道路においては，これらを勘案しながら，交通量，沿道環境を考慮し，維持修繕工法を選定するとよい。

　ここでは，アスファルト舗装，コンクリート舗装の代表的な維持修繕工法の種類と，それぞれの場合について，破損の程度の評価結果に応じた維持修繕工法の選定例を示す。

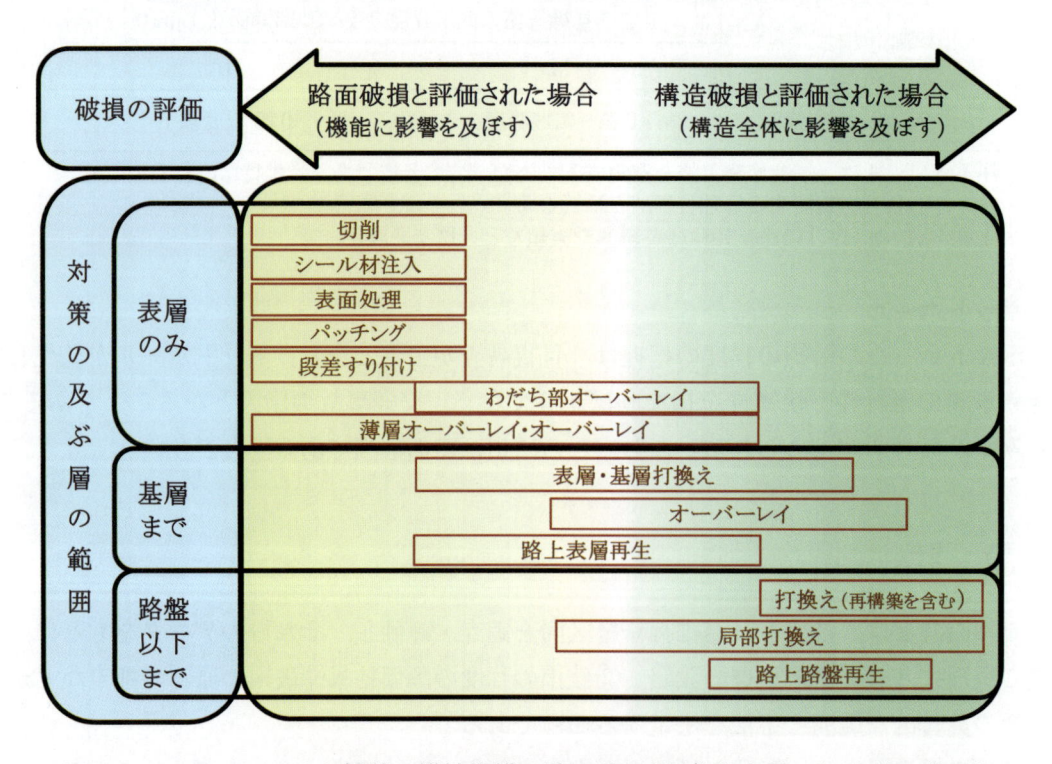

図-3.4.1　アスファルト舗装の維持修繕工法の適用例（参考文献10）を基に作図）

第3章 維持修繕の実施計画

(1) アスファルト舗装の場合

アスファルト舗装の主な維持修繕工法を**表-3.4.1**に示す。

表-3.4.1 アスファルト舗装の維持修繕工法の概要[10]

工　法	概　要
パッチングおよび段差すり付け工法	・ポットホール，くぼみ，段差などを応急的に充填する工法。 ・使用する舗装材料には，加熱アスファルト混合物，瀝青系や樹脂系のバインダを用いた常温混合物などがある。
シール材注入工法	・比較的幅の広いひび割れに注入目地材等を充填する工法。 ・予防的維持工法として用いられることもある。 ・注入する材料として一般的に用いられるのは加熱型であり，エマルジョン型，カットバック型，樹脂型などの種類もある。 ・ひび割れの幅や深さに適した材料が使用されている。
切削工法	・路面の凸部等を切削除去し，不陸や段差を解消する工法。 ・オーバーレイ工法や表面処理工法の事前処理として行われることも多い。
表面処理工法	・既設舗装の上に，3cm未満の封かん層を設ける工法 ・予防的維持工法として用いられることもある。
空隙づまり洗浄工法	・ポーラスアスファルト舗装などの空隙に堆積した泥やゴミなどを取り除き，排水機能や騒音低減機能を回復させる工法。 ・空隙の堆積物を除去する方法としては，高圧水を路面に噴射し，堆積物を水とともに吸引する方法などがある。 ・著しい機能低下が起こる前に実施すると効果的であると考えられている。
薄層オーバーレイ工法	・既設舗装の上に厚さ3cm未満の加熱アスファルト混合物を舗設する工法。 ・摩耗層などの予防的維持工法として用いられることもある。
わだち部オーバーレイ工法	・既設舗装のわだち掘れ部のみを，加熱アスファルト混合物で舗設する工法。 ・主に摩耗等によってすり減った部分を補うものであり，流動によって生じたわだち掘れ箇所には適さない。 ・オーバーレイ工法に先立ちレベリング工として行われることも多い。
打換え工法（再構築含む）	・既設舗装の路盤もしくは路盤の一部までを打ち換える工法。 ・状況により路床の入れ換え，路床または路盤の安定処理を行うこともある。
局部打換え工法	・既設舗装の破損が局部的に著しく，その他の工法では維持修繕できないと判断されたとき，表層，基層あるいは路盤から局部的に打ち換える工法。 ・通常表層・基層打換え工法やオーバーレイ工法の際，局部的にひび割れが大きい箇所に併用することが多い。
オーバーレイ工法	・既設舗装の上に，厚さ3cm以上の加熱アスファルト混合物層を舗設する工法。 ・局部的な不良箇所が含まれる場合，事前に局部打換え等を行う。
表層・基層打換え工法（切削オーバーレイ）	・既設舗装を表層または基層まで打ち換える工法。 ・切削により既設アスファルト混合物層を撤去する工法を特に切削オーバーレイ工法と呼ぶ
路上路盤再生工法	・既設アスファルト混合物層を，現位置で路上破砕混合機等によって破砕すると同時に，セメントやアスファルト乳剤などの添加材料を加え，破砕した既設路盤材とともに混合し，締め固めて安定処理した路盤を構築する工法。
路上表層再生工法	・現位置において，既設アスファルト混合物層の加熱，かきほぐしを行い，これに必要に応じて新規アスファルト混合物や，再生用添加剤を加え，混合したうえで敷きならして締め固め，再生した表層を構築する工法。

アスファルト舗装の維持修繕を行う場合，それぞれの破損の程度と分類に応じて工法の選定を行う。工法の選定においては，舗装発生材を極力少なくする工法や断面設計を考慮する。複数の破損が存在する場合は，それぞれの損傷の特徴や程度に応じて一つの工法で維持修繕を行うか，破損個々に応じた維持修繕を行うか，または，それらを組み合わせた維持修繕を行うかなど，検討を行う必要もある。ただし，200mの区間は，なるべく同じ工法を採用することが望ましい。アスファルト舗装の破損の種類と工法選定上の区分に応じた維持修繕工法の選定の目安を**表-3.4.2**に示す。各工法の詳細については「第4章」を参照するとよい。なお，**表-3.4.2**中の「L」「M」「H」の記号は，「3-3　評価」で述べた，工法選定上の区分に対応している。また，破損の種類によっては，維持修繕工法が限られる場合もある。

第3章　維持修繕の実施計画

表-3.4.2　アスファルト舗装の破損と工法選定上の区分に応じた維持修繕工法の選定の目安

アスファルト舗装の破損		維持修繕工法	破損の分類	維持工法						修繕工法					
				パッチングおよび段差すり付け工法	シール材注入工法	切削工法	表面処理工法	空隙づまり洗浄工法	薄層オーバーレイ工法	わだち部オーバーレイ工法	打換え工法	局部打換え工法	オーバーレイ工法	表層・基層打換え工法（切削オーバーレイ）	路上路盤再生工法	路上表層再生工法
ひび割れ	●線状 ・疲労ひび割れ ・わだち割れ ・施工継目ひび割れ ・リフレクションクラック ・温度応力ひび割れ ・凍上によるひび割れ		路面, 構造		L,(M)					M,H	L,M	M,H	M,H	M,H	M,H
	●亀甲状 ・路床・路盤の支持力低下・沈下によるひび割れ ・基層の剥離によるひび割れ		路面, 構造	L,M						M,H	L,M		M,H	M,H	
	●凍上・凍結融解によるひび割れ		構造		L,M					M,H	L,M			M,H	M
	●アスファルト混合物の劣化・老化によるひび割れ		路面, 構造	L			M,H		M,H				M,H		M,H
	●構造物周辺のひび割れ		路面, 構造	○	○						◎				
わだち掘れ	路床・路盤の圧縮変形によるわだち掘れ		構造	L			L		L,M	M,H	M,H			M,H	
	アスファルト混合物の塑性変形によるわだち掘れ		路面, 構造	L		M	L		L,M			M,H	M,H		M
	アスファルト混合物の摩耗によるわだち掘れ		路面	L			L		L,M	M,H			M,H	M,H	M
平たん性の低下	縦断方向の凹凸		路面, 構造	○					○		◎	○	○	◎	○
その他の破損	段差		路面, 構造	○		○						◎			
	ポットホール		路面, 構造	○								◎			
	剥離		路面, 構造								◎	◎		○,◎	
	ポリッシング（すべり抵抗値の低下）		路面				M,H		H			H	H		H
	コルゲーション		路面						○			○	○		
	くぼみ		路面, 構造	○								◎			
	寄り		路面, 構造	○		○						◎		○,◎	
ポーラスアスファルト舗装特有の破損	骨材飛散		路面	○			○							○	
	空隙づまり		路面					○						○	
	空隙つぶれ		路面											○	
	部分的な寄り（側方流動）		構造								◎		◎		
備　考	L, M, H：工法選定上の区分 （M）　　：路面破損の場合にのみ適用 ○　　　：路面破損の場合に適用する工法 ◎　　　：構造破損の場合に適用する工法														

〔注〕表中の記号は，維持修繕を行う場合の工法選定上の区分であって，維持修繕の必要性を示すものではない。この表の意味するところは，当該個所の破損を評価したうえで，維持修繕を行うかどうかを含めて判断し，維持修繕を行う場合は破損状況に応じた工法を選定すべきであるという趣旨である。

(2) コンクリート舗装の場合

コンクリート舗装の主な維持修繕工法を**表-3.4.3**に示す。

第3章 維持修繕の実施計画

表-3.4.3 コンクリート舗装の維持修繕工法の概要[10]

工　法	概　　要
パッチング工法	・コンクリート版に生じた，欠損箇所や段差等に材料を充填して，路面の平たん性等を応急的に回復する工法 ・パッチング材料にはセメント系，アスファルト系，樹脂系があり，処理厚によりモルタルまたはコンクリートとして使用する。いずれの場合でも，コンクリートとパッチング材料との付着を確実にすることが肝要である。
シーリング工法	・目地材が老化，ひび割れ等により脱落，剥離などの破損を生じた場合や，コンクリート版にひび割れが発生した場合，目地やひび割れから雨水が浸入するのを防ぐ目的で注入目地材等のシール材を注入または充填する工法
表面処理工法	・コンクリート版にラベリング，ポリッシング，はがれ（スケーリング），表面付近のヘアークラック等が生じた場合，版表面に薄層の舗装を施工して，車両の走行性，すべり抵抗性や版の防水性等を回復させる工法 ・使用材料や施工方法は，パッチング工法に準ずる。
粗面処理工法	・コンクリート版表面を，機械または薬剤により粗面化する工法 ・主にコンクリート版表面のすべり抵抗性を回復させる目的で実施される。 ・機械には，ショットブラストマシン，ウォータジェットマシンなどがある。 ・薬剤としては主に，酸類が使用される。
グルービング工法	・グルービングマシンにより，路面に深さ×幅が6×6mm，6×9mmの寸法の溝を，20〜60mm間隔で切り込む工法 ・雨天時のハイドロプレーニング現象の抑制，すべり抵抗性の改善などを目的として実施される。 ・溝の方向には，縦方向と横方向とがあり，通常は施工性がよいことから縦方向に行われることが多い。 ・縦方向の溝は，横滑りや横風による事故防止に効果的である。横方向の溝は，停止距離の短縮に効果があり，急坂路，交差点付近などに適する。
注入工法	・コンクリート版と路盤との間に出来た空隙や空洞を充填したり，沈下を生じた版を押上げて平常の位置に戻したりする工法 ・注入する材料は，アスファルト系とセメント系の二つに分けられるが，常温タイプのアスファルト系の材料を用いることが多い。
バーステッチ工法	・既設コンクリート版に発生したひび割れ部に，ひび割れと直角の方向に切り込んだカッタ溝を設け，この中に異形棒鋼あるいはフラットバー等の鋼材を埋設して，ひび割れをはさんだ両側の版を連結させる工法 ・鋼材には，ダウエルバーと同程度の荷重伝達能力を有する断面および長さのものを使用し，埋め戻しには，高強度のセメントモルタルまたは樹脂モルタルを用いる。
打換え工法	・広域にわたり，コンクリート版そのものに破損が生じた場合に行う。 ・コンクリートによる打換えと，アスファルト混合物による打換えがあるが，いずれの工法によるかは，打換え面積，路床・路盤の状態，交通量などを考慮して決める。
局部打換え工法	・隅角部，横断方向など，版の厚さ方向全体に達するひび割れが発生し，この部分における荷重伝達が期待できない場合に，版あるいは路盤を含めて局部的に打換える工法 ・連続鉄筋コンクリート版において，鉄筋破断を伴う横断クラックによる構造的破壊の場合は，鉄筋の連続性を損なわないで荷重伝達が確保できるように行う。
オーバーレイ工法	・既設コンクリート版上に，アスファルト混合物を舗設するかまたは，新しいコンクリートを打ち継ぎ，舗装の耐荷力を向上させる工法 ・既設版の影響を極力さけるため，事前に不良個所のパッチングやリフレクションクラック対策※などを施しておく。 ・必要に応じて局部打換え工法，注入工法，バーステッチ工法等を併用する。

※リフレクションクラック抑制対策には，クラック抑制シートやアスファルトマスチック混合物などの敷設がある。

　コンクリート舗装の維持修繕を行う場合も，それぞれの破損の程度や分類に応じて工法の選定を行うとよい。複数の破損が存在する場合は，それぞれの損傷の特徴や程度に応じて一つの工法で維持修繕を行うか，破損個々で維持修繕を行うか，また，それらを組み合わせて維持修繕を行うかの検討を行う必要がある。コンクリート舗装の破損の種類と，工法選定上の区分に応じた維持修繕工法の選定の目安を**表-3.4.4**に示す。各工法の詳細については「第4章」を参照するとよい。なお，**表-3.4.4**中の「L」「M」「H」の記号は，「3-3　評価」で述べた，工法選定上の区分に対応している。また，破損の種類によっては，維持修繕工法が限られる場合もある。

第3章　維持修繕の実施計画

表-3.4.4　コンクリート舗装の破損と工法選定上の区分に応じた維持修繕工法の選定の目安

コンクリート舗装の破損		破損の分類	維持工法							修繕工法		
	維持修繕工法		パッチング工法	シーリング工法	表面処理工法	粗面処理工法	グルービング工法	注入工法	バーステッチ工法	打換え工法	局部打換え工法	オーバーレイ工法
ひび割れ	ひび割れ度	構造		L					L, M	M, H	L, M	M, H
	横ひび割れ※	構造	M	L, M					L, M	H	H	
目地部の破損	段差（エロージョンの発生）	構造	L, M, H					L, M		H	M, H	
	はみ出し・飛散	路面		L, M								
	角欠け	構造	L, M	L								
その他	わだち掘れ	路面			L		L					M, H
	ポリッシング	路面			M, H	M, H	M, H					M, H
	ポットホール	路面, 構造	□								□	
備考	L, M, H：工法選定上の区分 □：適用する工法 ※連続鉄筋コンクリート舗装に発生した横ひび割れは，含まない。											

〔注〕表中の記号は，維持修繕を行う場合の工法選定上の区分であって，維持修繕の必要性を示すものではない。この表の意味するところは，当該個所の破損を評価したうえで，維持修繕を行うかどうかを含めて判断し，維持修繕を行う場合は破損の状況に応じた工法を選定すべきであるという趣旨である。

3-4-2　要求性能の設定

「維持修繕の実施計画」策定における路面設計や構造設計は，抽出された維持修繕の対象区間に対する要求性能に基づき実施される。これは，舗装の建設時に行う計画とおおむね同様の作業であるが，維持修繕の実施計画では，性能の低下状況を把握し，それをどの程度まで回復させるのか，あるいは新たな性能を付加する必要があるのかなどの目標を立案し，それに応じた要求性能を新たに設定する。要求性能を設定することで，それに対応する性能指標が定められ，設計における目標を明らかにすることができる。

具体的には，道路利用者に対する安全，円滑かつ快適な交通の確保を維持修繕の実施の目標とし，建設時に設定された要求性能や設計条件，舗装の現状，現在の交通状況や沿道の状況を調査し把握した上で，路面に必要とされる機能，ライフサイクルコスト，環境の保全や改善，周辺施設の管理方針などを勘案し，道路利用者や沿道住民の多様な要請に応じた適切な要求性能を設定する。

この節では，要求性能を設定するうえで考慮すべき事項および設定した要求性能に対する性能指標について説明する。

(1) 要求性能を設定する上で考慮すべき事項

適切な要求性能を設定するためには，以下に示すような事項を明確にし，把握しておく必要が

ある。ただし，維持修繕を実施する道路の区分や諸条件を勘案し，考慮すべき事項そのものを選択して要求性能の設定に反映させるとよい。

1) 建設時の要求性能や設計条件

舗装の現状を把握するために，建設時の要求性能や設計条件をできるだけ明らかにしておく。これらは，以降に示す考慮すべき事項が建設時とどのように変化しているのか，あるいは変化がないのかを認識し，新たな要求性能を設定する上での基本となる事項である。

2) 舗装の現状

舗装の破損の状況を調査し，破損が生じた原因や性能の低下度合いを明確にする。これは，要求性能を設定し，それに応じた維持修繕工法の選定や設計を実施するうえで基本となる事項である。

3) 交通状況や沿道の状況

交通量や各種交通主体の利用状況，住居や商用施設の数など，沿道の利用状況を調査し明らかにしておく。特に建設時と変化がある場合には，維持修繕の実施計画において設定する要求性能を建設時と異なる新たなものとすることで，経済性が向上する，あるいは道路利用者や沿道住民にとってより安全で快適な交通を確保することが可能となる場合がある。

たとえば，建設当時と比較して沿道の居住者が増加し，交通の主体として歩行者や自転車が増加した場合，雨天時の視認性向上による走行の安全性や歩行者への水はね防止による快適性の向上などを目的とし，表層を維持修繕実施前の密粒度アスファルト混合物からポーラスアスファルト混合物へと変更する方針などが考えられる。

4) 路面に必要とされる機能

考慮すべき事項を勘案したうえで，交通の安全性，円滑性，快適性，環境の保全と改善などの観点から，維持修繕の実施により，どのような路面の機能を有する舗装を築造するかを明らかにしておくことが大切である。路面の機能は，道路利用者や沿道住民などの交通にとって直接的に関わる事項であることから，それらの要求に応じたものとすることが重要である。目標とする路面の機能は，設計期間や舗装の性能指標などの目標を設定する際の基本的な条件となる。

5) ライフサイクルコスト

舗装の建設から次の建設までの一連の流れを舗装のライフサイクルといい，これに係わる費用をライフサイクルコストという。舗装のライフサイクルに対応し，道路管理者は「調査・計画，建設，維持修繕の実施」という一連の行動を繰り返し行うことになる。維持修繕の実施は，その一連の行動過程にあり，適用する維持修繕工法によるライフサイクルコストを算定し，計画立案における条件とする。

6) 環境の保全や改善

環境への負荷の軽減，省資源工法の活用，発生材の抑制，再生利用の促進など環境の保全と改善について検討する。

環境負荷の軽減は，地球・社会環境，都市環境，沿道・道路空間環境の3つに分けて検討するとよい。その対策には，表-3.4.5の例に示すようなものがある。適材適所の考え方で最適な対策を選定し，要求性能の設定に反映させることが大切である。

表-3.4.5 環境負荷の軽減対策例[11]

区分		対策技術	主な効果
地球・社会環境	地球温暖化の抑制	中温化技術，常温型舗装，セミホット型舗装	CO_2排出量の低減
	資源の長期利用（舗装の長寿命化）	コンポジット舗装	舗装構造の強化
		改質アスファルト	混合物の耐久性向上
	省資源技術の活用	路床・路盤の安定処理	低品質材料の活用
都市環境	工事渋滞の削減	長寿命化舗装	路上工事の削減
		工期短縮型舗装	工事期間の短縮
	地下水の涵養	透水性舗装	雨水の地下への浸透，雨水流出の抑制
	路面温度の上昇抑制	保水性舗装，緑化舗装，土系舗装	気化熱による路面温度の上昇抑制
		遮熱性舗装	赤外線反射による路面温度の上昇抑制
沿道・道路空間環境	道路の振動抑制	平たん性の維持，段差の解消	交通衝撃振動の緩和
		路床・路盤の強化	振動伝搬の抑制
		振動低減型舗装	振動抑制，振動伝搬の抑制
	路面騒音の低減	低騒音舗装，排水性舗装	タイヤ路面騒音の発生抑制
	水はねの防止	排水性舗装，透水性舗装	雨水の路面下への浸透

〔注〕研究開発中のものも含む。

7）周辺施設の管理方針

ライフラインなど周辺施設の管理方針は，設計期間や舗装計画交通量，舗装の性能などとも密接に関係しており，維持修繕の実施計画に大きな影響を与えるため，計画立案においては，管理の方針を明確にしておく必要がある。たとえば，維持修繕工事が道路利用者や沿道住民に大きな影響を及ぼす箇所であれば，要求性能として高い耐久性を設定することにより，以降の維持修繕の実施回数を減らす等の方針が有効となる場合もある。逆に影響が小さければ，1回の維持修繕費を抑えてこまめに実施する工法を選定する。

(2) 舗装の性能指標

舗装の性能指標は，要求性能に対して設定する指標をいう。維持修繕の実施計画においても，建設時と同様に，設定した要求性能に対応する性能指標を定めることで，設計の目標を明らかにすることができる。

要求性能については，道路利用者に直接的に関わる路面の機能や路面への具体的なニーズが主体となり，それに対応する性能指標がある。また，道路管理者が舗装の構造的な健全度の把握をし，適切な舗装の管理や一定のサービス水準を満たす舗装を道路利用者に提供するうえで必要となる性能指標もある。

ここでは，道路利用者に直接的に関わる路面の機能や路面への具体的なニーズに対する性能指標の例として「舗装設計施工指針（平成18年版）」に記載されている，車道および側帯の舗装における性能指標の例を図-3.4.2に示す。

第3章 維持修繕の実施計画

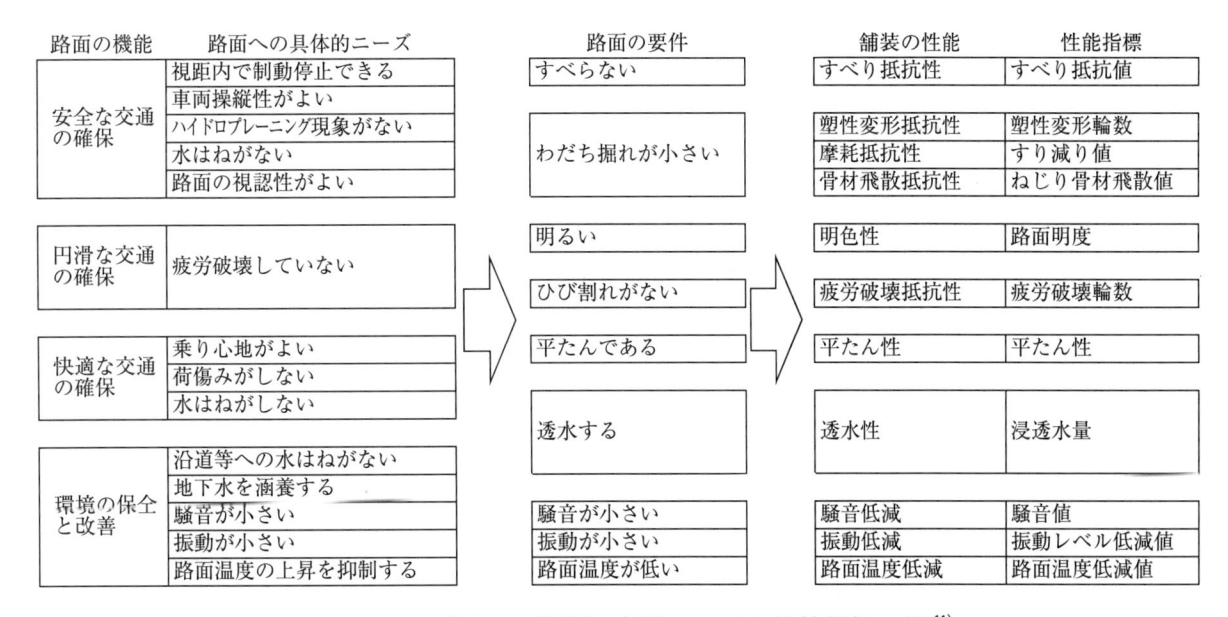

路面の機能	路面への具体的ニーズ	路面の要件	舗装の性能	性能指標
安全な交通の確保	視距内で制動停止できる / 車両操縦性がよい / ハイドロプレーニング現象がない / 水はねがない / 路面の視認性がよい	すべらない / わだち掘れが小さい	すべり抵抗性 / 塑性変形抵抗性 / 摩耗抵抗性 / 骨材飛散抵抗性	すべり抵抗値 / 塑性変形輪数 / すり減り値 / ねじり骨材飛散値
円滑な交通の確保	疲労破壊していない	明るい / ひび割れがない	明色性 / 疲労破壊抵抗性	路面明度 / 疲労破壊輪数
快適な交通の確保	乗り心地がよい / 荷傷みがしない / 水はねがしない	平たんである / 透水する	平たん性 / 透水性	平たん性 / 浸透水量
環境の保全と改善	沿道等への水はねがない / 地下水を涵養する / 騒音が小さい / 振動が小さい / 路面温度の上昇を抑制する	騒音が小さい / 振動が小さい / 路面温度が低い	騒音低減 / 振動低減 / 路面温度低減	騒音値 / 振動レベル低減値 / 路面温度低減値

図-3.4.2 車道および側帯の舗装における性能指標の例[11]

1) 疲労破壊輪数

疲労破壊輪数は，一般的に舗装路面に 49kN の輪荷重を繰り返し加えた場合に，舗装に疲労破壊によるひび割れが生じるまでに要する回数で，舗装を構成する各層の厚さおよび材質が同一である区間ごとに定める。舗装の施工直後の疲労破壊輪数（標準荷重 49kN）の基準値が技術基準に示されているが，「舗装設計施工指針（平成 18 年版）」では，**表-3.4.6** に示すように，舗装計画交通量100 台/日・方向未満についても基準値を示している。また，舗装の設計期間が 10 年以外の場合は，**表-3.4.6** に示される疲労破壊輪数に当該設計期間の 10 年に対する割合を乗じた値以上とする。なお，橋，高架の道路，トンネル，その他これらに類する構造の道路における舗装など，舗装以外の構造と一体となって耐荷力を有する場合においては，**表-3.4.6** によらずに設定することができる。

なお，疲労破壊輪数に関する詳細については，「舗装設計施工指針（平成 18 年版）」および「舗装性能評価法－必須および主要な性能指標編－（平成 25 年版）」を参考にするとよい。

表-3.4.6 疲労破壊輪数の基準値（標準荷重 49kN）[11]

交通量区分	舗装計画交通量（単位：台／日・方向）	疲労破壊輪数（単位：回／10 年）
N_7	3,000 以上	35,000,000
N_6	1,000 以上　3,000 未満	7,000,000
N_5	250 以上　1,000 未満	1,000,000
N_4	100 以上　250 未満	150,000
N_3	40 以上　100 未満	30,000
N_2	15 以上　40 未満	7,000
N_1	15 未満	1,500

2) 塑性変形輪数

塑性変形輪数は，一般的に表層温度が60℃の舗装路面に49kN の輪荷重を繰り返し加えた場合に，当該舗装路面が下方に 1 mm 変位するまでに要する回数で，舗装の表層の厚さおよび材質が同一である区間ごとに定める。舗装の施工直後の塑性変形輪数は，道路の区分と舗装計画交通量

に応じて**表-3.4.7**に示す値以上で設定する。ただし，積雪寒冷地に存する道路，近い将来に路上工事が予定されている道路，その他特別な理由によりやむを得ない場合においては，この基準値によらずに設定することができる。

なお，塑性変形輪数に関する詳細については，「舗装設計施工指針（平成18年版）」および「舗装性能評価法－必須および主要な性能指標編－（平成25年版）」を参考にするとよい。

表-3.4.7 塑性変形輪数の基準値（普通道路，標準荷重49kN）[11]

区　　分	舗装計画交通量 （単位：台/日・方向）	塑性変形輪数 （単位：回/mm）
第1種，第2種，第3種第1級 および第2級，第4種第1級	3,000 以上	3,000
	3,000 未満	1,500
その他		500

3）平たん性

平たん性は，舗装の表層の厚さおよび材質が同一である区間ごとに定める。舗装の施工直後の平たん性は，2.4mm以下で設定するのが一般的ではあるが，沿道の環境保全（振動・騒音）を要求性能として設定する場合には，その要求に応じた値を設定するとよい。

4）浸透水量

浸透水量は舗装の表層の厚さおよび材質が同一である区間ごとに定める。排水性舗装，透水性舗装など雨水を路面下に浸透させることができる舗装構造とする場合の施工直後の浸透水量は，道路の区分に応じ，**表-3.4.8**に示す値以上で設定する。ただし，積雪寒冷地域に存する道路，近い将来に路上工事が予定されている道路，その他特別な理由によりやむを得ない場合においては，この基準値によらずに設定することができる。

表-3.4.8 浸透水量の基準値（普通道路，小型道路）[11]

区　　分	浸透水量（単位：mℓ/15s）
第1種，第2種，第3種第1級 および第2級，第4種第1級	1,000
その他	300

5）必要に応じ定める舗装の性能指標

維持修繕の実施計画においては，供用中の沿道環境の変化や利用者の要望など，建設時とは異なる事項を要求性能の設定に反映することで，より安全で快適な交通空間が提供できる場合がある。それら必要に応じて定める性能指標として，騒音値，すべり抵抗値などがある。その目標値やその他詳細については，「舗装性能評価法　別冊－必要に応じ定める性能指標の評価法編－」のほか既往の事例や実測値などを参考にするとよい。

3-4-3　路面設計

舗装の維持修繕における路面設計とは，既設舗装の破損状態，破損原因などの現状評価と設計条件に応じて適切な補修工法を選定し，要求性能を満足する路面を設計することである。具体的には，既設舗装の状態と，その路面に要求されている性能にその補修区間の施工条件を加味して，表層の維持修繕工法とその使用材料，厚さなどを決定するものである。

修繕工法における路面設計の流れを以下に示す。
① 既設舗装の破損の状態，破損の原因などを調査し，現状を評価する。
② 路面に要求される性能を整理する。
③ 維持修繕を実施する区間の施工条件を整理する。
④ 舗装計画交通量，性能指標とその目標値を設定する。
⑤ 表層に使用する材料・工法と厚さを決定する。
路面設計に当たっては，次の点に留意する必要がある。
① 舗装の応急的な対応（延命），既設舗装の機能の復旧，新たな性能の付加など，維持修繕に求められる性能を明確にする。
② 路面設計では，一般に表層に使用する材料や工法および厚さを決定する。設定された路面の性能指標の値を満足する材料および適用する工法には多種多様なものがあるので，それぞれに応じた設計を行うことが重要である。また，過去の類似した路面設計条件において使用した材料，舗装構成，施工方法，供用履歴などの資料も活用するとよい。
③ 路面の性能に舗装構造が影響すると考えられる場合には，舗装各層の構成についても検討する。たとえば，アスファルト舗装の場合には，基層や瀝青安定処理路盤等の塑性変形に起因するわだち掘れ，ポーラスアスファルト舗装における不透水層，透水性舗装における舗装各層の透水性などに関する検討を行う。コンクリート舗装の場合には，使用する材料・配合や版表面の処理方法，あるいはアスファルト混合物によるオーバーレイなどを検討する。
④ 路面の性能指標によっては，必要に応じて供用後一定期間を経た時点における性能指標の値を設定することがあり，これを満足するよう表層に使用する材料・工法と厚さの候補をあげ，経済性などを考慮して最適なものを選定する。選定に当たっては，過去の事例などを参考に行うとよい。
⑤ 設定された路面の性能によっては，平たん性のように施工の影響や基層の性能の影響を受けるものもあるので，施工機械の選定や性能に及ぼす影響範囲等についても考慮する必要がある。
⑥ 設定された路面の性能指標が，防塵あるいは防水性（シール層を形成し，雨水等が浸透するのを防止する）で，大型車の通行がほとんどない道路では，瀝青路面処理を表層として用いることがある。

(1) 路面の性能指標とその目標値

維持修繕における舗装の要求性能は，「3-4-2 要求性能の設定」を参照して決定することになる。求められる性能が定まれば，次にその性能を定量的に測定できる指標とその目標値を設定する必要がある。

路面の性能と性能指標の例を**表-3.4.9**に，また性能指標とその目標値の具体的な設定例を**表-3.4.10**に示すので参考にするとよい。

表-3.4.9 路面の性能と性能指標の例

路面の性能	路面の性能指標	定　義	確認方法
塑性変形抵抗性	塑性変形輪数*	舗装の表層の温度を60℃とし，舗装路面に49kNの輪荷重を繰り返し加えた場合に，当該舗装路面が下方に1mm変位するまでに要する回数	塑性変形輪数を求めるためのホイールトラッキング試験機による動的安定度測定方法 （舗装性能評価法－必須および主要な性能指標の評価法編－1-2）
平たん性	平たん性*	車道の中心線から1m離れた地点を結ぶ，中心線に平行する2本の線のいずれか一方の線上に延長1.5mにつき1箇所の割合で選定された任意の地点について，舗装路面と想定平たん舗装路面との高低差を測定することにより得られる，当該高低差のその平均値に対する標準偏差	平たん性を求めるための3メートルプロフィルメータによる測定方法，平たん性を求めるための路面性状測定車による測定方法 （舗装性能評価法－必須および主要な性能指標の評価法編－1-3）
透水性	浸透水量**	直径15cmの円形の舗装路面の路面下に15秒間に浸透する水の量	浸透水量を求めるための現場透水試験器による透水量測定方法 （舗装性能評価法－必須および主要な性能指標の評価法編－2-1）
騒音低減	騒音値	舗装路面測定車によるタイヤ／路面騒音測定方法により測定したタイヤ路面騒音の等価騒音レベルを所定の方法で小数点以下の数値をまるめた値	騒音値を求めるための舗装路面騒音測定車によるタイヤ／路面騒音測定方法 （舗装性能評価法－必須および主要な性能指標の評価法編－3-1）
すべり抵抗性	すべり抵抗値	すべり抵抗測定車によるすべり摩擦係数，DFテスタによる動的摩擦係数	すべり抵抗値を求めるためのすべり抵抗測定車によるすべり摩擦係数測定方法，すべり抵抗値を求めるためのDFテスタによる動的摩擦係数測定方法 （舗装性能評価法－必須および主要な性能指標の評価法編－3-2）
振動低減	振動レベル低減値	補修工事の前後における道路交通振動の低減	振動レベルの低減値を求めるための道路交通振動の測定方法 （舗装性能評価法別冊－必要に応じ定める性能指標の評価法編－1-7）
摩耗抵抗性	すり減り値	積雪寒冷地などにおいてタイヤチェーン等により生じる表層のすり減りの程度	すり減り値を求めるためのラベリング試験機（往復チェーン型）による測定方法 （舗装性能評価法別冊－必要に応じ定める性能指標の評価法編－1-1）
交差点の骨材飛散抵抗性	ねじり骨材飛散値	ポーラスアスファルト混合物を表層に用いた舗装の骨材がタイヤでねじられることによって飛散する程度	ねじり骨材飛散値を求めるためのねじり骨材飛散試験機による測定方法 （舗装性能評価法別冊－必要に応じ定める性能指標の評価法編－1-3）
寒冷地の骨材飛散抵抗性	衝撃骨材飛散値	積雪寒冷地などにおいてポーラスアスファルト混合物を用いた舗装においてタイヤチェーンを装着した車両の走行等により発生する骨材飛散の程度	衝撃骨材飛散値を求めるためのカンタブロ試験方法 （舗装性能評価法別冊－必要に応じ定める性能指標の評価法編－1-2）
明色性	路面明度	路面の色の明るさを表す程度	路面明度を求めるための色彩色差計による明度測定方法 （舗装性能評価法別冊－必要に応じ定める性能指標の評価法編－1-4）
氷板の剥がれやすさ	氷着引張強度	冬期における路面と氷板のはがれやすさの程度	氷着引張強度を求めるための引張試験機による測定方法 （舗装性能評価法別冊－必要に応じ定める性能指標の評価法編－1-5）
路面温度低減	路面温度低減値	路面温度の上昇を抑制する舗装と比較する舗装との路面温度差	路面温度低減値を求めるための温度計による現地の路面温度の測定方法，路面温度低減値を求めるための照射ランプによる供試体表面温度の測定方法 （舗装性能評価法別冊－必要に応じ定める性能指標の評価法編－1-6）

〔注〕*は，設定することが必須の路面の性能指標を示す。
　　　**は，雨水を路面下に浸透させることができる構造とする場合に設定する路面の性能指標を示す。
　　　他は，必要に応じて設定する路面の性能指標である。

表-3.4.10 性能指標とその目標値の設定例 [12]

要求性能	性能指標	目標値の設定例
塑性変形抵抗性	塑性変形輪数	3,000（回/mm）以上
平たん性	3mプロフィルメータによる標準偏差（σ）	1.5（mm）以下
透水性	現場透水試験器による浸透水量	1,000（ml/15s）以上
騒音低減	舗装路面騒音測定車による騒音値	89dB以下
すべり抵抗性	DFテスターによるすべり摩擦係数（μ）	0.3（$\mu 60$）以上
路面温度低減	照射ランプによる供試体表面温度測定による路面温度低減値	10（℃）以上

(2) 表層材料の選定

設定された性能指標とその値に基づき，それを満足する表層材料を選定することになる。表層材料の選定に当たっては，**表-3.4.11**を参考にするとよい。

第3章 維持修繕の実施計画

表-3.4.11 路面（表層）を構成する材料と主に期待できる性能の例 [12]

期待できる性能	材料種別等	
	材料分類	具体的な材料・工法等
塑性変形抵抗性	アスファルト系材料	①半たわみ性舗装
		②ポリマー改質アスファルト混合物
	セメント系材料	①舗装用コンクリート，繊維補強コンクリート
		②プレキャスト版
平たん性	アスファルト系材料（混合物型）	①連続粒度混合物，ギャップ粒度混合物
		②常温混合物
	アスファルト系材料（表面処理型）	①薄層舗装
透水性	アスファルト系材料（混合物型）	①ポーラスアスファルト混合物
	セメント系材料	①ポーラスコンクリート
	樹脂系材料	①透水性樹脂モルタル
	木質系材料	①ウッドチップ，樹皮
		②木塊ブロック
	土系材料	①クレイ，ローム，ダスト
		②混合土，人工土
		③芝生
排水性	アスファルト系材料（混合物型）	①ポーラスアスファルト混合物
	セメント系材料	①ポーラスコンクリート
	樹脂系材料（混合物型）	①透水性樹脂モルタル
騒音低減	アスファルト系材料（混合物型）	①ポーラスアスファルト混合物
	セメント系材料	①ポーラスコンクリート
	樹脂系材料（混合物型）	①透水性樹脂モルタル
		②ゴム・樹脂系薄層舗装
すべり抵抗性	アスファルト系材料（混合物型）	①連続粒度混合物，ギャップ粒度混合物
		②開粒度混合物
		③常温混合物
	アスファルト系材料（表面処理型）	①チップシール
		②マイクロサーフェシング
		③薄層舗装
	セメント系材料	①ポーラスコンクリート
	樹脂系材料（表面処理型）	①ニート工法
摩耗抵抗性	アスファルト系材料（混合物型）	①F付混合物
		②SMA（砕石マスチック混合物）
	セメント系材料	①舗装用コンクリート，繊維補強コンクリート
骨材飛散抵抗性	樹脂系材料（混合物型）	①透水性樹脂モルタル
	樹脂系材料（表面処理型）	①排水性トップコート工法
衝撃吸収性	樹脂系材料（混合物型）	①ゴム・樹脂系薄層舗装
	木質系材料	①ウッドチップ，樹皮
		②木塊ブロック
	土系材料	①クレイ，ローム，ダスト
路面温度低減	アスファルト系材料（混合物型）	①保水性舗装
	セメント系材料	①舗装用コンクリート
	土系材料	①クレイ，ローム，ダスト
		②混合土，人工土
		③芝生
	樹脂系材料（表面処理）	①遮熱性舗装
明色性	アスファルト系材料	①半たわみ性舗装
	セメント系材料	①舗装用コンクリート，繊維補強コンクリート
		②プレキャスト版
	樹脂系材料（混合物型）	①石油樹脂系結合材料
		②樹脂混合物・モルタル
		③透水性樹脂モルタル
	樹脂系材料（ニート型）	①ニート工法
		②排水性トップコート工法
	ブロック，タイル系材料	①インターロッキングブロック
		②石質タイル，磁器質タイル
		③レンガ
		④天然石ブロック

3-4-4 路面設計例

ここでは，具体的な舗装の路面設計例を示す。

舗装の維持修繕の路面設計においても，その時点での施工だけでなく，将来の維持修繕が容易であることなどを配慮に入れて設計することが望ましい。

(1) 騒音低減を求められた場合の路面設計例

この路面設計例の道路の区分は，第4種第1級である。

1) 舗装に対する要求

設計対象である舗装路面に対する道路利用者等からの要望は，以下の項目に整理された。

・沿道環境の改善（騒音の低減）

2) 路面設計条件

道路区分，舗装計画交通量および路面への要求性能から路面設計条件を整理したものを**表-3.4.12**に示す。

表-3.4.12　路面設計条件（参考文献12）を参考に作成）

性能指標	性能指標の値	備考
路面の設計期間	（目標5年）	供用性のデータが不十分なため，おおよその目安として設定した。
舗装計画交通量	3,000台/日・方向	
塑性変形輪数	5,000回/mm 以上	1年後の騒音測定が行われることから，わだち掘れ等を抑制する。
平たん性	1.2mm 以下	車両の揺れを抑え，騒音を低減させる。
騒音値	89dB 以下	計測は舗装路面騒音測定車による。

3) 表層（基層）の材料と厚さの決定

騒音値が設定されていることから，設計する路面はポーラスアスファルト混合物で形成することとした。このため表層に使用する材料，工法および厚さのみならず基層に用いる材料についても決定した。

また，ポーラスアスファルト混合物を表層に使用することから，浸透水量1,000mℓ/15s 以上（道路区分から設定）を路面設計条件に追加した。

1) 性能指標およびその値に着目した材料選定の考え方の事例を**表-3.4.13**に示す。
2) 表層（基層）に使用する材料，工法および厚さの決定事例を**表-3.4.14**に示す。

表-3.4.13　性能指標とその値に着目した材料選定の考え方の事例（参考文献12）を参考に作成）

性能指標	材料選定の考え方
①塑性変形輪数	塑性変形輪数5,000回/mm 以上のポーラスアスファルト混合物を用いる。
②平たん性	施工を一定速度で連続して行うなど，施工時に凹凸をできる限り小さくする。
③騒音値	過去の実績を考慮し，空隙率20％程度以上のポーラスアスファルト混合物を用いる。加えて，骨材粒径，粒度等も検討する。
④浸透水量	空隙率20％以上のポーラスアスファルト混合物を用いる。

表-3.4.14 表層および基層に使用する材料，工法および厚さの決定事例
（参考文献12）を参考に作成）

項　目	内　容
使用する材料 ①表層 ②基層 ③タックコート材	① 5,000回/mm以上の塑性変形輪数を考慮し，小粒径混合物用の特殊（高耐久性）ポリマー改質アスファルトを使用したポーラスアスファルト混合物を用いることとし，目標空隙率を20％以上とする。なお，最大粒径は過去の実績により8mmとする。 ② 表層はポーラスアスファルト混合物を用いた低騒音舗装とするため，基層は不透水層とする必要があり，交通量を考慮したポリマー改質アスファルトⅡ型を用いた密粒度アスファルト混合物（13）とする。 ③ 基層上面の水密性を高めるため，また表層と基層の接着を高めるため，タックコート材にはゴム入りアスファルト乳剤を用いる。
各層の厚さ ①表層 ②基層	① 表層厚は過去の実績から5cmとする。 ② 基層厚は過去の実績から5cmとする。

(2) 路面温度低減を求められた場合の路面設計例

この路面設計例の道路の区分は，第3種第2級である。

1) 舗装に対する要求

設計対象である道路の舗装の路面に対する道路利用者等からの要望は，以下の項目に整理された。

・路面温度の低減

2) 路面設計条件

道路区分，舗装計画交通量および路面への要求性能から路面設計条件を整理し，表-3.4.15に示す。

表-3.4.15　路面設計条件（参考文献12）を参考に作成）

性能指標	性能指標の値	備　考
路面の設計期間	（目標5年）	供用性のデータが不十分なため，おおよその目安として設定した。
舗装計画交通量	5,000台/日・方向	
塑性変形輪数	3,000回/mm以上	道路区分と舗装計画交通量から設定した。
平たん性	2.4mm以下	「技術基準」による。
路面温度低減値	ピーク温度で6℃低減	密粒度アスファルト混合物を用いた場合の路面最高温度に対して6℃低い値を性能指標の値として設定した。

3) 表層（基層）の材料と厚さの決定

路面温度低減値が設定されていることから，設計する路面は保水性舗装を用いて形成することとした。

1) 性能指標およびその値に着目した材料選定の考え方の事例を表-3.4.16に示す。
2) 表層（基層）に使用する材料，工法および厚さの決定事例を表-3.4.17に示す。

表-3.4.16　性能指標とその値に着目した材料選定の考え方の事例
（参考文献 12）を参考に作成）

性能指標	材料選定の考え方
①塑性変形輪数	塑性変形輪数3,000回/mm以上のポーラスアスファルト混合物を用いる。
②平たん性	施工を一定速度で連続して行うなど，施工時に凹凸をできる限り小さくする。
③路面温度低減値	吸水・保水能力のある材料をポーラスアスファルト混合物の空隙部分に充填し，保水された水分の気化熱で温度低減を図る。 最大保水量 3.0kg/m^2 以上を確保するためポーラスアスファルト混合物の目標空隙率は23%とする。

表-3.4.17　表層および基層に使用する材料，工法および厚さの決定事例
（参考文献 12）を参考に作成）

項　目	内　　容
使用する材料 　①表層 　②基層 　③タックコート材	① 3,000回/mm以上の塑性変形輪数を考慮し，ポリマー改質アスファルトH型を使用したポーラスアスファルト混合物（13）を用いることとし，最大保水量 3.0kg/m^2 以上を確保するために，目標空隙率は23%とする。 ② 表層にポーラスアスファルト混合物を用いた保水性舗装とするため，基層部は不透水とすることとし，密粒度アスファルト混合物（13）を用いることとする。
各層の厚さ 　①表層 　②基層	① 表層厚は最大保水量の設定値および過去の実績から5cmとする。 ② 基層厚は過去の実績から5cmとする。

3-4-5　構造設計

舗装の維持修繕における構造設計とは，破損の状態，破損の原因および設計条件に応じた適切な補修工法を選定し，その工法に応じた舗装構造を決定することである。舗装の維持修繕においては，現状を的確に把握し，求められる性能が得られるよう対策を十分に検討することが大切であり，選定した維持修繕工法で構造設計が必要となる場合に維持修繕断面の構造設計を行うことになる。

ここでは，既設舗装がアスファルト舗装の場合とコンクリート舗装の場合とに分け，アスファルト舗装については，構造設計の代表的な方法として残存等値換算厚（T_{A0}）による設計と路面たわみ量による設計について記述する。コンクリート舗装については，コンクリートによる修繕の設計とアスファルト混合物による修繕の設計とに分けて記述する。また，両者の代表的な設計方法については具体的な設計例も示している。

(1) 既設舗装がアスファルト舗装の場合の構造設計
1）残存等値換算厚（T_{A0}）による設計

残存等値換算厚（T_{A0}）とは，舗装の破損状況に応じて既設舗装の残存価値を表層・基層用加熱アスファルト混合物の等値換算厚で評価したものであり，既設舗装の路床条件と舗装計画交通量が設定できれば，設計は「舗装の構造に関する技術基準・別表1」に示されている T_A 法と同様な手法で行うことになる。T_{A0} の計算に用いる換算係数は表-3.4.18に示すとおりである。

表-3.4.18　舗装設計便覧によるT_{A0}の計算に用いる換算係数

層	既設舗装の構成材料	各層の状態	係数	摘要
表層・基層	加熱アスファルト混合物	破損の状態が軽度で中度の状態に進行するおそれがある場合	0.9	破損の状態が軽度に近い場合を最大値、重度に近い場合を最小値に考え、中間は破損の状況に応じて係数を定める。
		破損の状態が中度で重度の状態に進行するおそれがある場合	0.85〜0.6	
		破損の状態が重度の場合	0.5	
上層路盤	瀝青安定処理（加熱混合）		0.8〜0.4	新設時と同等と認められるものを最大値にとり、破損の状況に応じて係数を定める。
	セメント・瀝青安定処理		0.65〜0.35	
	セメント安定処理		0.55〜0.3	
	石灰安定処理		0.45〜0.25	
	水硬性粒度調整スラグ		0.55〜0.3	
	粒度調整砕石		0.35〜0.2	
下層路盤	クラッシャラン，鉄鋼スラグ，砂など		0.25〜0.15	
	セメント安定処理および石灰安定処理		0.25〜0.15	
セメントコンクリート版		破損の状態が軽度または中度の場合	0.9	
		破損の状態が重度の場合	0.85〜0.5	

〔注〕舗装破損の状態の判断
　　　軽度：ほぼ完全な供用性を有しており，当面の補修は不要であるもの
　　　　　（おおむねひび割れ率が15%以下のもの）
　　　中度：ほぼ完全な供用性を有しているが，局部的・機能的な補修が必要なもの
　　　　　（おおむねひび割れ率が15〜35%のもの）
　　　重度：オーバーレイあるいはそれ以上の大規模な補修が必要であるもの
　　　　　（おおむねひび割れ率が35%以上のもの）

　表-3.4.18を参考に推定した各層の換算係数を各層の厚さに乗じ，それを合計したものが残存等値換算厚となる。たとえば，オーバーレイ工法を検討する場合には，既設舗装全厚のT_{A0}を求めるが，打換え工法や路上路盤再生工法などの場合には，打ち換えずに残す部分のT_{A0}を求めることになる。

　具体的には，式（3.4.1）〜式（3.4.3）に示す信頼度に応じた等値換算厚（T_A）の計算式を用いて所要の舗装断面のT_Aを求め，式（3.4.4）により維持修繕に必要な等値換算厚（t）を求めることになる。

$$\text{信頼度90\%の場合}\quad T_A = \frac{3.84 N^{0.16}}{CBR^{0.3}} \quad\quad (3.4.1)$$

$$\text{信頼度75\%の場合}\quad T_A = \frac{3.43 N^{0.16}}{CBR^{0.3}} \quad\quad (3.4.2)$$

$$\text{信頼度50\%の場合}\quad T_A = \frac{3.07 N^{0.16}}{CBR^{0.3}} \quad\quad (3.4.3)$$

$$\text{維持修繕に必要な等値換算厚}\ t\ (\text{cm}) = T_A - T_{A0} \quad\quad (3.4.4)$$

　　　ここで，N：疲労破壊輪数（輪），CBR：路床の設計CBR

2）路面たわみ量による設計

　舗装表面のたわみによる設計には，ベンケルマンビームなどを使って当該舗装のたわみ量と実績のある舗装構造のたわみ量とを比較して構造評価する方法や，FWDによる舗装表面のたわみ

形状から多層弾性解析等を使って算出した舗装各層および路床の弾性係数などを指標として構造評価する方法がある。たわみ形状による評価の概念を図-3.4.3に示すが，このようにたわみの形状がわかることで，舗装全体としての支持力だけでなく，舗装を構成する各層の強度も推定できるようになる。

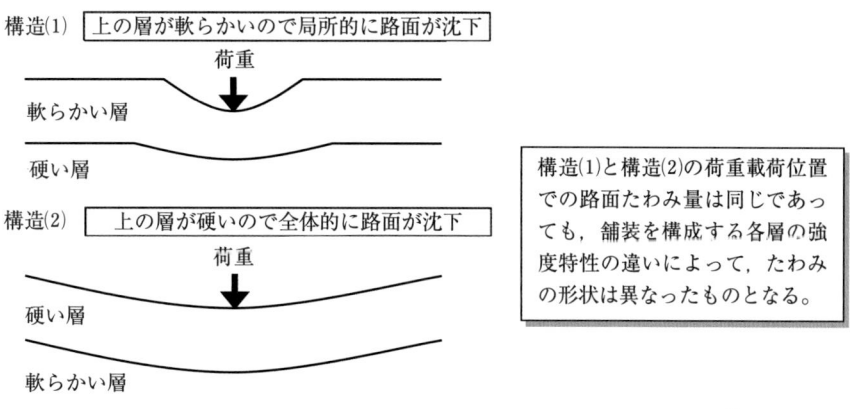

図-3.4.3 たわみ量と形状による舗装構造評価の概念[8]

近年，既設舗装の構造評価にFWD試験が広く活用されるようになり，道路舗装を対象とした場合には，荷重 49kN，載荷板直径 300mm，たわみセンサ7個以上が標準となっている。FWDの載荷点直下のたわみ量 D_0 は舗装の構造的な支持力を評価する指標として用いられており，支持力が不足しているか否かを判断する目安として**表-3.4.19**が使われている。

表-3.4.19　ＦＷＤの交通量区分別の許容たわみ量の目安の例[1]

交通量区分	N_3	N_4	N_5	N_6	N_7
D_0 (mm)	1.3	0.9	0.6	0.4	0.3

〔注1〕D_0：載荷点直下のたわみ量
〔注2〕各許容たわみ量は，49kN，20℃に換算した値

FWDを用いた構造設計における既設舗装の構造評価にはいくつかの方法があるが，その代表的なものの評価のフローを図-3.4.4に示す。図中の経験に基づく設計法とは，いわゆる T_A 法を指しており，具体的な設計方法については設計例を参照されたい。多層弾性解析を用いた理論的な設計方法については，「舗装設計便覧」等を参考にするとよい。

第3章　維持修繕の実施計画

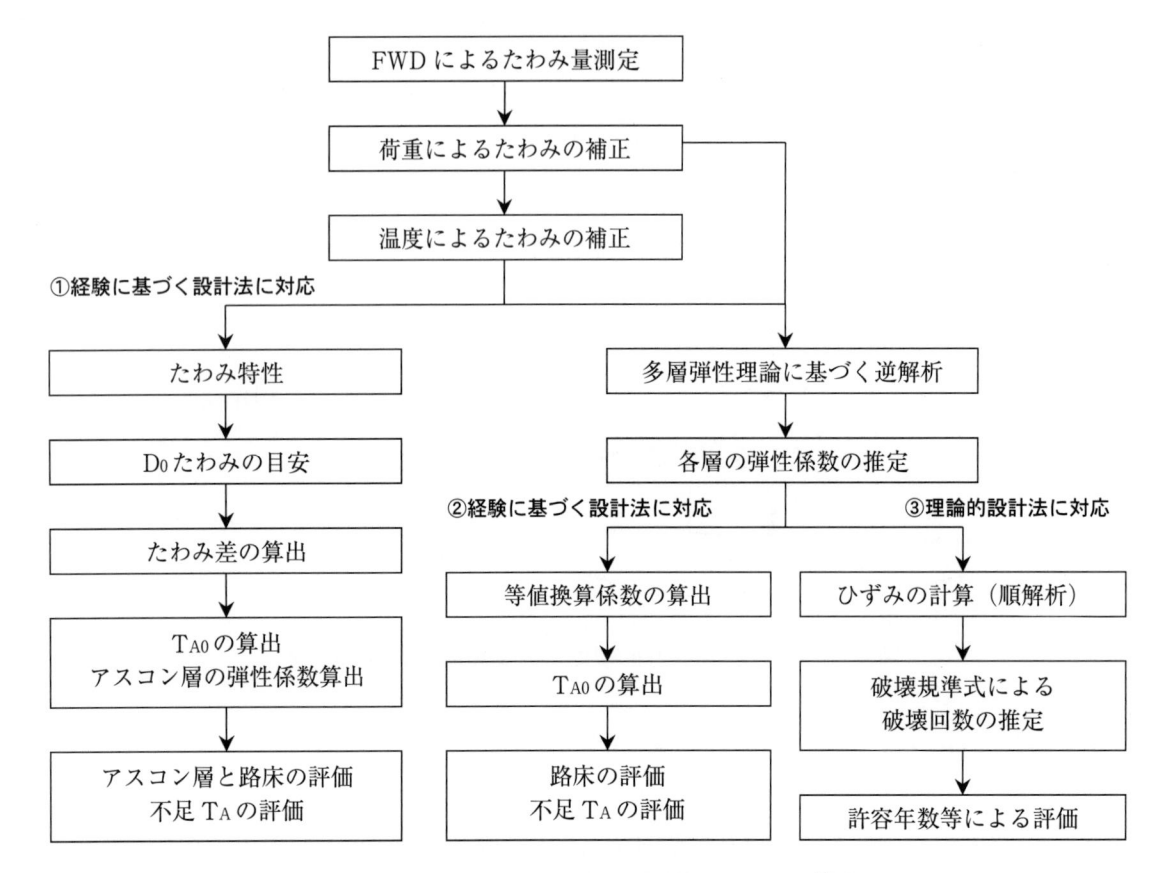

```
        ┌─────────────────────┐
        │ FWDによるたわみ量測定 │
        └──────────┬──────────┘
                   ↓
        ┌─────────────────────┐
        │  荷重によるたわみの補正 │──────────────┐
        └──────────┬──────────┘              │
                   ↓                          │
        ┌─────────────────────┐              │
        │  温度によるたわみの補正 │              │
        └──────────┬──────────┘              │
①経験に基づく設計法に対応                        │
                   ↓                          ↓
        ┌──────────────┐         ┌──────────────────┐
        │  たわみ特性   │         │ 多層弾性理論に基づく逆解析 │
        └──────┬───────┘         └─────────┬────────┘
               ↓                            ↓
        ┌──────────────┐         ┌──────────────────┐
        │ D₀たわみの目安 │         │  各層の弾性係数の推定  │
        └──────┬───────┘         └─────────┬────────┘
               ↓               ②経験に基づく   ③理論的設計法
        ┌──────────────┐       設計法に対応    に対応
        │  たわみ差の算出 │         ↓              ↓
        └──────┬───────┘  ┌──────────────┐ ┌──────────────┐
               ↓          │ 等値換算係数の算出│ │ ひずみの計算（順解析）│
        ┌──────────────┐  └──────┬───────┘ └──────┬───────┘
        │  T_A0 の算出   │         ↓               ↓
        │アスコン層の弾性  │  ┌──────────────┐ ┌──────────────┐
        │ 係数算出       │  │  T_A0 の算出   │ │  破壊規準式による │
        └──────┬───────┘  └──────┬───────┘ │  破壊回数の推定  │
               ↓                 ↓         └──────┬───────┘
        ┌──────────────┐  ┌──────────────┐        ↓
        │アスコン層と路床の │  │   路床の評価   │ ┌──────────────┐
        │   評価         │  │  不足 T_A の評価 │ │ 許容年数等による │
        │ 不足 T_A の評価 │  └──────────────┘ │    評価        │
        └──────────────┘                    └──────────────┘
```

図-3.4.4　FWDによる構造評価のフロー[8]

(2) 既設舗装がコンクリート舗装の場合の構造設計

1) コンクリートによる修繕の設計

既設舗装がコンクリート舗装の場合に構造設計が必要となる修繕工法には，打換え工法とオーバーレイ工法がある。

既設コンクリート舗装をコンクリートで打ち換える場合には，舗装断面の構造設計は，コンクリート舗装の新設の場合に準拠して行う。具体的な方法については「舗装設計便覧」を参照されたい。

既設のコンクリート舗装上にコンクリートでオーバーレイする工法には，既設版の挙動の影響を受けにくくするための分離層を設ける分離かさ上げ工法，既設版の上に直接オーバーレイする直接かさ上げ工法および既設版の表面をショットブラスト等で処理して新旧コンクリート版を完全に接着させる付着かさ上げ工法がある。しかしながら，これら3工法のこれまでの補修事例は少なく，構造設計方法も十分に確立されていない状況にある。

ここでは，これら3工法の中でオーバーレイ厚が薄く，既設コンクリート舗装の破損が比較的少ない場合に適用される付着かさ上げ工法について，鋼繊維補強コンクリートを用いた場合の設計方法を示す。

① オーバーレイ厚の設計

付着かさ上げ工法で鋼繊維補強コンクリート（Steel Fiber Reinforced Concrete：SFRC）をオーバーレイする場合のコンクリート版の所要厚さは式（3.4.5）で求めるが，最小厚さはこれまでの経験上，5cm程度とすることが望ましい。

$$h_0 = h_d - C\left[\left(\frac{h_d}{h_{ad}}\right)h_e\right] \quad \cdots\cdots\cdots\cdots\cdots\cdots\cdots\cdots\cdots\cdots\cdots\cdots\cdots \quad (3.4.5)$$

ここに，h_0：オーバーレイするSFRC版の所要厚さ（cm）

h_d：既設の路盤上に直接敷設されると仮定し，オーバーレイするSFRCの設計基準曲げ強度を用いて設計したSFRC版の厚さ（cm）

h_{ad}：既設の路盤上に直接敷設されると仮定し，既設コンクリート版のコンクリート設計基準曲げ強度を用いて設計したコンクリート版の厚さ（cm）

h_e：既設コンクリート舗装のコンクリート版の厚さ（cm）
ただし，既設コンクリート版を切削した場合は，切削後の厚さとする。

C：既設コンクリート舗装の状態による係数であり，表-3.4.20を参考にして設定する。

表-3.4.20　C値の標準 [12]

Cの値	既設コンクリート舗装の状態
1.00	既設コンクリート版にはほとんど，あるいは全く構造的なひび割れがなく，版が良好な状態の場合（ひび割れ度が，おおよそ0〜3cm/m²程度を目安とする。）
0.75	既設コンクリート版が目地部または隅角部などで初期ひび割れを呈しているが，それらのひび割れが進行していない状態の場合（ひび割れ度が，おおよそ3〜10cm/m²程度を目安とする。）

② オーバーレイするコンクリート版の目地位置

付着かさ上げ工法でオーバーレイするコンクリート版の目地位置は，新旧コンクリート版が一体として挙動するので，既設コンクリート版の目地位置に合わせることを原則としている。また，目地部の荷重伝達等は，既設コンクリート版の目地で機能させるという考え方から，ダウエルバーやタイバーなどは使用しないのが一般的である。

2）アスファルト混合物による修繕の設計

前述のように，既設舗装がコンクリート舗装の場合に構造設計が必要となる修繕工法には，打換え工法とオーバーレイ工法がある。

既設コンクリート舗装をアスファルト混合物で打ち換える場合には，舗装断面の構造設計は，アスファルト舗装の新設の場合に準拠して行う。具体的な方法については「舗装設計便覧」を参照されたい。

既設コンクリート舗装上にアスファルト混合物でオーバーレイする場合の舗装断面の構造設計は，「3-4-4 1）残存等値換算厚（T_{A0}）による設計」を参照して行う。この方法は，既設舗装のコンクリート版の破損の状態に応じた係数（表-3.4.18）を用いて残存等値換算厚（T_{A0}）を求め，必要となる舗装断面の等値換算厚（T_A）との比較から，オーバーレイするアスファルト混合物の厚さを設計するものである。なお，この場合のオーバーレイの最小厚は8cmが望ましいとされている。

また，オーバーレイしたアスファルト混合物層への既設コンクリート版からの影響を避けるため，事前に不良箇所のパッチングやリフレクションクラック対策などを施したり，必要に応じて局部打換え工法，注入工法，あるいはバーステッチ工法等を併用したりすることを検討するとよい。

特に，リフレクションクラックは，既設コンクリート版の目地やひび割れが影響して発生することが多く，オーバーレイする厚さが薄いほど発生しやすい傾向がある。このひび割れの発生を

完全に防止することは難しいが，その対策には以下に示すことを参考にするとよい。
① オーバーレイ厚が10cm以上となる場合は，コンクリート版上に開粒度のアスファルト混合物または砕石マスチック混合物を5cm程度設けることによって，リフレクションクラックの抑制を図る。
② コンクリート版上にシートや砕石マスチック混合物等を応力緩和層（じょく層）として敷設し，アスファルト混合物層に生じる変位を吸収することによって，リフレクションクラックの抑制を図る。
③ コンクリート版の目地位置の直上においてアスファルト混合物層をカッタ切削し，ダミー目地構造とする。

3-4-6 構造設計例

ここでは，具体的な維持修繕の設計例を示す。

個々の維持修繕では既設舗装の破損状況や調査に費やすことができる時間，費用，使用可能な機器などの条件が異なる。このため，事前に実施する調査等の内容について入念な検討を行い，無駄なく効果的な調査を行うことができるよう計画することが大切である。

(1) 設計例1（T_{A0}による設計）

1) 要求性能の整理（現状把握）

修繕対象箇所は，経験に基づく設計法により設計され，供用開始後25年が経過している。これまで，各種工法により維持修繕が繰り返されており，その履歴も各箇所でまちまちである。周辺は市街地で路面高さの変更はできない。

当該舗装に求められる性能（設計条件）および既設舗装の構造について整理したものを**表-3.4.21**に示す。

表-3.4.21 要求性能（設計条件）および既設舗装の構造

項　　目		設計条件
舗装の設計期間		10年
車線数		片側2車線
交通量区分		N6
舗装計画交通量（台／日・方向）		1,000
疲労破壊輪数　（回／10年）		7,000,000
信頼度　（％）		90
設計CBR		8
沿道環境		DID（人口集中地区）
T_A (cm)		26
既設舗装構造		
表層・基層	加熱アスファルト混合物	10cm
上層路盤	瀝青安定処理	9 cm
	粒度調整砕石	15cm
下層路盤	クラッシャラン	15cm
路　　床	レキ質土	－
その他	・既設表層にはポーラスアスファルト混合物が用いられており，環境騒音軽減の観点から，修繕後も表層はポーラスアスファルト混合物とする。 ・路面高さは変更不可	

2）既設舗装の現況調査

　当該箇所では，表層にポーラスアスファルト混合物が施工されているが，顕著なわだち掘れが発生しており，空隙づまりも発生していた。また，歩行者や通行する車両のドライバーからは，雨天時の水はねに関する情報が多く寄せられていた。

　そこで，歩道から目視により破損の状態を観察すると共に代表的な箇所について，水糸を用いてわだち掘れ深さを測定した。観察結果およびわだち掘れ深さの測定結果は以下のとおりであった。

- わだち掘れ深さは25～30mm程度であったが，交差点手前などでは40mmを超える箇所も多く見られた。当該路線は信号が多く渋滞が発生しやすいことに加え，車線幅員が狭く大型車の車輪が決まった位置を通過することになるため，わだち掘れが発生しやすくなっているものと考えられた。また，わだち掘れの形状は走行軌跡部の周辺が盛り上がっており，主に表層の流動によるものと判断された。
- ひび割れが走行軌跡部を中心に発生している。全体で見ればそれほど多くはないが，わだち掘れが大きい箇所を中心に，局所的に亀甲状に発達したひび割れとなっており，これらの箇所ではポットホールと思われる規模の復旧が行われていた。
- 局所的に亀甲状ひび割れが発生している区間では，他の箇所と同様に流動によるわだち掘れも生じていたが，加えてわだち掘れ底部が沈下したような形状が観察された。
- 降雨後修繕対象区間の多くの箇所で両走行軌跡部に白い噴出物が確認された。

　以上のことより，わだち掘れの原因は主に表層のポーラスアスファルト混合物層の流動変形であると考えられるが，降雨後に噴出物が確認されたことから基層に剥離が生じている可能性がある。また，亀甲状ひび割れが発生している区間では，基層以下の支持力が不足している可能性があると考えられた。

3）破損の原因を特定するための追加調査

　破損の原因を特定するために，代表的な箇所でコア採取を行った。採取位置は，ひび割れ深さとアスファルト混合物層の流動の状況確認を目的として，同一地点での車線中央と車両走行軌跡部とした。また，亀甲状ひび割れが発生している区間では舗装の構造評価を目的として開削調査を行い，残存等値換算厚 T_{A0} による評価を行った。結果は次のとおりである。

【切取りコアの観察・試験結果】

- ひび割れは表層のポーラスアスファルト混合物層に生じており，一部基層にもひび割れが確認された。また，コア採取時に表層のみが外れるものが多くあった。
- 横断方向に採取したコアの断面を比較し，アスファルト混合物層の流動状況を確認したところ，主に表層の流動によるものであったが，基層にも若干の流動がみられた。
- 基層上部では剥離が見受けられたため，基層について特殊な圧裂試験を行い耐水性の評価を行ったところ，耐水性が低いという結果が得られた。
- アスファルト安定処理層について抽出試験を行い，アスファルトの針入度を確認したところ，40程度であった。採取コアの断面を観察しても剥離等の変状は認められないことから健全な状態であると判断した。

【亀甲ひび割れの発生区間の開削調査結果】

- ひび割れの多くは基層以下にまで及んでおり，一部では瀝青安定処理層を貫通していた。
- 基層は剥離が進んでおり，表層との付着が失われている状況であった。

・砕石路盤には緩み等の変状はみられなかった。

路床土のCBR試験を行ったところ，設計CBRは6となり当初の設計CBR=8を下回る結果となった。

4）舗装構造の検討および維持修繕工法の選定

既設舗装の調査結果から，ひび割れや剥離などが進行している層は修繕後の耐久性に影響を与えると考えられ，これらの層を打ち換える方針とした。また，表層にポーラスアスファルト混合物を用いるため，打換えは剥離が生じている基層まで行うこととした。

一方，亀甲状ひび割れが生じている区間では，開削調査で確認した各層の破損状況から**表-3.4.18**を参考に換算係数を設定し，T_{A0}を求めた。結果を**表-3.4.22**に示す。

表-3.4.22　亀甲ひび割れ箇所のT_{A0}算定結果

層	構成材料	各層の厚さ（cm）	等値換算係数	等値換算厚（cm）
表層・基層	加熱アスファルト混合物	10	0.5	5.0
上層路盤	瀝青安定処理	9	0.6	5.4
	粒度調整砕石	15	0.35	5.25
下層路盤	クラッシャラン	15	0.25	3.75
			合　計	19.4

亀甲状ひび割れが生じている区間は、路床のCBRが設計CBRよりも小さく，他の箇所と比較して相対的に破損の状況が深刻であることから，開削調査から得られた設計CBR=6で所定の等値換算厚を満足する断面に改良を行うこととした。よってこの区間の必要となる等値換算係数は28cmとなる。

改良の範囲が狭く交通規制に伴う影響が大きいことから，路盤以下には可能な限り変更を加えず，表・基層や瀝青安定処理層を既設舗装よりも厚くすることで，所定の等値換算厚を確保できるよう舗装構造を検討した。

検討の結果決定した断面を**図-3.4.5**に示す。改良範囲は網掛けで示している。また，亀甲状ひび割れが生じていない箇所についても通常部として併記した。

亀甲状ひび割れが生じている区間は、既設舗装より瀝青安定処理層を4cm厚くし，既設上層路盤の粒度調整砕石層を4cmすき取る断面となっている。

また，表層は既設舗装と同様にポーラスアスファルト混合物とし，基層は剥離抵抗性および耐流動性を向上させるため，バインダにポリマー改質アスファルトⅡ型を用いた密粒度混合物とした。

第3章 維持修繕の実施計画

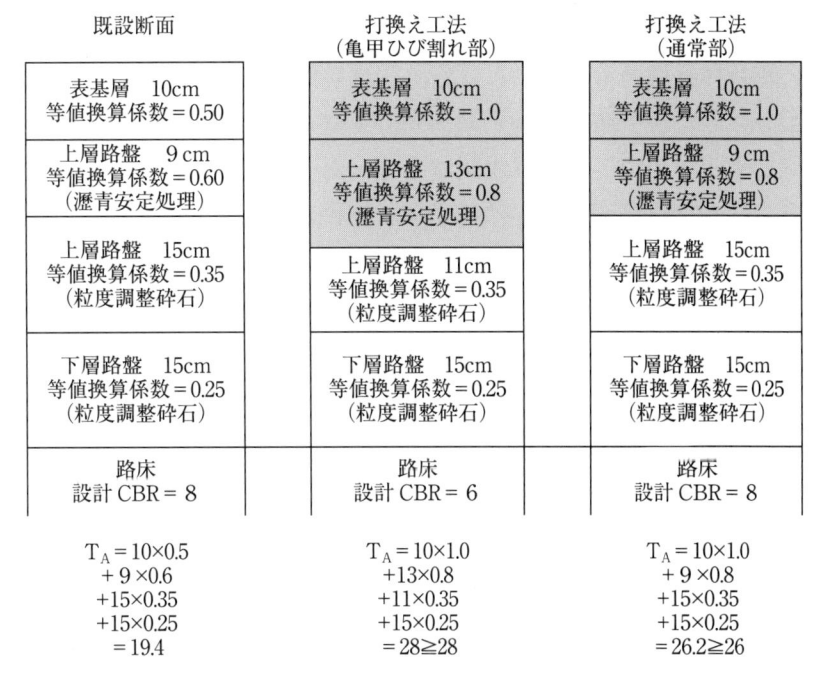

既設断面	打換え工法 (亀甲ひび割れ部)	打換え工法 (通常部)
表基層 10cm 等値換算係数=0.50	表基層 10cm 等値換算係数=1.0	表基層 10cm 等値換算係数=1.0
上層路盤 9cm 等値換算係数=0.60 (瀝青安定処理)	上層路盤 13cm 等値換算係数=0.8 (瀝青安定処理)	上層路盤 9cm 等値換算係数=0.8 (瀝青安定処理)
上層路盤 15cm 等値換算係数=0.35 (粒度調整砕石)	上層路盤 11cm 等値換算係数=0.35 (粒度調整砕石)	上層路盤 15cm 等値換算係数=0.35 (粒度調整砕石)
下層路盤 15cm 等値換算係数=0.25 (粒度調整砕石)	下層路盤 15cm 等値換算係数=0.25 (粒度調整砕石)	下層路盤 15cm 等値換算係数=0.25 (粒度調整砕石)
路床 設計CBR=8	路床 設計CBR=6	路床 設計CBR=8

損傷部 ↕

$T_A = 10 \times 0.5$
$+ 9 \times 0.6$
$+ 15 \times 0.35$
$+ 15 \times 0.25$
$= 19.4$

$T_A = 10 \times 1.0$
$+ 13 \times 0.8$
$+ 11 \times 0.35$
$+ 15 \times 0.25$
$= 28 \geqq 28$

$T_A = 10 \times 1.0$
$+ 9 \times 0.8$
$+ 15 \times 0.35$
$+ 15 \times 0.25$
$= 26.2 \geqq 26$

図-3.4.5 修繕断面の設計例

(2) 設計例2 (路面たわみによる設計)

1) 要求性能の整理 (現状把握)

修繕対象箇所は,経験に基づく設計法により設計され,供用開始後11年が経過している。路面に深刻な破損が生じたため,今回舗装の修繕が計画された。周辺は市街地で路面高さの変更はできない。

当該舗装に求められる性能(設計条件)および既設舗装の構造について整理したものを表-3.4.23に示す。

表-3.4.23 要求性能(設計条件)および既設舗装の構造

項　　目	設計条件
舗装の設計期間	10年
車線数	片側2車線
交通量区分	N5
舗装計画交通量 (台/日・方向)	400
疲労破壊輪数 (回/10年)	1,000,000
信頼度 (%)	90
設計CBR (%)	6
沿道環境	DID (人口集中地区)
T_A (cm)	21
既設舗装構造	
表層・基層	加熱アスファルト混合物　10cm
上層路盤	粒度調整砕石　10cm
下層路盤	クラッシャラン　30cm
路　　床	シルト混じりの砂質土　―
その他	・水はねの苦情が多い。 ・路面高さは変更不可

第3章　維持修繕の実施計画

2）既設舗装の現況調査

維持修繕区間の維持修繕履歴を調べたところ，一部の区間では供用開始後6年目と9年目に表層の打換えが行われていた。当該箇所は定期調査で下り線の路面性状調査が行われているが，損傷状態を詳細に把握するため歩道から目視観察を行った。観察結果は以下のとおりであった。

・ひび割れの多くは走行軌跡部を中心に発達した線状ひび割れで，亀甲状に発達している箇所もあった。過去に修繕が行われている区間にはひび割れは少ないが，走行軌跡部を中心に微細なリフレクションクラックが発生しており，ひび割れから細粒分の噴出が確認された。
・わだち掘れは走行軌跡部の周辺が盛り上がった形状をしており，アスファルト混合物の流動によるものであると判断された。一方，過去に修繕が行われている区間は，平均的な箇所と比較してわだち掘れ深さが大きく，走行軌跡部が沈下した形状をしていた。

これらより，特に過去に補修されている区間では舗装の支持力が不足していると判断されたため，FWDを用いた構造評価を行うこととした。

3）FWD調査

路面性状とFWDの構造調査結果の事例を図-3.4.6に示す。図中に示した区間Aは過去に補修が行われた箇所である。なお，路面性状は，定期調査で測定した下り線のデータである。

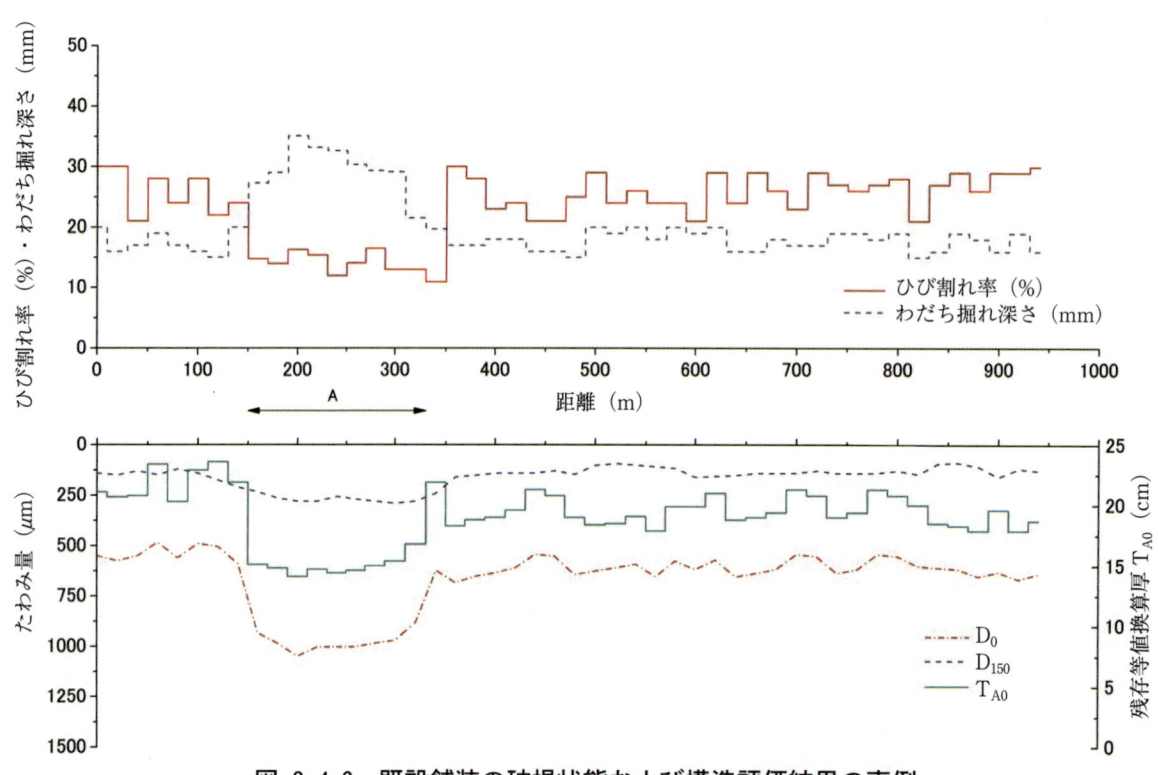

図-3.4.6　既設舗装の破損状態および構造評価結果の事例

図中にはFWDで測定した表面たわみのうち，載荷点直下のたわみ量（D_0）と載荷点より150cm離れた位置のたわみ量（D_{150}）を示している。載荷点直下のたわみ量は標準荷重（49kN）及び標準温度（20℃）のときのたわみ量に補正したものである。

D_0は路床を含めた舗装全体の支持力を，D_{150}は路床の支持力を，D_0からD_{150}を引いたものは舗装の荷重分散能力と関連があるとされており，これらを用いて舗装の構造評価を行うこととした。評価結果を以下に示す。

① D_0を用いた評価

D_0 を舗装全体の支持力を評価する指標とし，0.6mm（**表-3.4.19** 参照）以下であれば所要の支持力を有していると判定することとした。**図-3.4.6** より，A区間以外は支持力に大幅な不足はなく，区間 A では周辺部より D_0 が大きく，0.6mm を大幅に上回っているため，支持力が不足していると評価された。

② **D_{150} を用いた評価**

D_{150} を路床の支持力を評価する指標として，D_{150}（mm）と CBR の関係式（3.4.6）を用いて路床の CBR を推定することとした。

$$\text{路床の } CBR\ (\%) = \frac{1}{D_{150}} \quad \cdots\cdots\cdots\cdots\cdots\cdots\cdots\cdots\cdots\cdots \quad (3.4.6)$$

D_{150}：FWD の載荷点から 150cm 離れた位置のたわみ量（mm）

路床の CBR より設計 CBR を求めたところ、区間 A 以外では設計 CBR が 6 となり、これは，建設時の設計 CBR と一致する結果となった。

一方，区間 A については設計 CBR が 3 となり，建設時の設計 CBR を大幅に下回る結果となった。よって、区間 A においては、設計 CBR を 3 として設計することとした。

③ **$D_0 - D_{150}$ を用いた評価**

載荷点直下のたわみ量 D_0 から載荷点から 150cm 離れた地点のたわみ量 D_{150} を差し引いた値と舗装の等値換算厚 T_A には関連があるとされており，$D_0 - D_{150}$（mm）から既設舗装の残存等値換算厚（T_{A0}）を推定する関係式（3.4.7）が提案されている[13]。この関係式を用いて既設舗装の等値換算厚の評価を行った。**図-3.4.6** 中に T_{A0} の計算結果を示している。

$$T_{A0}\ (\text{cm}) = -25.8 \log (D_0 - D_{150}) + 11.1 \quad \cdots\cdots\cdots\cdots\cdots\cdots \quad (3.4.7)$$

D_0：FWD の載荷点直下のたわみ量（mm）
D_{150}：FWD の載荷点から 150cm 離れた位置のたわみ量（mm）

設計 CBR が 6 の区間（区間 A 以外）における目標とする等値換算厚は 21cm となり、設計 CBR が 3 の区間（区間 A）におけるそれは 26cm となる。

したがって、$D_0 - D_{150}$ より求めた残存等値換算厚がこれらを下回る場合は，舗装の支持力が不足していると評価される。

区間 A 以外の箇所では，T_{A0} が 21cm を大幅に下回っている箇所は少なく，評価区間全体でひび割れが生じ表層・基層の換算係数は低下していることから，これらの層を打換えることで所定の等値換算厚を概ね回復可能であると判断された。

一方，区間 A の箇所では、T_{A0} が 26cm を大幅に下回っており、打換え等の大規模な修繕が必要であると判断された。

既設舗装の支持力についてより詳細な評価を行うため，区間 A では FWD の測定結果と開削調査により確認した舗装各層の厚さを用いて舗装各層の弾性係数を求めることとした。

一般に既設舗装各層の等値換算係数は破損状態等から決定されるが，ここでは，FWD の測定結果より推定した一般的なアスファルト舗装各層の弾性係数をベースとして舗装各層の等値換算係数を推定[14]することとした。ただし，弾性係数から推定した各材料の等値換算係数が，**表-3.4.18** を逸脱した場合は，**表-3.4.18** の範囲内で定めることとする。この関係を用いて弾性係数から舗装各層の等値換算係数を算定した結果を**表-3.4.24**に示す。表中に

は等値換算係数の推定結果から算定した既設舗装の残存等値換算厚 T_{A0} を示している。

表層・基層の弾性係数が健全なアスファルト混合物の弾性係数と比較し小さな値となっており，大幅に強度が低下していると判断される。

表-3.4.24　区間ＡのＦＷＤの測定結果から算定した弾性係数と等値換算係数の例

項　目	弾性係数* (MPa)	舗装厚 (cm)	等値換算係数 a_i の推定値	備　考
表層・基層	1,450	10	0.60	(10×0.60=6.0)
上層路盤	220	10	0.30	(10×0.30=3.0)
下層路盤	100	30	0.22	(30×0.22=6.6)
路　床	35	―	―	路床の弾性係数から推定 CBR は 3.5 となり，設計 CBR を3とすると必要 T_A は 26 となる。
既設舗装の残存等値換算厚 T_{A0}			15.6	
不足している T_A			25.2－15.6＝9.6	

＊　20℃に換算した弾性係数

同様な解析を区間 A 区以外の箇所にも適用したところ，**表-3.4.25** のような結果が得られた。

表-3.4.25　区間 A 以外の FWD の測定結果から算定した弾性係数と等値換算係数の例

項　目	弾性係数 (MPa)	舗装厚 (cm)	等値換算係数 a_i の推定値	備　考
表層・基層	2,500	10	0.70	(10×0.70=7.0)
上層路盤	350	10	0.35	(10×0.35=3.5)
下層路盤	150	30	0.25	(30×0.25=7.5)
路　床	75	―	―	路床の弾性係数から推定 CBR は 7.5 となり，設計 CBR＝6 とすると必要 T_A は 21 となる。
既設舗装の残存等値換算厚 T_{A0}			18.0	
不足している T_A			21－18.0＝3.0	

なお，本設計例で示した評価方法は，主としてアスファルト舗装の評価に用いられるものであり，コンクリート舗装等へ適用する場合には別途検討が必要である。また，弾性係数から換算した各層の等値換算係数が**表-3.4.18** に示した各種材料の等値換算係数の範囲から外れた場合には，その範囲の上限値あるいは下限値を評価値とすることがある。

４）破損の原因を特定するのための追加調査

以上のようにFWDによる構造評価を実施した結果，区間 A では支持力が大幅に不足していることがわかった。このため，区間 A では破損状況を直接確認するため開削調査を行い，表層・基層，路盤層，路床の状態を確認するとともに路床の CBR 試験を行った。また，区間 A 以外のところではひび割れ近傍でコア採取を行い，ひび割れの達している深さやアスファルト混合物の状態を確認した。その結果以下のことがわかった。

・区間 A では，路盤層や路床の含水比が高く，採取した路床土から求めた設計 CBR は3となった。また，ひび割れの多くは表層・基層を貫通していた。
・区間 A 以外で採取したコアを観察したところ，基層の一部まで達しているものが多く，亀甲状ひび割れ箇所では基層を貫通していた。

５）舗装構造の検討および維持修繕工法の選定

以上の調査結果より，ひび割れの多くは基層にまで及んでいることが確認されたことから，表

層のみの打換えではリフレクションクラックの発生により耐久性が確保できないと判断された。

区間 A 以外では FWD による評価から 3 cm の等値換算厚が不足していると評価されたが，等値換算係数が 0.7 の表層・基層を打ち換えることにより，これらの層の等値換算係数が 1.0 になることから，$(1.0-0.7)\times10=3.0$ の等値換算厚が回復し，目標とする等値換算厚 21cm を満足できる。

これらより，区間 A 以外では表層・基層の打換えを行うこととし，これまで水はね苦情が多く寄せられていることから，表層・基層のバインダには流動抵抗性の高いポリマー改質アスファルトⅡ型を選定し，わだち掘れの発生を抑制することとした。

一方，区間 A では舗装の支持力を大幅に回復させる修繕工法を選択する必要があり，FWD から求めた等値換算係数を用いて所定の支持力を回復することができる補修断面を検討した。

修繕箇所はかさ上げができないことから，路面高さの変更が必要とならない 3 工法を選定し修繕断面を検討した。設計例を図-3.4.7 に示す。改良範囲は網掛けで示している。

なお，検討した舗装断面が適切かどうかを検証する方法として，多層弾性理論を用いた理論的設計方法がある。詳細な設計方法については，「舗装設計便覧」を参照するとよい。

既設断面	①打換え工法 (路床改良含む)	②路上路盤再生工法 (セメント・瀝青安定処理)	③路上路盤再生工法 (セメント安定処理)
表基層 10cm 等値換算係数=0.60	表基層 10cm	表層 10cm	表層 10cm
上層路盤 10cm 等値換算係数=0.30 (粒度調整砕石)	上層路盤 10cm (粒度調整砕石)	上層路盤 17cm (セメント・瀝青安定処理)	上層路盤 24cm (セメント安定処理)
下層路盤 30cm 等値換算係数=0.22 (クラッシャラン)	下層路盤 30cm (クラッシャラン)	下層路盤 23cm (クラッシャラン)	下層路盤 16cm (クラッシャラン)
路床 設計CBR=3	路床改良 30cm	路床 設計CBR=3 (必要$T_A=26$)	路床 設計CBR=3 (必要$T_A=26$)
	路床 設計CBR=6 (必要$T_A=21$)		
	$T_A=10\times1.0$ $+10\times0.35$ $+30\times0.25$ $=21\geq21$	$T_A=10\times1.0$ $+17\times0.65$ $+23\times0.22$ $=26.1\geq26$	$T_A=10\times1.0$ $+24\times0.55$ $+16\times0.22$ $=26.7\geq26$

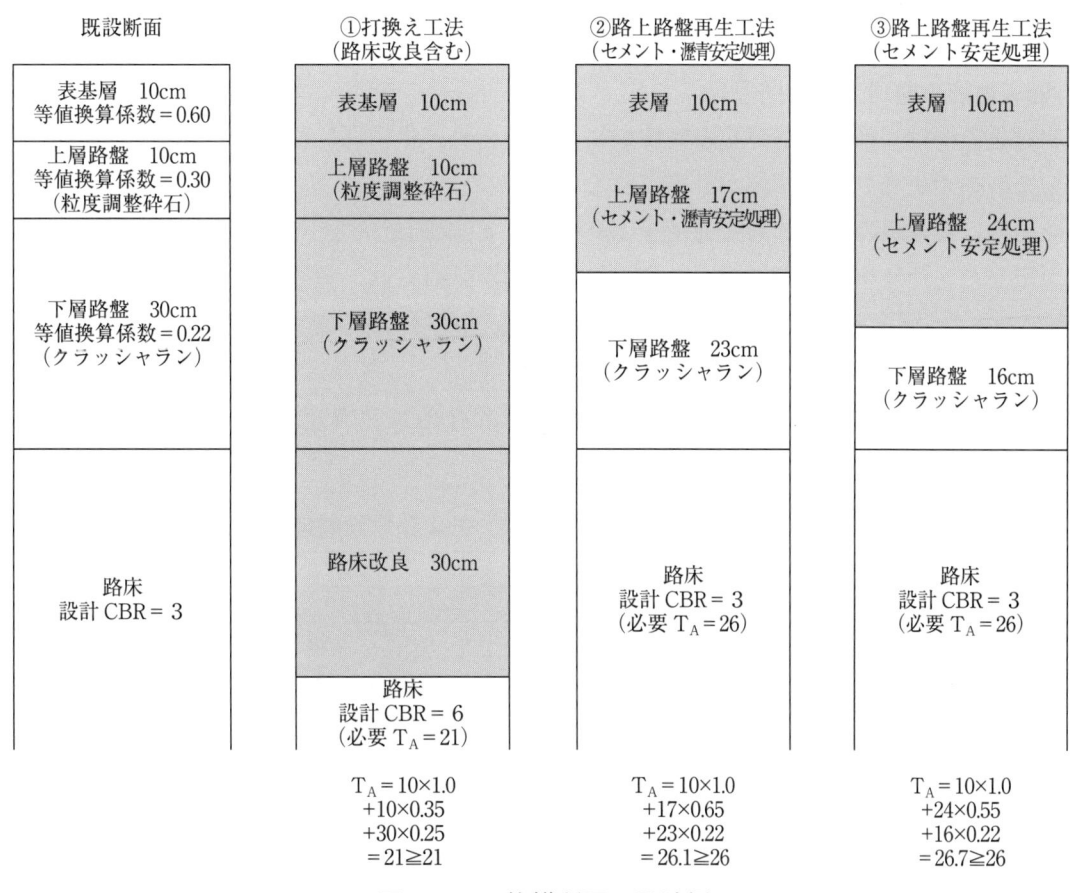

図-3.4.7 修繕断面の設計例

選定した 3 工法の特徴は次のとおりである。

【①打換え工法（路床改良を含む）】

打換え工法は舗装全層を打ち換える工法であるが，現状の路床は CBR が当初の設計値を下回っているため路床改良を行う。設計例では路床上部 30cm をセメントにより CBR=20 に改良することで路床の設計 CBR を 6 とし，既設舗装と同様な厚さで路盤層以上の層を再構築することとしている。

第3章　維持修繕の実施計画

【②路上路盤再生工法（セメント・瀝青安定処理）】

　　路上路盤再生工法（セメント・瀝青安定処理）は破砕した既設アスファルト混合物と路盤材を骨材として再利用し，セメントとアスファルト乳剤やフォームドアスファルト等の瀝青材料を添加して現位置で混合する安定処理工法である。設計例は表層・基層厚を確保するためにアスファルト混合物を撤去し，既設路盤材のみを骨材として安定処理を行うこととした。安定処理厚は17cmとし，表層・基層10cmを再構築することで所定の等値換算厚となる。

【③路上路盤再生工法（セメント安定処理）】

　　路上路盤再生工法（セメント安定処理）は②と同様に設計したもので，安定処理層の等値換算係数が②と異なるため，改良厚は24cmとなる。

　最終的に採用する修繕工法については，路面高さの制約の他に交通規制の制約，修繕費用，地下埋設物の設置位置からの制約，路上工事上の制約，将来の占用工事予定，周辺環境への配慮等を総合的に勘案し決定することとなる。

　なお，検討した舗装断面が適切かどうかを検証する方法として，多層弾性理論を用いた理論的設計方法がある。詳細な設計方法については，「舗装設計便覧」を参照するとよい。

(3) 設計例3（路面たわみによる設計）

1）要求性能の整理（現状把握）

　修繕対象箇所は，経験に基づく設計法により設計され，供用開始後3年が経過している。路面に深刻な破損が生じたため修繕が計画された。

　当該路線は建設時の舗装計画交通量を150台として，交通量区分N_4で構造設計が行われているが，想定した交通量をはるかに超える交通量の増加が認められ，調査の結果，舗装計画交通量は450台であることがわかった。このため，修繕後の交通量区分は実際の交通量を勘案しN_5への変更が求められた。

　当該舗装に求められる性能（設計条件）および既設舗装の構造について整理したものを**表-3.4.26**に示す。

表-3.4.26　要求性能（設計条件）および既設舗装の構造

項　　目		設計条件
舗装の設計期間		10年
交通量区分		N_5
舗装計画交通量（台/日・方向）		450
疲労破壊輪数（回/10年）		1,000,000
信頼度（%）		90
設計CBR（%）		8
沿道環境		山地
T_A（cm）		19
既設舗装構造		
表　層	加熱アスファルト混合物	5cm
上層路盤	粒度調整砕石	15cm
下層路盤	クラッシャラン	15cm
路　床	レキ質土	－
その他	・路面高さは変更可能	

2）既設舗装の現況調査

維持修繕の設計を行うため，歩道から目視で破損状態の観察を行った。観察結果は以下のとおりであった。

- ひび割れの多くは走行軌跡部を中心に発生したひび割れで，亀甲状に発生している箇所が目立つ。
- 深いわだち掘れが生じ，走行軌跡部は沈下を伴っている。
- ポットホールの復旧跡が目立つ。

交通荷重に対する舗装の支持力が不足したことが早期破損に繋がったことは明らかであり，舗装の構造を大幅に変更する必要があった。構造設計を行うにあたっては，既設舗装の構造的なダメージを適切に把握しておく必要があることから，FWDを用いた構造評価を行うこととした。

3）FWD調査

FWDの構造調査結果を図-3.4.8に示す。図中には路面性状も併記した。

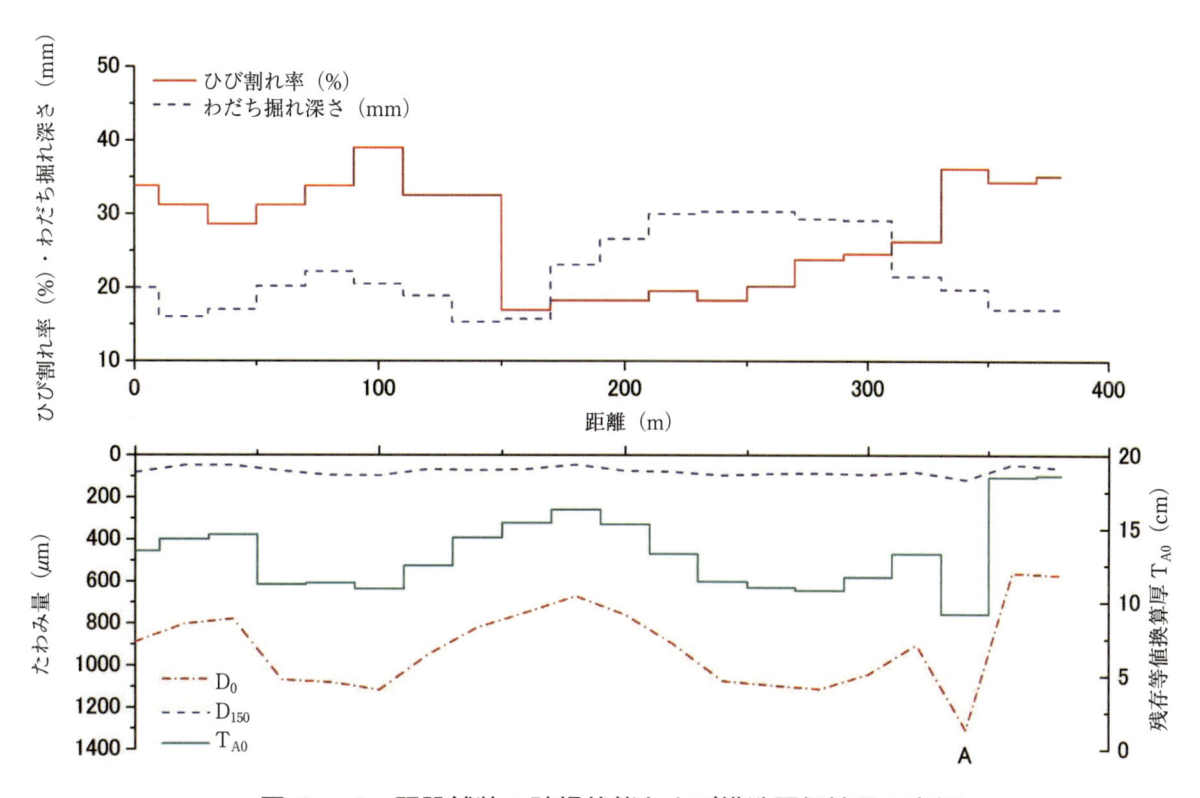

図-3.4.8 既設舗装の破損状態および構造評価結果の事例

FWDの載荷点直下のたわみ量（D_0）による健全度の評価は，設計条件であるN_4交通での目安となる0.9mmを用いることとした。FWDで測定したD_0は多くの箇所で0.9mmを上回っている。FWDで測定したたわみ量（D_0-D_{150}）より推定した既設舗装の残存等値換算厚T_{A0}と設計時の等値換算厚T_A=14cmを比較すると，多くの箇所で設計時のT_Aを下回る結果となり，載荷点直下のたわみ量（D_0）による評価と同様に，支持力が不足しているという評価結果が得られた。

次に，FWDで測定したたわみ量D_{150}から路床のCBRを求め，これらより設計CBRを求めたところ8となり，当初の設計CBR=8と同等であることが確認できた。

また，評価箇所にはひび割れ率が35%を上回る箇所が多くあり，表層の強度が大幅に低下していると判断された。既設表層の損傷状態からその等値換算係数を0.5と設定すると，表層を打ち

換えることによって回復する等値換算厚は（1−0.5）×5＝2.5cm となる。これを FWD で評価した既設舗装の残存等値換算厚 T_{A0} に加えると，多くの箇所の等値換算厚は当初設計時の等値換算厚 14cm を上回ることになり，路盤層以下の支持力は健全な状態を保持しているものと推察された。

4）破損の原因を特定するための追加調査

修繕箇所は交通量が設計値以上であったため早期に破損が生じたが，FWD の評価結果より路床や路盤の状態は建設時の支持力を維持していると判断された。そこで，路盤層以下の状態を直接観察するため，FWD で測定したたわみ量の大きい A 地点にて開削調査を行うこととした。

その結果，路盤層以下に目立った変状は認められず，採取した路床土の CBR 試験結果は 7.6 であった。

FWD 調査より，路床の CBR は建設時の設計 CBR と同程度であると評価されたことを踏まえ，修繕箇所の設計 CBR は建設時と同じ 8 とした。A 地点の CBR は設計 CBR を下回っているが，これは通常観察されるばらつきの範囲であると判断した。

5）舗装構造の検討および維持修繕工法の選定

以上の調査結果から，既設路盤層以下の支持力については，建設時の状態を保持しているものと判断した。

設計交通量は N_5 とし，設計 CBR を 8 とすると，目標とする T_A は 19cm となることから，この T_A を満足するような舗装構造および修繕工法を選定することとした。

当該箇所はかさ上げが可能であることから，図-3.4.9 に示す 2 工法を選定し，修繕断面を検討した。改良範囲は網掛けで示している。

選定した 2 工法の特徴は次のとおりである。

【①表層打換え工法】

表層打換えは既設の表層のみを打換える工法で，既設の表層を撤去し合計 10cm の表層・基層を再構築することで所定の支持力が得られる。路面の高さは 5cm 上がることになる。

【②路上路盤再生工法（セメント・瀝青安定処理）】

路上路盤再生工法（セメント・瀝青安定処理）は破砕した既設アスファルト混合物と路盤材を骨材として利用し，セメントとアスファルト乳剤やフォームドアスファルト等の瀝青材料を添加して現位置で混合する安定処理工法である。路面高さの変更が可能であることから，既設の表層 5cm と上層路盤 6cm を破砕混合して安定処理を行うこととした。安定処理厚 11cm の上に 5cm の表層を再構築することで所定の支持力が得られ，路面の高さは 5cm 上がることになる。

最終的に採用する工法については，費用，地下埋設物の設置位置からの制約，路上工事上の制約，将来の占用工事予定等を総合的に勘案し決定する。たとえば，費用面だけで比較すると一般には①の表層打換え工法が安価であるが，②の路上路盤再生工法は，舗装発生材を現位置で全て再生利用できるといったメリットがある。

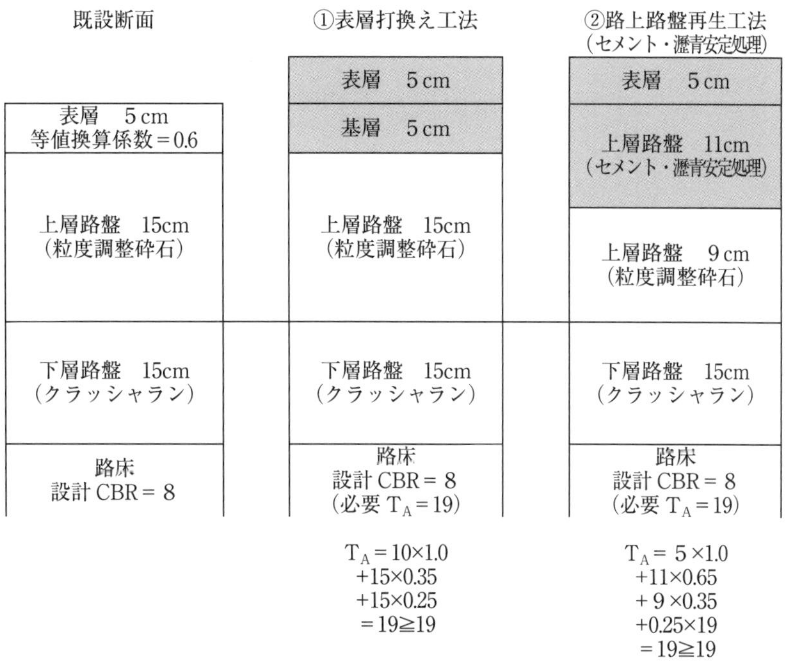

既設断面	①表層打換え工法	②路上路盤再生工法 (セメント・瀝青安定処理)
表層 5cm 等値換算係数=0.6	表層 5cm 基層 5cm	表層 5cm 上層路盤 11cm (セメント・瀝青安定処理)
上層路盤 15cm (粒度調整砕石)	上層路盤 15cm (粒度調整砕石)	上層路盤 9cm (粒度調整砕石)
下層路盤 15cm (クラッシャラン)	下層路盤 15cm (クラッシャラン)	下層路盤 15cm (クラッシャラン)
路床 設計CBR=8	路床 設計CBR=8 (必要T_A=19)	路床 設計CBR=8 (必要T_A=19)
	T_A=10×1.0 +15×0.35 +15×0.25 =19≧19	T_A=5×1.0 +11×0.65 +9×0.35 +0.25×19 =19≧19

図-3.4.9 修繕断面の設計例

3-4-7 LCCを考慮した設計の考え方

第2章でも述べたように,舗装の管理のあるべき姿とは,「道路利用者,納税者にとってわかりやすい,透明性のある舗装の管理の実現」および「最小のコストで最適な効果を調達する効率的な舗装の管理の実現」であり,そのためには,舗装の管理に関する一連の行為にマネジメント手法を導入することが有効である。舗装の維持修繕における設計においても,マネジメントの考え方を取り入れることで,最適かつ柔軟な,いわゆる臨機応変な設計ができるようになり,前節で選定された維持修繕工法の候補を絞り込むうえでも,重要なポイントとなってくる。以下に,ライフサイクルコスト(LCC)を取り入れた維持修繕工法選定の考え方を解説する。

(1) 性能の回復時期で比較した場合

供用に伴い性能が低下した舗装を元の性能まで回復させるような設計を考えた場合,通常は図-3.4.10の左下図のように早い段階で性能回復を図った方がLCCの面で優位となることが多いが,対象となる性能によっては右下図のようなこともあり得る。

(2) 工法の耐用年数で比較した場合

図-3.4.11は,選定した工法の耐用年数が1対2のものを比較・検討している例であるが,このように,低下した舗装の性能を元に戻す場合であっても,設計期間をどう設定するかによって,その時点での維持修繕に要する費用だけでなく,将来の維持修繕を見据えたLCCを考慮した工法の選択ができるようになる。

第3章　維持修繕の実施計画

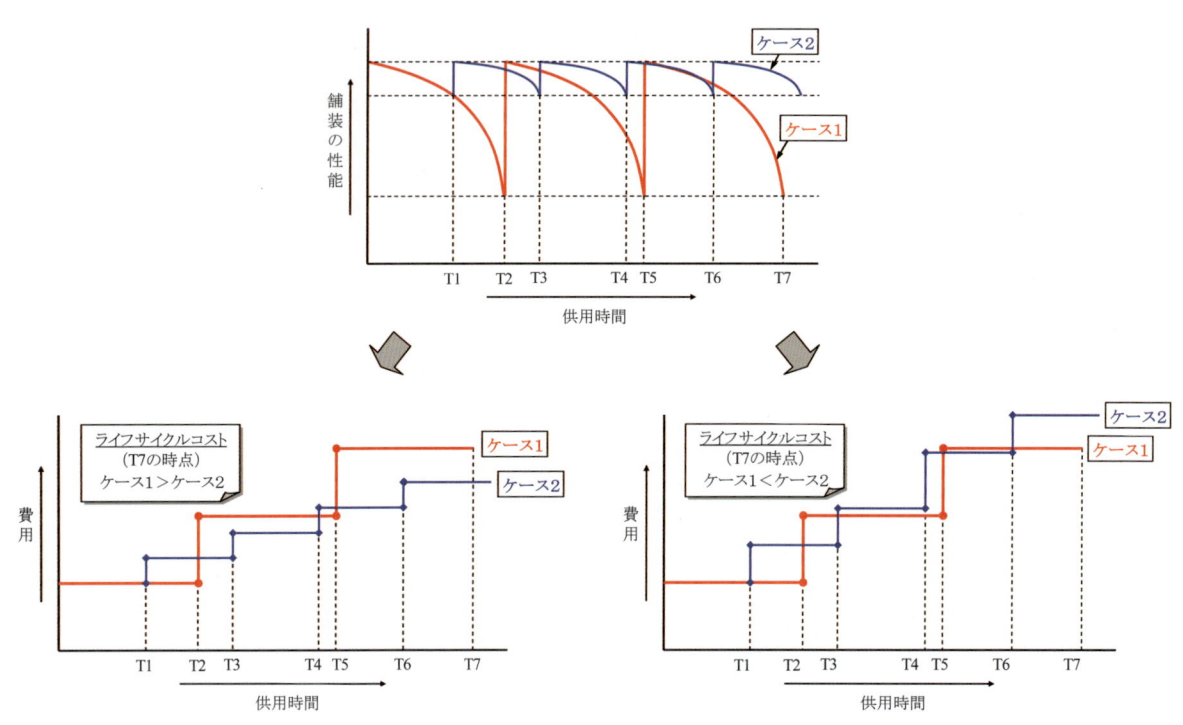

図-3.4.10　ライフサイクルコストの概念図（その1）

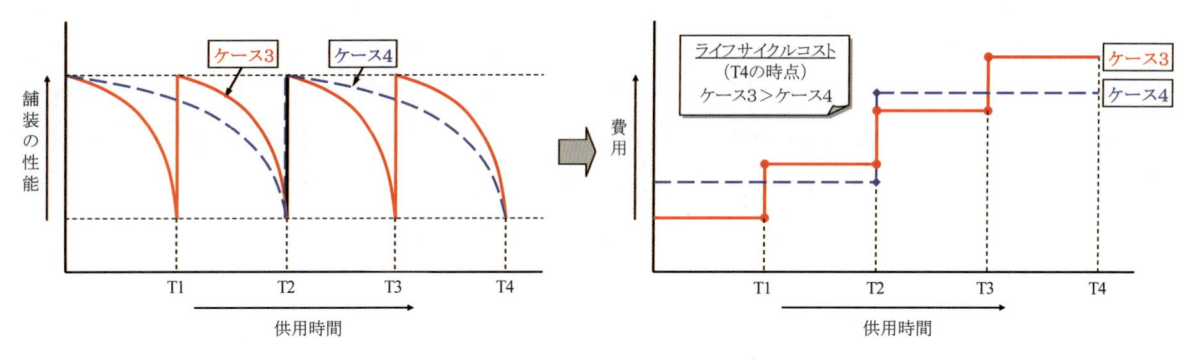

図-3.4.11　ライフサイクルコストの概念図（その2）

(3) 費用対効果の検証に基づく工法の選定

　また，舗装の性能を回復させるに当たっては，現在求められている性能をベースに，**図-3.4.12**に示すように，どの時点で，どの性能レベルまで回復させるかを勘案し，適用可能な維持修繕工法による費用対効果の比較・検討も必要となってくる。

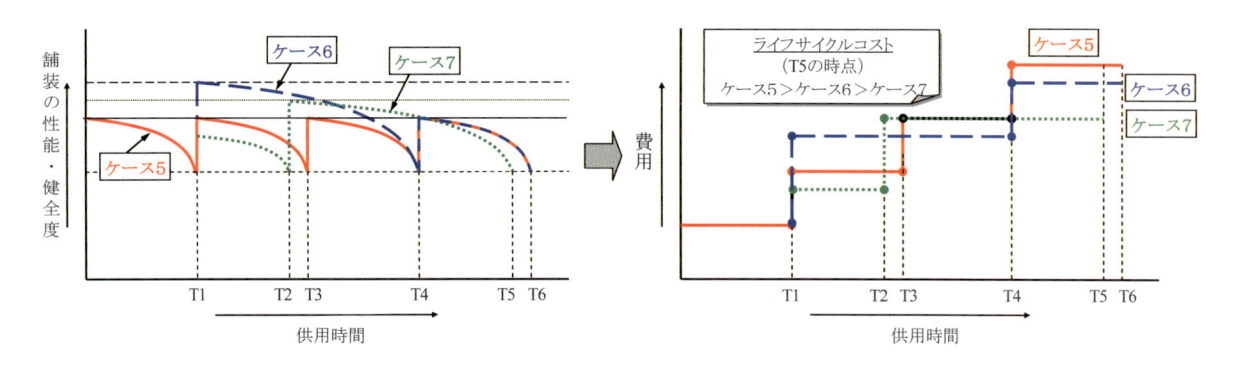

※　ケース５：初期の性能まで回復させる。
　　ケース６：初期の性能よりも向上させる。
　　ケース７：初期の性能よりも下げたレベルで実施し，その後は初期の性能よりも向上させる。

図-3.4.12　ライフサイクルコストの概念図（その３）

　いずれにしても，維持修繕における設計を行う上で大切なことは，既設舗装の評価と維持修繕した舗装のパフォーマンスの予測をいかに適切かつ的確に行えるか，ということであり，そのためには，それぞれの段階でのデータの蓄積・活用を図り，データベースの充実に努めることが肝要である。

【参考文献】
1）（財）道路保全技術センター：ＦＷＤ運用マニュアル（案），平成８年３月
2）丸山暉彦，姫野賢治，林　正則：ＦＷＤたわみ測定による舗装の健全度調査，舗装　Vol.24-9，pp.3-8，平成元年９月
3）阿部長門，丸山暉彦，姫野賢治，林　正則：たわみ評価指標に基づく舗装の構造評価，土木学会論文集 No.460V-18，pp.41-48，平成５年２月
4）藤波潔，松井邦人：舗装の静的構造診断ソフト BALM for Windows の開発，第27回日本道路会議論文集，論文 No.20P08，平成19年９月
5）青木朋貴，姫野賢治，大谷智夫：多層弾性理論に基づいた Windows95/98 上の順および逆解析プログラムの開発，第23回日本道路会議論文集（C），pp.494～495，平成11年10月
6）（社）セメント協会：コンクリート舗装の補修技術資料（2005年版），pp.30，平成17年８月
7）国土交通省関東地方整備局：土木工事共通仕様書，第３編　土木工事共通編，pp.3-113，平成25年４月
8）（社）土木学会 舗装工学委員会：舗装工学ライブラリー２　ＦＷＤおよび小型ＦＷＤ運用の手引き，平成14年12月
9）The Federal Highway Administration（FHWA）：Distress Identification Manual for Long-Term Pavement Performance Program，平成15年６月
10）（社）日本道路協会：舗装施工便覧（平成18年版），平成18年２月
11）（社）日本道路協会：舗装設計施工指針（平成18年版），平成18年２月
12）（社）日本道路協会：舗装設計便覧，平成18年２月

13) 土木学会：舗装工学の基礎（舗装工学ライブラリー 7），pp.226，平成 24 年 4 月
14) 藤永弥，大類正和，菊池憲裕：FWD を用いた構造評価と舗装補修設計への適用，第 11 回北陸道路舗装会議，平成 21 年 6 月

第4章 維持修繕の実施

4-1 概　説

　本章では，アスファルト舗装，ポーラスアスファルト舗装およびコンクリート舗装の代表的な維持修繕工法を取り上げ，各工法に使用する材料，適用可能な現場の条件，施工上の留意点等を示している。

　これら維持修繕工法の中から適切な工法を選定し実施するためには，既設舗装の破損状態，道路や沿道の状況，舗装の支持力，施工上の制約条件，過去の補修履歴などを的確に把握し，必要に応じて適切な設計を行うことが重要である。

　また，本ガイドブックは舗装の維持修繕を対象としているが，舗装に求められるニーズの変化に伴い新たな機能を追加する場合や交通量の変化により疲労破壊輪数を見直す場合なども維持修繕と同様に路上工事が実施される。さらに，路上工事には地下に電気・ガス・上下水道などの管路を埋設する道路占用工事に伴う復旧などもある。本章では，図書の利便性を考慮し，これら各種路上工事の概要や施工上の留意点等についても示している。

　なお，維持修繕工事の実施にあたっては，新設の舗装工事とは異なり，供用中の路線に交通規制を行うことにより作業区間を確保する必要がある。そのため，交通規制時の渋滞発生など，交通への影響を最小限にするとともに，安全確保と環境保全にも十分留意して施工することが求められる。

4-1-1　維持修繕工法

　維持工法は，反復して行う手入れまたは軽度な修理であり，路面の性能を回復させることや舗装の構造的な強度低下を遅延させることを目的に実施する。修繕工法は，維持工法では不経済もしくは十分な回復効果が期待できない場合に実施するもので，管理上要求される性能を満足させることを目的に実施する。なお，維持工法は，破損が発生する前に予防的に行うこともある。

　代表的な維持工法の種類を**表-4.1.1**，修繕工法の種類を**表-4.1.2**に示す。

第4章　維持修繕の実施

表-4.1.1　維持工法の種類

維持工法の種類		アスファルト舗装	ポーラスアスファルト舗装	コンクリート舗装
パッチングおよび段差すり付け工法	加熱混合式	○	○	○
	常温混合式	○	○	○
シール材注入工法		○		
シーリング工法				○
切削工法		○		
表面処理工法	フォグシール	○		
	チップシール	○		
	スラリーシール	○		○
	マイクロサーフェシング	○		○
	カーペットコート	○		○
	樹脂系表面処理	○		○
	排水性トップコート		○	
	透水性レジンモルタル充填		○	
空隙づまり洗浄工法			○	
粗面処理工法				○
グルービング工法		○		○
薄層オーバーレイ工法		○		
わだち部オーバーレイ工法		○		○
路上表層再生機等を使用した路面維持工法		○		
注入工法				○
バーステッチ工法				○

表-4.1.2　修繕工法の種類

修繕工法の種類	アスファルト舗装	ポーラスアスファルト舗装	コンクリート舗装
打換え工法	○	○	○
局部打換え工法	○	○	○
オーバーレイ工法	○		○
表層・基層打換え工法（切削オーバーレイ工法）	○	○	
路上路盤再生工法	○	○	
路上表層再生工法	○		
薄層コンクリートオーバーレイ工法	○		○

4-1-2　維持修繕用材料

舗装の維持修繕に使用する材料には各種あり，その特性を把握し，破損の原因，規模や緊急性の程度に応じて，環境条件，施工条件にあったものを選定する必要がある。

維持工法に使用する材料の例を**表-4.1.3**，修繕工法に使用する材料の例を**表-4.1.4**に示す。

第4章 維持修繕の実施

表-4.1.3 維持工法に使用する材料の例

維持工法の種類		材 料 名
パッチングおよび段差すり付け工法	加熱混合式	加熱アスファルト混合物
	常温混合式	アスファルト乳剤系混合物
		カットバックアスファルト系混合物
		樹脂系混合物
		セメントモルタル（普通，早強，超速硬）
		セメントコンクリート（普通，早強，超速硬）
		樹脂モルタル，樹脂コンクリート
シール材注入工法 シーリング工法		加熱アスファルト系シール材
		アスファルト乳剤系シール材
		樹脂系シール材
表面処理工法	フォグシール	アスファルト乳剤
	チップシール	アスファルト乳剤，骨材
	スラリーシール	スラリーシール混合物
	マイクロサーフェシング	マイクロサーフェシング混合物
	カーペットコート	加熱アスファルト混合物
	樹脂系表面処理	樹脂，硬質骨材
	排水性トップコート	樹脂，硬質骨材
	透水性レジンモルタル充填	透水性樹脂モルタル
薄層オーバーレイ工法		加熱アスファルト混合物
わだち部オーバーレイ工法		加熱アスファルト混合物
		樹脂モルタル
路上表層再生機等を使用した路面維持工法		加熱アスファルト混合物
注入工法		アスファルト系注入材，セメント系注入材
バーステッチ工法		鋼材，セメントモルタル，樹脂系グラウト，樹脂モルタル

表-4.1.4 修繕工法に使用する材料の例

修繕工法の種類	材 料 名
打換え工法	加熱アスファルト混合物
	浸透用セメントミルク
	セメントコンクリート(普通，早強，超速硬)
	プレキャストコンクリート版
局部打換え工法	加熱アスファルト混合物
	セメントコンクリート(普通，早強，超速硬)
オーバーレイ工法	加熱アスファルト混合物
	セメントコンクリート（普通，早強，超速硬）
	繊維補強コンクリート
表層・基層打換え工法（切削オーバーレイ工法）	加熱アスファルト混合物
	浸透用セメントミルク
路上路盤再生工法	セメント，アスファルト乳剤，フォームドアスファルト
路上表層再生工法	加熱アスファルト混合物，再生用添加剤
薄層コンクリートオーバーレイ工法	繊維補強コンクリート

また，修繕工法においては，求められる路面の性能に応じて，表層に使用する材料・工法を選定する必要がある。路面に期待する性能とそれらに対応可能な材料・工法等の例を**表-4.1.5**に示す。

表-4.1.5 路面に期待する性能とそれらに対応可能な材料・工法等の例

路面に期待する性能	材料分類	材料・工法等
塑性変形抵抗性	アスファルト系材料	半たわみ性舗装，ポリマー改質アスファルト混合物
	セメント系材料	舗装用コンクリート，繊維補強コンクリート プレキャストコンクリート版
平たん性	アスファルト系材料	連続粒度・ギャップ粒度のアスファルト混合物，常温混合物 薄層舗装
透水性	アスファルト系材料	ポーラスアスファルト混合物
	セメント系材料	ポーラスコンクリート
	樹脂系材料	透水性樹脂モルタル
排水性	アスファルト系材料	ポーラスアスファルト混合物
	セメント系材料	ポーラスコンクリート
	樹脂系材料	透水性樹脂モルタル
騒音低減	アスファルト系材料	ポーラスアスファルト混合物
	セメント系材料	ポーラスコンクリート
	樹脂系材料	透水性樹脂モルタル
すべり抵抗性	アスファルト系材料	ギャップ粒度のアスファルト混合物，開粒度アスファルト混合物 チップシール，マイクロサーフェシング，薄層舗装
	セメント系材料	ポーラスコンクリート
	樹脂系材料	ニート工法
摩耗抵抗性	アスファルト系材料	F付アスファルト混合物，砕石マスチック混合物
	セメント系材料	舗装用コンクリート，繊維補強コンクリート
骨材飛散抵抗性	樹脂系材料	透水性樹脂モルタル，排水性トップコート工法
路面温度低減	アスファルト系材料	保水性舗装（ポーラスアスファルト混合物＋保水材）
	セメント系材料	ポーラスコンクリート
	樹脂系材料	遮熱性舗装
明色性	アスファルト系材料	半たわみ性舗装，明色骨材を使用したロールドアスファルト舗装
	セメント系材料	舗装用コンクリート，繊維補強コンクリート プレキャストコンクリート版
	樹脂系材料	樹脂混合物・モルタル，透水性樹脂モルタル，ニート工法 排水性トップコート工法
	ブロック系材料	インターロッキングブロック，レンガ，天然石ブロック
着色性	アスファルト系材料	顔料や着色骨材を使用したアスファルト混合物
		着色セメントミルクを使用した半たわみ性舗装
	樹脂系材料	樹脂混合物・モルタル，透水性樹脂モルタル，ニート工法 排水性トップコート工法

4-2 維持工法

維持工法は，反復して行う手入れまたは軽度な修理であり，路面の性能を回復させることや舗装の構造的な強度低下を遅延させることを目的に実施する。主な維持工法には，パッチング工法，シール材注入工法，表面処理工法などがある。

4-2-1 パッチングおよび段差すりつけ工法

パッチングおよび段差すりつけ工法（以下，パッチング）は，ポットホールや段差，局部的なひび割れや沈下等の凹部に対してパッチング材料で応急的に充填することにより，車両の走行性を回復させる工法である。パッチング工法には破損箇所に材料を直接充填する方法と破損部分の影響範囲を事前に除去して材料を充填する方法がある。前者は特に緊急性を必要とする場合に用いられている。

パッチングに使用する材料には，アスファルト混合物では加熱混合式の加熱アスファルト混合物と常温混合式のカットバックアスファルトやアスファルト乳剤を用いた常温アスファルト混合物，常温硬化型の材料では樹脂系混合物，アスファルト乳剤系混合物，セメント系混合物などがある。近年では，より高度な常温硬化型の材料として雨水等の水分が存在しても使用可能な全天候型のもの，締固め不要でゼロすり付け可能なスラリー状の材料も開発されている。また，セメント系の材料は主にコンクリート舗装で使用される。これらの材料には，プラントで製造されるものばかりでなく，少量使用や緊急時に備えて，素材を計量してパッケージ化して現場で容易に混合して使用できるようにされたものや袋詰めで提供されるものなど様々な風袋が用意されている。パッチング材料は，破損の規模，緊急性，交通条件，経済性，既設舗装の種類等を勘案して選定するのがよい。**表-4.2.1** に主なパッチング材料とその適用箇所を示す。

表-4.2.1　主なパッチング材料とその適用箇所

材料種別			適用箇所		
			密粒系アスファルト舗装	ポーラスアスファルト舗装	コンクリート舗装
加熱混合式	加熱アスファルト混合物		○	○	△
常温混合式	常温アスファルト混合物		○	○	△
	常温硬化型材料	樹脂系	○	○	○
		アスファルト乳剤系	○	○	△
		セメント系	△	△	○
		全天候型材料	○	○	△

○：適用可能，△：条件により適用可能

(1) 加熱混合式によるパッチング

加熱混合式によるパッチングは通常の加熱アスファルト混合物を用いるため，安価で耐久性が高い。

混合物としては，密粒度アスファルト混合物（13）あるいは細粒度アスファルト混合物（13）が多く用いられるが，車道の場合，3 cm 以上の施工厚さであれば密粒度アスファルト混合物（13）を用いた方が耐久性に優れる。なお，破損規模や路面の性能を考慮して既設舗装と同じ種類の材料を使用する場合もある。材料に加熱アスファルト混合物を用いているので，小規模施工や施工

第4章　維持修繕の実施

箇所が点在する場合などは材料の温度低下に特に留意しなければならない。

加熱アスファルト混合物によるパッチングの作業手順例を以下に示す。

① 図-4.2.1 に示すように破損部分と周囲にある不良部分を含んだ影響範囲を必要に応じてカッタやブレーカなどにより切断・除去する。影響範囲の除去状況を**写真-4.2.1** に示す。

② 施工範囲の内側や周囲にあるゴミや泥等を丁寧に取り除く。

③ 施工箇所が湿っている場合はバーナなどを用いて乾燥させる。

④ 底面はもちろん，側面にも入念にタックコートを行う。タックコート用の瀝青材料が底面の凹部に多く滞留したら適量になるよう布などでふき取り，完全に分解するまで養生を行う。タックコートは主にアスファルト乳剤（PK-4）を使用するが，施工厚さが薄い場合や局部的なひび割れ対策の場合，**写真-4.2.2** に示すようにブローン系やゴム系等の特殊な瀝青材料を使用することもある。

⑤ 材料を凹部に必要量充填し，余盛りを考慮して敷きならす。なお，敷きならし厚さが7cm 以上と厚くなる場合は二層に分けるのがよい。なお，特に既設舗装とのジョイント付近の粗骨材は飛散しやすいのでレーキ等で除去するか，ふるいを用いて材料の細粒分のみで入念に仕上げる。

⑥ 締固めは最初に端部をスムーサーまたはプレート等で転圧して，材料がはみ出さないように注意してロードローラ等で締め固める。なお小規模の場合は，**写真-4.2.3**のようにプレート等で締め固める場合もあるが，補修厚さが厚い箇所はランマーを併用するとよい。ただし，この場合も端部から中心に向かって仕上げる。

⑦ 交通開放は，舗装表面の温度がおおむね50℃以下となってから行う。なお，交通開放時，材料等の飛散防止やジョイント部の保護を目的に端部にシールコートとして，アスファルト乳剤を塗布し砂や石粉を散布することがある。

(2) **常温アスファルト混合物によるパッチング**

常温アスファルト混合物の風袋は袋詰めが一般的であるが，その性状は製品により異なる。保存期間は数

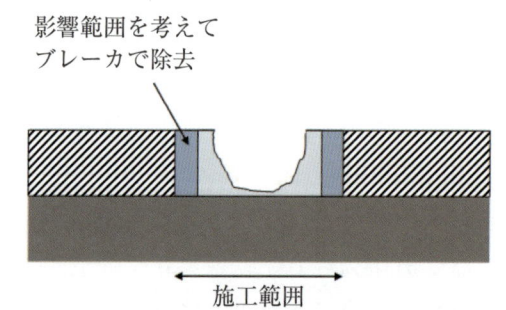

図-4.2.1　影響範囲を考慮した施工断面

写真-4.2.1　影響範囲の除去状況

写真-4.2.2　特殊瀝青材料の塗布状況

写真-4.2.3　プレートによる締固め状況

ヶ月程度のものが多く，携帯性に優れていることから主に緊急性を要する場合に採用するとよい。また，一般的には加熱アスファルト混合物よりも強度発現に時間がかかるが，開放後の交通により締め固められるので早期交通開放も可能である。ただし，施工直後は製品によって大型車の通行で変形してしまう場合もあるので，選定に当たってはメーカーの資料等を参考にするとよい。

　カットバックアスファルトタイプの材料によるパッチングの作業手順は基本的に「(1) 加熱混合方式によるパッチング」と同様であるが，以下の事項に留意するとよい。

① 混合物が安定するまでに時間がかかるため，混合物を敷きならした後に空気にさらす，締固めに十分時間をかけるなどの配慮をするとよい。

② 小規模で施工する場合はタックコートを省略することもある。通行車両による締固めを期待してスコップの背やタンパ等で簡易的に整形，締固めを行い，交通開放する場合もある。袋詰め材料の施工状況を**写真-4.2.4**に示す。

写真-4.2.4　袋詰め材料の施工状況

(3) 常温硬化型材料によるパッチング

　常温硬化型材料は，樹脂タイプのものやアスファルト乳剤・セメントタイプのものなどがあり，いずれも一定の硬化時間を有し，耐久性が高い。施工箇所に水があっても施工可能なものもある。

1) 樹脂系材料によるパッチング

　樹脂系材料は樹脂タイプだけでもエポキシ系，ウレタン系，アクリル系，ポリエステル系等があり，粒度もモルタル系や一般密粒度系など多岐にわたっており，適用に当たっては各種商品の特性を事前に十分把握しておくことが重要である。

　常温硬化型材料によるパッチングの作業手順は基本的に各製品の手順書（またはマニュアル）に準拠するが，以下に，スラリー状の常温硬化型材料の実施例を示す。

① 破損部分と周囲にある不良部分を含んだ影響範囲を切断・除去する。材料によってはゼロすりつけが可能なものもあり，この場合は施工範囲をマスキングすればよい。コンクリート舗装の場合は，レイタンスあるいは薄いモルタル層，施工箇所に付着している異物をチッピングやブラストなどで取り除き，圧縮空気などで粉塵を除去する。

② 施工範囲の内側や周囲にあるゴミや泥等を丁寧に取り除く。

③ 施工箇所が湿っている場合，樹脂タイプではバーナなどを用いて乾燥させる。

④ 樹脂タイプの場合，パッチングする面が乾燥しているのを確認して，プライマを均一に塗布する。プライマが底面の凹部に多く滞留しているようであれば適量になるよう布などで拭き取る。改質アスファルト乳剤・セメントタイプでは既設がアスファルト舗装の場合，タックコートを省略できるものもあるが，コンクリート舗装では基本的にタックコートを実施する。

⑤ 材料を凹部に必要量充填し，コテ等を使用して平たんに敷きならす。段差修正箇所での材料敷きならし状況を**写真-4.2.5**に示す。

⑥ 締固めは基本的に必要なく，コテで均して仕上げる。

⑦ 養生は使用する各種商品の仕様に従って行い，十分硬化を確認してから交通開放する。なお，交通開放時に車両のタイヤや通行人の靴底への材料等の付着防止やゼロすりつけ部の保

第4章　維持修繕の実施

護を目的に表面に砂や石粉を散布しておくとよい。段差修正箇所の完了状況を**写真-4.2.6**に示す。

写真-4.2.5　段差修正箇所の敷きならし状況 　　　写真-4.2.6　段差修正箇所の完了状況

2）セメント系材料によるパッチング

　セメント系の材料は，コンクリート舗装で使用されるもので，袋詰やパッケージ化されたポリマーセメント系のものが多く，繊維で補強されたもの，速硬性のものもある。また，プラントや現場で混合されたコンクリートやモルタルといったセメント系材料を用いる場合もある。この場合，パッチングの厚さが薄い場合にはモルタルを用い，厚い場合はコンクリートとし，粗骨材の最大寸法は施工厚の1／3以下になるようにする。

　本工法の施工方法は使用材料によって大きく異なる。主な材料の施工方法を以下に示す。

　ポリマーセメント系材料によるパッチングの作業手順例は以下のとおりである。

① 破損部分を影響範囲までブレーカやピック等を用いてはつり取り，粉塵等を除去する。施工面に水分が存在すると樹脂の硬化が阻害されるので，施工面は乾燥状態を保つ。
② 施工面がコンクリート舗装の場合は，プライマ（下地処理材）を所定量塗布し，プライマの硬化を確認する。施工面がアスファルト舗装の場合は，プライマは不要である。
③ 骨材の入った袋に所定量の樹脂を流し入れ，袋のままもみほぐすように混合する。
④ 混合したポリマーセメントは，コテ等を用いて可使時間内に速やかに仕上げる。
⑤ ポリマーセメントの硬化を確認し，交通開放する。

　セメント系材料によるコンクリート舗装への作業手順例は以下のとおりである。

① 破損部分を影響範囲までブレーカやピック等を用いてはつり取り，打継ぎ面となるコンクリート面はチッピングを行い健全なコンクリート面を出すとともに，粉塵等を除去してから十分湿潤な状態を保持する。はつりの際，補強鉄筋や鉄網を切断しないように十分注意して作業を行う。**図-4.2.2**～**図-4.2.4**にコンクリート舗装における角欠け，ポットホール，段差に対するはつりとパッチングの施工範囲を示す。また，**写真-4.2.7**にコンクリート舗装のはつり完了状況を示す。

写真-4.2.7　はつり完了状況

第4章　維持修繕の実施

図-4.2.2　角欠け部の施工範囲

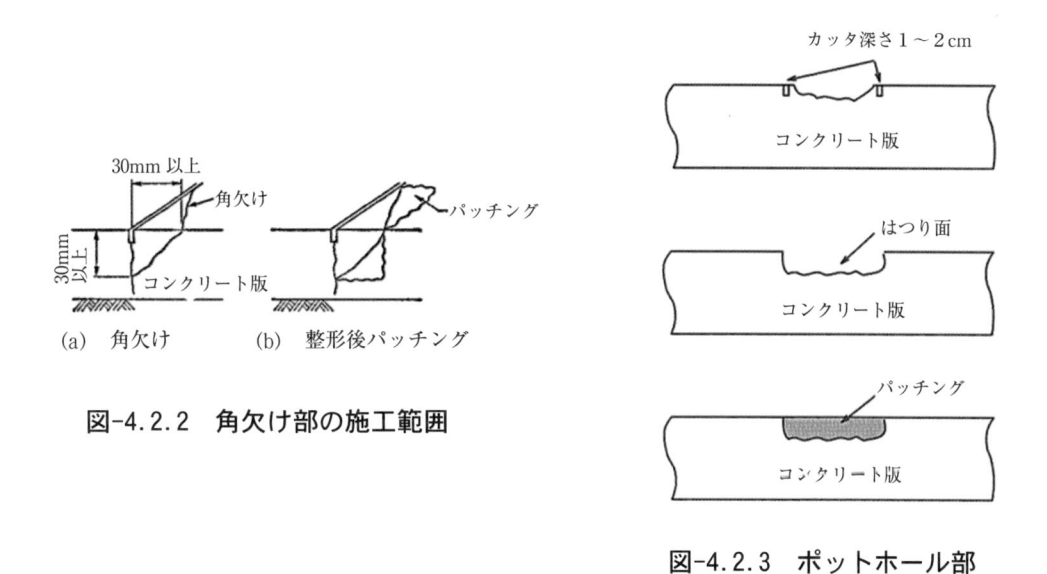

図-4.2.3　ポットホール部

図-4.2.4　段差修正部の施工範囲

② パッチングする面がほぼ表面乾燥飽和状態にあるときにセメントペーストまたはモルタルを薄くこすりつけてよく塗り込み，過剰分は取り除く。
③ 塗り込んだセメントペーストまたはモルタルが硬化しないうちにセメント系パッチング材料のモルタルあるいはコンクリートを練り返して打ち込み，よく突き固めてコテなどでならす。
④ 表面仕上げ完了後に養生を行う。養生は使用するセメントの種類に準拠して行う。

3）常温全天候型材料によるパッチング

常温全天候型材料は，耐水性や接着性を強化し，雨天時等でパッチングする箇所に水があっても接着性がよく，材料のはく離に対する抵抗性が高い材料である。この常温全天候型は通常袋詰めされた市販品であり，雨や雪，気温等の条件に左右されにくいため，汎用性は高い。

常温全天候型材料によるパッチングの一般的な作業手順を以下に示す。

① 施工箇所の油分や汚れを除去する。なお，タックコートは不要である。施工前の状況を**写真-4.2.8**に示す。
② 材料を施工箇所の凹部に充填し，余盛りを考慮して敷きならす。
③ 締固めは，プレートなどを用いて十分に締め固めることが重要であるが，緊急を要する場合などは，スコップの背やタンパ等で簡易的に整形，締固めを行い，交通開放する場合もある。スコップの背による締固め状況を**写真-4.2.9**に示す。
④ 車両や靴底に材料等が付着するのを防止するために石粉や砂を表面に散布して交通開放し，走行車両の自然転圧により既設舗装との一体化を図る。

写真-4.2.8　常温全天候型施工前状況　　　写真-4.2.9　スコップによる締固め状況

4-2-2　シール材注入工法（シーリング工法）

　シール材注入工法は、アスファルト舗装面に発生したひび割れにシール材を充填して雨水等の進入を遮断し、舗装の破損を遅延させるために行う工法である。また、シール材の充填をより確実にするために、予めひび割れに沿ってカッタやルータ（溝堀機）を用いて溝を設けて開口幅を確保する事前処理工を適用する場合もある。同様の措置をコンクリート舗装面に施す場合は、シーリング工法という。

　シール材には、ブローンアスファルトやアスファルトをゴム等で改質した加熱アスファルト系、常温施工できるアスファルト乳剤系や樹脂系の材料がある。**表-4.2.2**に主なシール材料とその適用箇所を示す。これらの材料の中から、ひび割れの損傷程度、路面の乾湿の状態、気温、可使時間などに応じて、対象とするひび割れ幅に適用できるものを選定する。なお、シール材の種類、施工方法やひび割れの損傷程度等により耐久性に差が生じる知見も一部蓄積されつつあるので、参考にするとよい[1]。

表-4.2.2　主なシール材料とその適用箇所

材料種別		適用箇所		
		密粒系アスファルト舗装	ポーラスアスファルト舗装	コンクリート舗装
加熱アスファルト系シール材	クラックシール	○	△※1	○
	アスファルトモルタル	○	△※1	△
	ブローンアスファルト	○	△※1	○
	注入目地材	○	△※1	○
アスファルト乳剤系シール材	特殊乳剤系	○	△※1	○
	特殊乳剤・セメント系	○	△※1	○
	二液混合型	○	△※1	○
樹脂系シール材	エポキシ樹脂	○	△※1	○
	MMA樹脂	○	△※1	○

○：適用可能，△：条件により適用可能
※1：シール施工箇所では水平方向の排水機能は失われる。

　また、コンクリート舗装のひび割れには、ひび割れ幅の狭い非進行性のものと進行性のものがあり、それぞれ施工方法が異なるので注意が必要である。非進行性のひび割れには樹脂系シール材を用いることが多い。進行性のひび割れの場合、樹脂注入だけではひび割れ幅の伸縮にシール

材が追従できないため，ひび割れに沿って**図-4.2.5**[2)]のようにU字型やV字型の溝を設け，注入目地材や樹脂系シール材を注入する。

当工法をポーラスアスファルト舗装に適用した場合，水平方向の排水能力が低下もしくは無くなることがあるので注意が必要である。

(1) 加熱アスファルト系シール材による注入工法

加熱アスファルト系シール材による注入工法は，アスファルト・ゴムなどからなる加熱注入式シール材を注入する工法である。高温時の流動・流出および低温時の脆化・硬化破壊がなく，粘着力を有し接着性が高く，弾力性に優れているため膨張・収縮に良く順応する。後述する樹脂系シール材と比較して粘性が高いため，比較的幅の広い（5〜10mm程度）ひび割れやコンクリート舗装の目地部の補修に適用する。

① ひび割れ周囲に緩んだ部分があれば取り除き，ひび割れ内部のごみや泥を圧縮空気などで吹き飛ばして清掃する。

② シール材を所定の温度で加熱溶解する。

③ 材料の特性に応じて，プライマを塗布する。

④ シール材をひび割れに沿って流し込む（**写真-4.2.10**）。余剰分はケレン等ですき取り，表面を成型する。

⑤ 必要に応じて，砂等を散布し，タイヤへの付着防止を図る。

⑥ シール材が十分硬化したことを確認した後，交通開放する。

施工に際し，施工面が湿潤状態の場合は，バーナなどを用いて十分に乾燥させる。

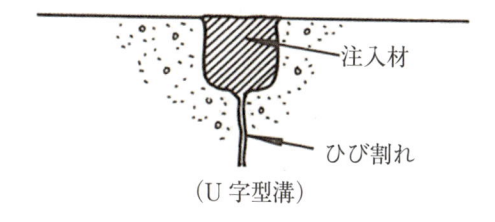

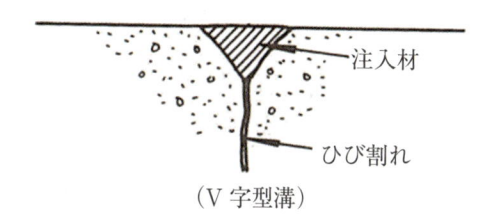

図-4.2.5　コンクリート舗装における進行性ひび割れのシール溝形状

写真-4.2.10　シール材注入状況

(2) アスファルト乳剤系シール材による注入工法

アスファルト乳剤系シール材には，特殊アスファルト乳剤系液剤とセメント系固化材を混合するものや，二液混合型ゴム化アスファルト乳剤タイプなどがあり，いずれも常温で施工が可能である。これらの材料の多くは，湿潤面への適用も可能である。

二液混合型ゴム化アスファルト乳剤タイプシール材を用いた本工法の施工手順例を以下に示す。

① ひび割れ周囲に緩んだ部分があれば取り除き，ひび割れ内部のごみや泥を圧縮空気などで吹き飛ばして清掃する。

② 外気温に応じた量の硬化剤を主剤の入った容器へ入れ，よく混合する。

③ 混合したシール材をひび割れに沿って注入する（**写真-4.2.11**[3)]）。余剰分はケレン等ですき取り，表面を成型する。

④ 必要に応じて，砂等を散布し，タイヤへの付着防止を図る。

⑤ シール材が十分硬化したことを確認した後，交通開放する。

施工に際しては，材料の可使時間内に素早く注入作業を行う必要がある。

(3) 樹脂系シール材による注入工法

樹脂系シール材による注入工法は，エポキシ樹脂やMMA樹脂などの常温硬化型樹脂系シール材を注入する工法である。使用材料にもよるが，一般的に硬化が速く，低温でも硬化し，柔軟性がありひび割れに追従しやすいため，作業性に優れ迅速な施工が可能である。このような柔軟性から，幅の狭いひび割れ（5mm程度以下）にも適用できる。

エポキシ樹脂系シール材を用いた本工法の施工手順例を以下に示す。

① ひび割れ周囲に緩んだ部分があれば取り除き，ひび割れ内部のごみや泥を圧縮空気などで吹き飛ばして清掃する。

② 硬化剤を主剤の入った容器に入れ，よく混合する。

③ 混合したシール材をひび割れに沿って注入する（写真-4.2.12[4]）。余剰分はケレン等ですき取り，表面を成型する。

写真-4.2.11 シール材注入状況

写真-4.2.12 樹脂系シール材の施工状況

④ シール材が十分硬化したことを確認した後，交通開放する。

本工法の適用に際しての留意事項を以下に示す。

・材料により施工面の乾湿状態に条件があるので，メーカーの技術資料などを確認するとよい。

・定められた材料の可使時間内に素早く注入作業を行う。

4-2-3 切削工法

切削工法は，アスファルト舗装表面に連続的あるいは断続的に凹凸が発生して平たん性が極端に悪くなった場合などに，その部分を機械によって削り取り，路面の平たん性とすべり抵抗性を回復させる工法である。わだち掘れ，寄りが生じて混合物が押し出された部分や交差点付近などの流動により発生した変形の切削，すべり抵抗のごく小さくなった部分のはぎ取りなどに多く用いる。

切削工法は，写真-4.2.13[5]のように路面切削機を用いるのが一般的である。最近では，路面切削機の切削ドラムのビットのピッチを非常に小さくしてきめの細かい仕上げが可能な工法も開発されている。この工法は施工時の騒音も小さく，交通開放後のタイヤ/路面騒音の低減も期待されている。

本工法は応急的な処置であるため，流動わだち掘れやコルゲーションなどアスファルト混合物層に原因がある路面では切削を行っても早期に凹凸が再発する恐れがある。特に短期間に進行した凹凸の切削は再発の可能性が高いので，切削オーバーレイや打換えなど凹凸の原因となった層を撤去する工法を選択する方がよ

写真-4.2.13 路面切削機による切削状況

い。また，舗装の劣化が進行した路面に切削を行うと，浸水による剥離破損が促進するおそれがあるため，施工後の経過に注意する必要がある。

4-2-4 表面処理工法

表面処理工法は，既設舗装の上に3cm未満の薄い封かん層を設ける工法である。使用材料，施工方法によっていくつかの工法がある。

表面処理工法は，路面の老化やひび割れ，摩耗などが生じた場合や予防保全の観点から行い，舗装の表面を再生することで遮水性やすべり抵抗の向上など舗装の機能を回復・向上させる効果が期待できる。

表面処理工法は，予防的維持工法として用いる場合，舗装の破損が軽微なうちに処置することで延命効果が期待できる。

表面処理工法には，乳剤系，アスファルト混合物系，樹脂系材料を用いる工法があり，路面の状況や交通量を勘案して選定することになる。

(1) フォグシール

フォグシールは，アスファルト舗装に適用され，アスファルト乳剤を水で1～3倍に希釈したものを舗装面に0.5～0.9ℓ/m²散布し，小さいひび割れや表面の空隙を充填して，古くなった舗装面を若返らせる工法である（**写真-4.2.14**）。また，他の表面処理工法の施工後に骨材やダストを落ち着かせるために用いることもある。アスファルト乳剤にはMK-2,3を用いる。交通量の少ない箇所に有効で，施工後1～2時間で交通開放することができる。交通開放を急ぐ場合には，散布した乳剤の上から砂をまくと良い。

また，最近ではポーラスアスファルト舗装表面の保護，強化を目的として特殊改質アスファルト乳剤を舗装面に0.4ℓ/m²程度散布する工法も開発されている。

写真-4.2.14　フォグシール施工状況

(2) チップシール

チップシールは，アスファルト舗装に適用され，乳剤を用いて骨材を単層あるいは複層に仕上げる表面処理工法であり，それぞれシールコート，アーマーコートと呼ばれる。シールコートは既設舗装面に乳剤および骨材を各々一層ずつ散布するもので，アーマーコートはこれを二層以上重ねて施工するものである。

チップシールを施工する目的は以下のとおりである。
① 微細なひび割れをふさぎ，路面の水密性を高めて耐水性・耐久性を向上させる。
② 既設舗装の老化を防止する。
③ 路面を若返らせる。
④ 耐摩耗性を向上させる。

本工法は一般には交通量区分N_3以下の道路に適用される。

チップシールに用いる乳剤や骨材の種類，ならびにこれらの使用量は，気象条件，交通量，路線状況，既設舗装面の状態などに応じて，適宜選択することが必要である。使用乳剤としては，比較的交通量の少ない箇所にはPK-1, 2，比較的交通量の多い箇所にPKR-S-1, 2，そして勾配がある箇所や分解を特に速めたいときにはPK-Hを使用するのが一般的である。骨材は硬質で，で

第4章　維持修繕の実施

きるだけ細粒分やダストのないものを使用する。チップシールの施工状況を**写真-4.2.15**に，標準的な材料使用量を**表-4.2.3**に示す。

　最近は高濃度改質アスファルト乳剤と特殊プレコート骨材を使用し，さらにトップコートを併用することで N_4 交通まで対応できる工法も開発されている。また，施工方法も**写真-4.2.16**のように，骨材散布と乳剤散布を同時に行う専用機械を用いた工法も開発されている。

表-4.2.3　チップシールの標準的な材料使用量（100m² 当たり）

アスファルト乳剤の種類		シールコート			アーマーコート			
		PK-1 PK-2 PKR-S-1, 2	PK-H	高濃度 改質アスファルト 乳剤	PK-1 PK-2 PKR-S-1, 2		PK-H	
施工層数		1	1	1	2	3	2	3
アスファルト乳剤	ℓ	−	−	−	−	80〜100	−	80〜100
砕石5号	m³	−	−	−	−	1.8	−	1.8
アスファルト乳剤	ℓ	−	110〜130	110〜130	80〜100	170〜190	80〜100	130〜150
砕石6号	m³	−	0.9	0.9	1.0	0.8	1.0	0.8
アスファルト乳剤	ℓ	80〜100	−	40〜60	120〜140	120〜140	100〜120	100〜120
砕石7号	m³	0.5	−	−	0.6	0.6	0.6	0.6

写真-4.2.15　チップシール施工状況

写真-4.2.16　専用機械を用いたチップシールの施工状況

(3) スラリーシール

　スラリーシールは，通常のアスファルト舗装，コンクリート舗装に適用され，細骨材およびフィラーとアスファルト乳剤（MK-2，3）と水を混合してスラリー状としたものを，既設舗装上に薄く（3〜10mm 程度）敷きならす工法である。スラリー混合物の骨材粒度の一例を**表-4.2.4**に示す。アスファルト乳剤の所要量は，一般に骨材およびフィラーの質量に対して 13〜20％で，水は細骨材の表面水を考慮して加えるが，一般に 10〜15％である。

　施工は通常，専用のペーバ（スラリーペーバ）によって行う。既設舗装に不陸が多い場合には機械施工が困難になり，ゴムレーキなどを用いて人力で施工することもある。

　スラリーシールは，温暖な時期に施工し，気温が 15℃以下のときおよび湿度の高い曇天時には施工してはならない。

表-4.2.4　スラリーシールの骨材粒度の一例

ふるい目の開き	粒度範囲
2.36mm	100
1.18mm	55〜85
600μm	35〜60
300μm	20〜45
150μm	10〜30
75μm	5〜15

（通過質量百分率（％））

(4) マイクロサーフェシング

マイクロサーフェシング工法はスラリーシール工法の一種であり，厳選した骨材，急硬性改質アスファルト乳剤，セメント，水，分解調整剤等を基本とするスラリー状の常温混合物を専用ペーバ（マイクロサーフェシングペーバ）で薄く敷きならすものである。材料，施工とも加熱を必要としない常温表面処理工法であり，省資源でCO_2の排出抑制にも寄与するものである[6]。

本工法は老化した路面のリフレッシュや軽微なわだち掘れの補修，路面テクスチャの改善などの機能回復，予防的維持などを目的として通常のアスファルト舗装，コンクリート舗装面に適用される。

使用する混合物の種類は，施工厚さに応じてタイプⅠ，Ⅱがある。タイプⅠは骨材にスクリーニングスを単独で用い，タイプⅡはスクリーニングスと7号砕石を併用している。その標準的な粒度範囲を表-4.2.5に示す[7]。

表-4.2.5 マイクロサーフェシング混合物の標準的な粒度範囲

混合物の種類		タイプⅠ	タイプⅡ
最大粒径（mm）		2.5	5
ふるい目の開き		粒度範囲	
通過質量百分率（%）	9.50mm	−	100
	4.75mm	100	90～100
	2.36mm	90～100	65～90
	600μm	40～65	30～50
	300μm	25～42	18～30
	150μm	15～30	10～21
	75μm	10～20	5～15

施工は，一般的に一層で行われ，タイプⅠおよびタイプⅡ混合物を厚さ3～10mmで敷きならす。ただし，15～20mm程度のわだち掘れが発生している路面に施工する場合は，二層で施工することもある。この場合，1層目はタイプⅡ混合物が用いられ，2層目にはタイプⅠまたはタイプⅡ混合物を用いるケースが多い。

マイクロサーフェシング混合物の製造および施工には，専用ペーバを使用する。使用する専用ペーバは，材料の貯蔵供給装置，混合装置，敷きならし装置という施工に必要な全ての設備を一台の機械で備えている。そのため，前進しながら各材料を連続的に供給，計量することで連続式パグミルミキサにて混合物を製造し，スプレッダボックスで敷きならしを行うことができる。

専用ペーバによる混合物の製造・敷きならし手順を以下に，専用機械の構造例を図-4.2.6に示す。

① 専用ペーバに使用材料を積み込む。
② 定めた配合比率で材料を連続計量し，ミキサに供給する。
③ 車両後部に位置するミキサ（連続式二軸パグミルミキサ）によって材料を混合し，スプレッダボックスに供給する。
④ 路面上を牽引するスプレッダボックスで，路面に材料を敷き広げる（写真-4.2.17）。
⑤ ストライクオフで施工表面を仕上げる。

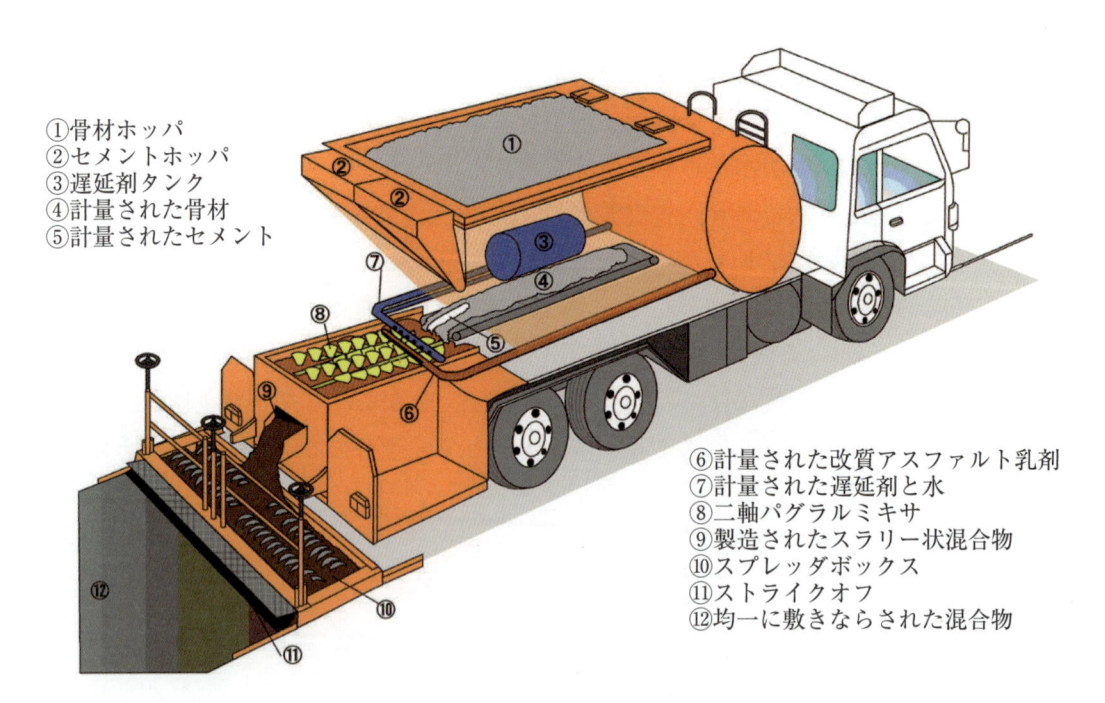

①骨材ホッパ
②セメントホッパ
③遅延剤タンク
④計量された骨材
⑤計量されたセメント
⑥計量された改質アスファルト乳剤
⑦計量された遅延剤と水
⑧二軸パグラルミキサ
⑨製造されたスラリー状混合物
⑩スプレッダボックス
⑪ストライクオフ
⑫均一に敷きならされた混合物

図-4.2.6　専用機械の構造例

写真-4.2.17　マイクロサーフェシングの施工状況

本工法の適用に際しての留意事項を以下に示す。
・既設舗装のわだち掘れ深さが15～20mmの場合は，2層施工とする。
・交通開放直後にタイヤによるねじり作用が頻繁に働く箇所，交差点が連続する箇所では適用を避ける。
・路面に著しい凹凸や，進行性のひび割れのある箇所での適用は避ける。
・施工は，外気温が10～25℃の日照のある時間帯に行うことが望ましいが，気温が低い曇天，夜間工事となる場合は，日施工量を少なくして養生時間を長くとる，加熱による促進養生を施すなどの処置が必要となる。
・施工時および施工前後に降雨が予想される日の施工は避ける。

(5) カーペットコート

カーペットコートは，通常のアスファルト舗装，コンクリート舗装に適用され，既設舗装上に加熱アスファルト混合物を厚さ1.5～2.5cmの薄層で敷きならし，締め固める工法である。この表面処理の特長は，舗設後比較的早期に交通開放ができることにある。修繕工法のオーバーレイ工

法と比較して，舗設作業上は特に差はないが，オーバーレイ工法の厚さが一般に3～5cmであるのに対しこれよりも薄いことが特徴である。

材料は一般に砕石，スクリーニングス，砂，石粉および瀝青材料を用いた加熱混合物を使用する。骨材の最大粒径は舗装厚の1/2以下とすることが望ましく，一般的には5mmのものを用いる。瀝青材料は，ストレートアスファルトあるいはポリマー改質アスファルトを用いる。表-4.2.6にカーペットコートで用いる混合物の粒度範囲の例を，写真-4.2.18[8]に施工状況を示す。

表-4.2.6 カーペットコートの標準配合

ふるい目の開き	粒度範囲
13.2mm	100
4.75mm	90～100
2.36mm	50～80
300μm	15～35
75μm	3～12
アスファルト量（%）	6.0～9.5

（通過質量百分率(%)）

写真-4.2.18 カーペットコートの施工状況

本工法の適用に際しての留意事項を以下に示す。
・カーペットコート層は舗装構造としてみなすことができないので，舗装の構造強化としての適用はできない。
・既設舗装は構造的に支持力が十分であることが必要である。
・施工厚が薄いことから混合物温度が下がりやすいため，ヘアクラックや変位を起こさない範囲でできる限り早く初期転圧を行うことが必要である。

最近では，耐久性を向上させるために材料に繊維を添加した最大粒径5mmの砕石マスチック混合物を用いたり，施工性の改善，品質の向上を目的に中温化技術を応用したりすることもある。なお，施工厚が薄い場合，既設舗装との一体化を確実にするためにタックコートにPKR-Tを用いることもある。また，ポーラスアスファルトを用いる場合は，より強い既設舗装との接着が要求されるため，乳剤散布装置付きアスファルトフィニッシャを用いて特殊改質アスファルト乳剤を0.6ℓ/m²程度タックコートとして散布する工法も開発されている。

以降に示す表面処理工法は，維持工法として適用されることもあるが，一般には表層施工直後に機能を付加する，供用初期の骨材飛散を防止するなどの予防的な目的で適用されることも多い。

第4章 維持修繕の実施

(6) 樹脂系表面処理

樹脂系表面処理工法は，通常のアスファルト舗装，コンクリート舗装に適用され，舗装面上にバインダとして樹脂を薄く均一に塗布し，その上に耐摩耗性の硬質骨材を散布して路面に固着させる工法で，ニート工法と呼ばれることもある。本工法の断面例を図-4.2.7[9]に，施工状況を写真-4.2.19[10]に示す。

樹脂系表面処理工法は，特に湿潤時のすべり抵抗性を高めることを目的としているが，着色磁器質骨材等を用いることによって，カラー化を図り雨天時の視認性を高め，注意喚起を促すことができる。

使用材料は，樹脂バインダ，硬質骨材，プライマからなり，樹脂バインダはエポキシ系樹脂あるいはアクリル系樹脂をベースとする主剤およびポリアミン系などの硬化剤で構成される。プライマはコンクリート舗装面に適用する際に用いる。材料は，施工温度，可使時間などの施工条件に合わせて適切なものを選定する。

写真-4.2.19　樹脂材料の散布状況

本工法の適用に際しての留意事項を以下に示す。

- アスファルト舗装舗設直後では，表層に軽質油成分が残存し，路面との接着が阻害される場合がある。そのため，舗設後3週間以上の交通開放期間を経て，軽質油成分などが消滅してから施工することが望ましい。
- コンクリート舗装への適用に際しても，コンクリート打設後夏期で3週間，冬期で4週間以上経てから施工を行う。ジェットコンクリートを使用した場合，半たわみ性舗装の場合も同様である。

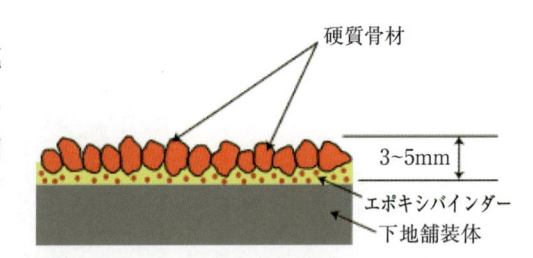

図-4.2.7　樹脂系表面処理工法の断面

(7) 排水性トップコート工法

排水性トップコート工法は，ポーラスアスファルト舗装に適用され，舗装表面に特殊な樹脂を散布し，強固な皮膜を形成させることにより，排水性機能を維持したまま，耐摩耗性や骨材飛散などに対する耐久性を

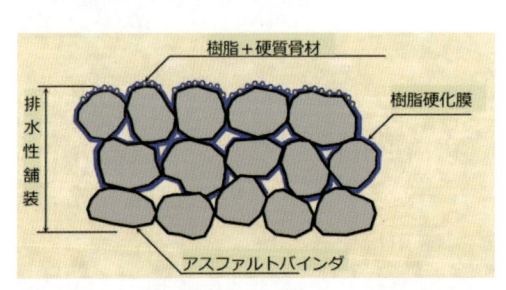

図-4.2.8　排水性トップコート工法の断面

向上させるものである（図-4.2.8[11]）。本工法は，母体混合物の舗設が完了してから，数日内に施工することを標準としていることから，舗装新設および修繕時の予防的維持を目的として施工される。主な適用箇所として，交差点内および車両停車部，高速道路サービスエリア，ＥＴＣ進入路等のポーラスアスファルト混合物の骨材飛散が懸念される箇所が挙げられる。

本工法の一般的な作業手順を以下に示す。

① 施工範囲の外側にある縁石や側溝，樹脂が付着してはならない路面標示等などをガムテープやマスキングテープ等で養生を行う。

② エアレススプレー機等，材料にあった吹き付け機械で樹脂を均等に所定量（0.5～0.7 kg/m²）散布する。樹脂散布後，樹脂が硬化する前に硬質骨材を所定量（0.25 kg/m²）散布する（写真-4.2.20）。

③ 樹脂が完全に硬化するまで，30分程度養生を行う。その間，水分やほこりなどが表面に付着しないよう注意する。

④ 一層目の樹脂の硬化を確認後，二層目の樹脂を所定量（0.3～0.5 kg/m²）散布し，一層目施工と同様に硬質骨材を所定量（0.25 kg/m²）散布する。

施工に際して，母体舗装混合物の表面に水分があると，樹脂の硬化不良の原因となるので，雨天時の施工は避けるとともに，雨天後の施工の場合でも，水分の存在には十分注意が必要である。

また，「(1) フォグシール」で示したポーラスアスファルト舗装表面に特殊改質アスファルト乳剤を散布する工法も，ポーラスアスファルト舗装の骨材飛散抵抗性を向上させる効果が期待できることから本工法の一つに位置付けることができる。

(8) 透水性レジンモルタル充填工法

透水性レジンモルタル充填工法は，ポーラスアスファルト舗装に適用され，レジンバインダ（エポキシ樹脂）と硬質セラミック骨材からなる透水性レジンモルタル混合物をポーラスアスファルト舗装の表面骨材の間隙に充填して，ポーラスアスファルト舗装の路面を強化し機能の維持・延命を図るものである（**図-4.2.9** ¹²⁾）。主な適用場所として，路面骨材の飛散が懸念される交差点，駐車場，急カーブ箇所や，長い下り坂，交差点のある下り坂，高速道路のカーブ部分などすべり抵抗が必要な場所などが挙げられる。

写真-4.2.20 排水性トップコート施工状況

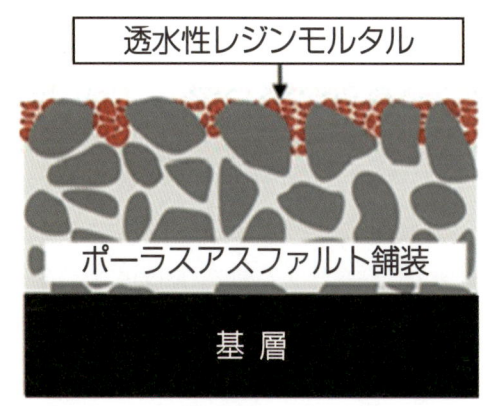

図-4.2.9 透水性レジンモルタル充填工法の断面

本工法の一般的な作業手順を以下に示す。

① 施工範囲の外側にある縁石や側溝，樹脂が付着してはならない路面標示などをガムテープやマスキングテープ等で養生を行う。

② 所定量の材料をミキサ等で十分に混合し，透水性レジンモルタルを製造する。

③ 透水性レジンモルタルを路面に均一に敷きならし，**写真-4.2.21** ¹³⁾に示すようにゴム製レーキを用いて透水性レジンモルタルをポーラスアスファルト混合物の凹部に擦り込む。次いで鉄製レーキを用いて透水性レジンモルタルの余剰分をかき取る。

④ 透水性レジンモルタルを圧着させるため，タイヤローラを用いて充填面を転圧する。

⑤ 必要な時間養生を行い，透水性レジンモルタルの硬化を確認し，交通開放する。

施工に際して，透水性レジンモルタルの混合から充填，締固め迄の許容時間は気温，路面温度により異なるので，綿密な作業計画の立案が必要である。また，路面に水分が存在する場合は，レジンバインダの接着

写真-4.2.21 透水性レジンモルタルの擦り込み状況

不良や硬化不良となる場合があるので，路面が乾燥状態であることを確認して施工する必要がある。さらに施工後，レジンバインダが硬化する前に降雨等により水がかかると硬化不良や表面が白化し外観不良を招くので，降雨が予想される場合は施工を避ける。

4-2-5　空隙づまり洗浄工法

空隙づまり洗浄工法は，排水性機能維持機械を用いてポーラスアスファルト舗装の空隙に詰まった土砂や塵埃を高圧水あるいは圧縮空気を用いて除去し，透水機能や騒音低減機能に有効な空隙を回復させる工法である。水を用いた洗浄状況を写真-4.2.22に示す。

本工法の適用に際しての留意事項を以下に示す。

・効果を発揮するためには，定期的に作業を継続することが重要である。
・空隙づまり洗浄は，著しい機能低下が起こる前に実施する必要があり，空隙づまりが顕著な場合への適用は困難である。
・空隙つぶれよる排水機能低下を回復させる効果は期待できない。

写真-4.2.22　空隙づまり洗浄状況

4-2-6　粗面処理工法

粗面処理工法は，コンクリート舗装に適用され，舗装面を粗面仕上げすることによって，路面のすべり抵抗を回復させるものである。粗面仕上げの方法には，ショットブラスト工法，ウォータージェット工法，ダイヤモンドグラインディング工法などがある。

ショットブラスト工法は，微小な鋼球を高速で舗装面に打ち付けることで，コンクリート表面を研掃するものである。本工法は，打ち付けた鋼球および研掃された粉塵を回収，分離しながら施工するため，施工に際して既設路面は乾燥状態でなければならない。舗装面が乾燥していない状態で施工すると，鋼球や粉塵が機械内に詰まり施工ができなくなる。写真-4.2.23に本工法の施工状況を示す。

写真-4.2.23　ショットブラスト施工状況

ウォータージェット工法は，超高圧水をコンクリート路面に吹き付けコンクリート表面を研掃するものである。写真-4.2.24に本工法の施工状況を示す。

ダイヤモンドグラインディング工法は，ダイヤモンドカッターを筒状に並べたドラムを装着した機械によりコンクリート舗装表面を薄層で削り取るもので，目地部の段差の修正や平たん性が向上するとともに細かな凹凸が形成されることから，低騒音性も向上すると

写真-4.2.24　ウォータージェット施工状況

いわれている[14]。本工法の施工後の路面状況を**写真-4.2.25**に示す。

いずれの工法も，コンクリート表面を極薄層で削り取ることから，コンクリート舗装の明色性の回復効果も持ち合わせている。

4-2-7 グルービング工法

グルービング工法は，一般の密粒度系アスファルト舗装，コンクリート舗装に適用され，舗装表面に一定

写真-4.2.25 ダイヤモンドグラインディング施工後の路面

形状の浅い溝を等間隔に切り，すべり抵抗性の向上を図る工法である。その施工断面例を**図-4.2.10**に示す。溝は車両進行方向に対して，横方向あるいは縦方向に設置するが，縦方向の場合は主に，カーブ，斜面，横風をうけやすい直線道路，陸橋などに適用されることが多く，横方向の場合は主に，交差点・横断歩道・料金所などの手前に施工することが多い。路面に溝を設けることにより，降雨時の路面排水性が良くなるので，特に湿潤状態における路面摩擦係数の増大が期待できる。

その他，振動や走行音の変化による注意喚起や視線誘導効果も期待できる。施工には，多数のダイヤモンドカッターを装備した専用の機械が用いられる。その施工状況を**写真-4.2.26**に，施工後の路面状況を**写真-4.2.27**に示す。

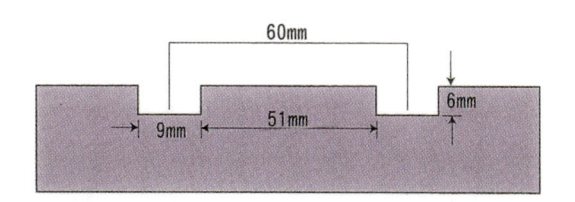

図-4.2.10 グルービングの施工断面例

写真-4.2.26 グルービング施工状況 　　**写真-4.2.27 グルービングの施工例**

本工法の施工に際しての留意事項を以下に示す。
・施工直後の舗装路面にグルービングを行うと角欠けや流動により早期に溝がつぶれる場合があり，舗設から一定の期間交通開放した路面にグルービングを施工する方が良い。
・グルービングの効果の持続性は主に表層のアスファルト混合物の塑性変形抵抗性および摩耗抵抗性に影響するため，新設のアスファルト舗装路面に適用する場合には，ポリマー改質ア

スファルトを用いた混合物を選定するとよい。
- カーブに縦溝のグルービングを適用する場合，二輪車の走行性に影響を与えるとの知見がある[15]。このため，グルービングの溝幅を狭くする，カーブ前後の30～50m程度までの直線部分にもグルービングを行い急激に走行性が変化しないようにするなどの対策が取られることがある。

4-2-8　薄層オーバーレイ工法

薄層オーバーレイ工法は，既設舗装の上に3cm未満の加熱アスファルト混合物を舗設する工法である。このうち，多量の細骨材を用いた専用の混合物で施工する工法をカーペットコートという。また，「4-2-10　路上表層再生機等を使用した路面維持工法」で示した工法も薄層オーバーレイ工法として分類されることもある。

適用に際しては，起終点，街きょ，人孔等において，段差が生じないような縦横断勾配を計画する必要がある。

4-2-9　わだち部オーバーレイ工法

わだち部オーバーレイ工法は，レール引き工法とも呼ばれ，路面のわだち掘れ部分だけをオーバーレイするものである（**写真-4.2.28**[16]）。主に積雪寒冷地域の摩耗わだちに対して行う工法であり，流動わだちには適さない。オーバーレイの事前処理のレベリング工として行われることも多い。

使用材料は，加熱アスファルト混合物，樹脂系混合物が用いられる。材料選定は，使用目的，現場条件などを考慮して行う。

加熱アスファルト混合物を用いる場合の留意事項を以下に示す。

写真-4.2.28　わだち部オーバーレイ工法

- 舗装端部には供用後の剥脱を防止するために，シールコートとしてアスファルト乳剤を塗布し砂を散布する等の対策を行うことが望ましい。
- 施工厚さが均一でなく極めて薄い部分もあることから，タックコートには接着力に優れるゴム入りアスファルト乳剤（PKR-T）を使用することが望ましい。

4-2-10　路上表層再生機等を使用した路面維持工法[17]

路上表層再生機等を使用した路面維持工法は，路上表層再生工法を簡易にした機械編成で，既設舗装のかきほぐし深さと新たなアスファルト混合物の厚さの合計がおおむね40mm以下とする工法である。機械編成や使用機械を簡易にしたことで市街地や生活用道路のような小規模な箇所への適用が可能である。既設表層混合物を含めて構造設計を必要とする規格のもとでの適用ではなく主に路面の性能を回復することを目的とした予防的維持に適用する。

施工方式は，路上表層再生工法のリペーブ方式，リミックス方式を簡易にしたものがある。作業工程と機械編成の例を**図-4.2.11**に示す。

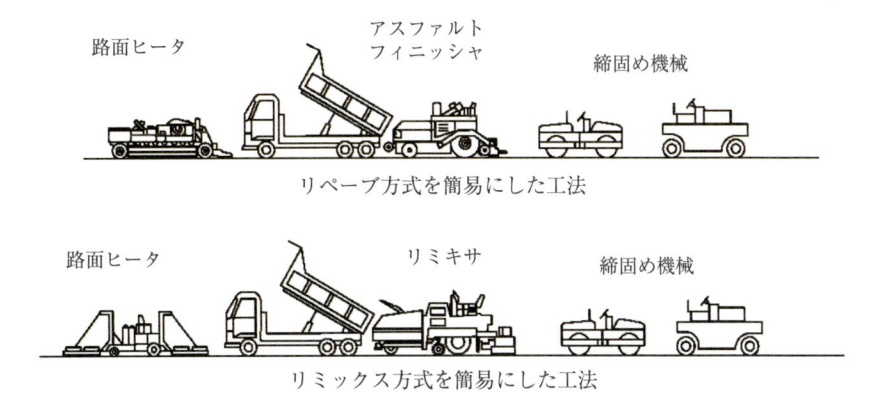

図-4.2.11 作業工程と機械編成の例

　本工法の作業工程として，まず，市街地や生活用道路への設置が可能な路面ヒータで既設路面を加熱し，かきほぐしが実施できるようにする。必要に応じ，直後に添加剤を散布する。

　かきほぐしは，写真-4.2.29 に示すような路面ヒータ後部に設置されたスカリファイヤやリミキサ内に設置された切削ビット等で実施する。既設表層混合物をかきほぐす厚さはおおむね 10～20mm 程度である。機械でかきほぐしができない端部やマンホールまわりは人力で熊手レーキなどを使用してかきほぐす。

写真-4.2.29　既設舗装面のかきほぐし状況

　リペーブを簡易にした方式で施工する場合は，かきほぐした既設表層混合物上に新たなアスファルト混合物を舗設する。この場合，新たなアスファルト混合物の舗設は，通常のアスファルトフィニッシャで施工可能である。リミックスを簡易にした方式で施工する場合は，かきほぐし後に既設表層混合物と新規アスファルト混合物を混合する機械や装置が必要になる。

　新たなアスファルト混合物の厚さは変化させることができるが，これまでの実績では 20mm 程度が多い。

　本工法の適用に際しての留意点を以下に示す。

1）路面性状

① 路上表層再生機等を使用した路面維持工法は，既設舗装のひび割れ率やわだち掘れ深さが路上表層再生工法の適用外となる箇所については適用が困難である。また，既設表層混合物のかきほぐし厚さが薄く，混合する新たなアスファルト混合物の量も少ないため，ひび割れやわだち掘れ，摩耗などで構造的な補修対策が求められるような箇所には適用が難しい。表面付近のひび割れ除去，埋設物設置箇所の段差解消等の景観性および走行性改善といった路面機能回復対策や予防的維持工法として適用が可能である。

② 適用が可能と判断された箇所においても，局部的にひび割れが多い箇所やわだち掘れが大きい箇所については，事前に局部打ち換えや平たん性改善（凸部修正）が必要な場合もある。

③ 既設表層に樹脂系舗装やシール材が使用されており，路面ヒータの加熱によって引火の恐れがある場合は，事前に切削等の処理をして除去する必要がある。

2）路線状況

① 施工幅員は一般的には 2.5～4 m 程度である。また，曲率半径が小さい箇所は，路面ヒータが作業できるか確認が必要である。

② 植栽の保護，加熱による臭気に対する対策の要否を確認し，必要であれば対応策を講じる。

3）気象状況

① 寒冷期に施工する場合は，既設表層混合物の温度が上がりにくく，冷めやすいため，路面ヒータによる繰返しの加熱や新たなアスファルト混合物の保温等の対応が必要となる。

② 路面が著しく濡れている場合は，混合物内に水分が残留して品質に悪影響を及ぼす可能性があり，既設表層混合物の温度上昇に時間がかかって施工効率が低下する可能性があるために施工の実施を避ける。

4-2-11　注入工法（アンダーシーリング工法）[18]

注入工法は，コンクリート版と路盤との間にできた空隙や空洞を充填し，沈下を生じた版を押し上げて平常の位置に戻す工法であり，アンダーシーリング工法またはサブシーリング工法とも称される。注入工法は比較的工費が安く，舗装の寿命を延ばす処置として効果が大きい。

注入工法は注入する材料によってアスファルト系の注入工法とセメント系の注入工法の二つに分けられるが，一般にはアスファルト系の注入工法が用いられる。常温の特徴を生かしたセメント・アスファルト乳剤系の材料も試みられている。

(1) アスファルト注入工法

この工法は，アスファルトの温度が下がると直ちに交通開放できる。注入材料としてはブローンアスファルト（針入度10～40）を用いる。施工は次の手順で行う。

① ジャックハンマ等を用いてコンクリート版に穿孔する。孔の直径は注入ノズルの大きさに合わせて50～60mmとする。注入孔は一般に2～8 m²程度に1箇所の割合で穿孔するが，その配置はコンクリート版の大きさ，沈下の状態，ひび割れの状態や使用する注入機械の能力，瀝青材料の性状などを考慮して慎重に決めることが重要である。注入孔の配置例を図-4.2.12に示す。

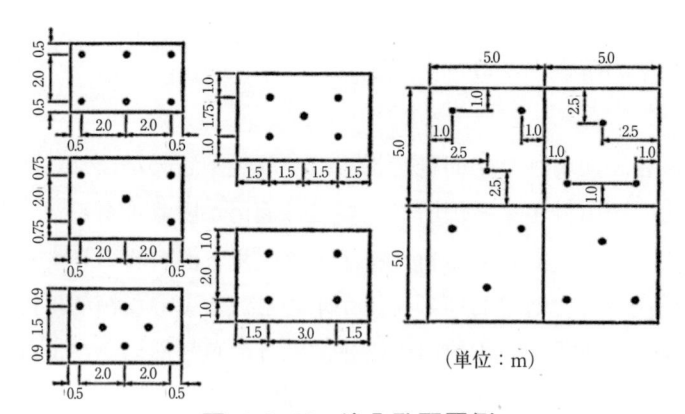

図-4.2.12　注入孔配置例

② 注入孔の穿孔の後，円滑に注入を行えるように注入孔中のコンクリート屑などはかき出すか，あるいは小径のパイプを注入孔に差込み圧縮空気を送り込んで砂，泥，コンクリート屑をパイプのまわりから噴出させるとともに，小空洞を作る。注入孔の下に小空洞をつくったあと，注入用ノズルを用いて圧縮空気を送り，下にたまった土砂や水分を排除して，版の下

面と路盤との通りをよくするジェッチングを行う。注入を行うコンクリート版の表面には，注入孔やノズルからあふれたり，こぼれ落ちたアスファルトを除去しやすくするために，石粉を水でといた液を塗布しておくとよい。

③ アスファルトを加熱溶解（210℃以上）し，アスファルトディストリビュータあるいは専用機を用いて，圧力 0.2～0.4MPa で図-4.2.13 に示すような注入ノズルにより注入を行う。アスファルト

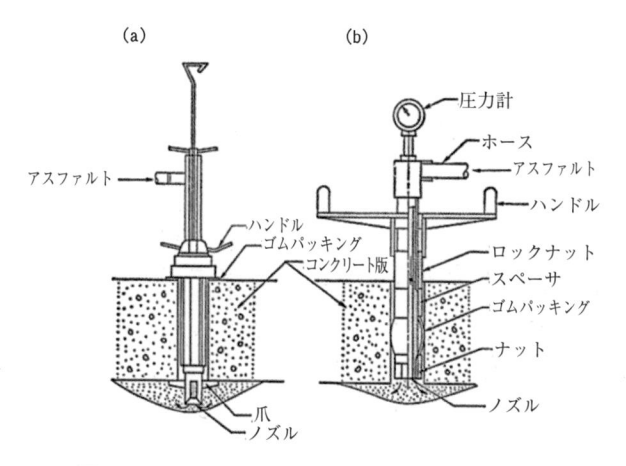

図-4.2.13 アスファルト注入ノズルの例

の注入量はコンクリート版および路盤の状態によって異なるが，一般に 2～6kg/m² 程度である。

④ 注入が終了しても 30 秒間はノズルを注入孔に挿入しておき，ノズルを引抜いたら直ちに木栓を打込む。木栓は長さ 70～100cm のものを用いるとよい。

⑤ アスファルトの温度が下がり，固まったら木栓を引抜き，セメントモルタルまたはアスファルトモルタルを詰込んで注入孔をふさぐ。一般に，注入完了後 30 分～1 時間で交通開放できる。

アスファルト注入作業では高熱のアスファルトを扱うので，火傷や他の可燃物への引火，アスファルトへの引火のほか，下記の事項に十分注意する。

・ノズルおよび木栓を扱う作業員は，必ず手袋と防顔マスクをつける。
・孔に水があると注入と同時に孔内に蒸気が発生し，その圧力でアスファルトが噴出することがあるので，十分注意する。
・注入作業中は，注入中の孔，他の孔，ひび割れ，目地，路肩，地下埋設物などからのアスファルトの噴出や流出に十分注意する。
・ノズルを抜くときは，アスファルトが逆流することがあるので注意する。

(2) セメント注入工法

セメント注入工法には，コンクリート版と路盤との空隙を充填する場合と，沈下した版を押上げる場合がある。施工の手順は，アスファルト注入工法の場合とほとんど同じであり，注入材としてセメントグラウト材を用いる。

① 沈下したコンクリート版を押上げる場合には，図-4.2.14 に示すような位置に穿孔する。
② ジェッチングはアスファルト注入工法に準じて行う。
③ 注入機械としてはグラウトポンプあるいはマッドジャックを用い，圧力 0.3～0.5MPa で注入する。版を持ち上げる場合は，注入作業は沈下量の最も大きいところの注入孔から始め，図-4.2.14 に示すような順序で少量ずつセメントグラウト材を注入してゆき，コンクリート版が所定の高さになるまでこれを続け

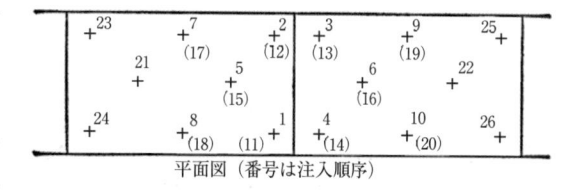

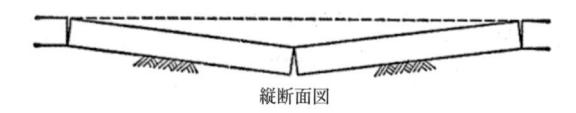

図-4.2.14 コンクリート版の押上げの例

④ 注入後，長さ35～45cmの木栓を詰める。

⑤ 注入孔はセメントモルタルを充填し，一定期間の養生を行ってから強度発現を確認し，交通開放する。超速硬セメント等を使用すれば，2～3時間の養生時間で供用可能となる。

4-2-12 バーステッチ工法[18]

バーステッチ工法は，ひび割れの生じたコンクリート版を，鉄筋等を用いて連結し，ひび割れ部の荷重伝達を確保する工法である。

通常，注入工法を行った後，ひび割れへの注入とバーステッチ工法を組み合わせることが多く，ひび割れの進行を抑制し，舗装の寿命をのばすことができる。ひび割れへの注入は「4-2-2　シール材注入工法」に準じて行う。

バーステッチ工法による補強方法の一例を図-4.2.15に示す。バーステッチ工法は，横断方向に生じたひび割れに適用することも可能である。一般に，連結に用いるバーには異形鉄筋が用いられるが，フラットなバーや円形の鉄板などを使用する工法もある。

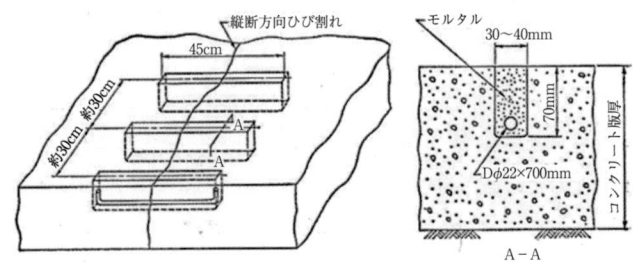

図-4.2.15　縦方向ひび割れの補強の一例

4-3　アスファルト舗装の修繕工法

修繕工法は，維持工法では十分な回復効果が期待できない場合に実施されるもので，打換え工法，オーバーレイ工法，切削オーバーレイ工法等がある。修繕工法はいずれも工費のかさむものであるから，その採否，工法等の選定は「第3章　維持修繕の実施計画」を参照して，十分な調査を行い破損の原因を考慮して慎重に検討しなければならない。

修繕工法の実施にあたっては，限られた作業区間，作業時間内で多工種の作業を実施し，安全な交通が確保できる状態で交通開放する必要がある。よって，ここでは供用中の路線における修繕工事の留意点等について記述する。

4-3-1　打換え工法

打換え工法は，既設舗装のアスファルト混合物層を全層および路盤の一部，または既設舗装すべてを打ち換えるもので，状況により路床の置換え，路床または既設の路盤の安定処理を行うこともある。既設舗装の全層を打ち換える場合は全層打換え工法，既設舗装の一部を残す場合は部分打換え工法と呼ぶ。

(1) 準備工（計画）

打換え工事を実施する場合，特に留意しなければならないことは規制時間内で多数の工種を実施し，遅延なく安全に所定の時間に交通開放を行わなければならないことにある。よって，現場条件，各工法の施工能力，施工方法を事前に十分検討し，規制時間内での詳細な作業工程および施工量を決定しておく必要がある。なお，日当たり施工量に関しては交通管理者との道路使用許可条件も加味しなければならない。

また，路盤以下の掘削を伴う場合は，特に既設埋設管等の占用物について十分な調査を行い，発注者，道路占用者と現場での立ち会い，試掘などを実施して破損することのないように留意する必要がある。

打換えの面積形状は，できるだけ道路の中心線に平行な線を一辺とする四角形とする。ただし，打換え部分の幅が 2.5m 未満になると，大型の締固め機械での締固めが困難となるため，路盤，基層などの締固めが不十分になりやすく，そのために再破損する可能性があるので，2.5m 以上とするのがよい。残存部分の幅も将来の修繕を考えて打換え面積を決める必要がある。

なお，施工方法については着手前に施工計画書を作成し十分協議を行う必要がある。

(2) 既設舗装の取壊し，掘削

1) 既設舗装の切断

打換え部分と既設舗装の境目は直線とする。また切断面は，できるだけ垂直になるように切断する。

施工にあたっては，一日当たりの施工の区切りになるように，あらかじめカッタ（**写真-4.3.1**）で切断しておくとよい。なお，夜間工事の場合には，カッタに防音装置を取付け

写真-4.3.1　既設舗装の切断

るなどして切断するかあるいは昼間に切断しておくとよい。舗装切断作業の際，切断機械から発生するブレード冷却水と切削粉が混じりあった排水については，水質汚濁の防止を図る観点から，排水吸引機能を有する切断機械等により回収することとし，回収された排水については，当該作業現場が属する地方公共団体の指導等に基づき適正な処理を実施する。

2) 既設舗装の取壊し

舗装取壊し作業は特に騒音や振動が発生することから，条例等で作業許可時間等が規制されている地域があるので注意が必要である。そのため，都市部では，騒音や振動を考慮し，時間当たり施工量が多く 20cm 以上の深厚切削が可能な路面切削機（**写真-4.3.2**）が汎用的に使用されている。一方，油圧ブレーカや圧砕機（**写真-4.3.3**）で既設舗装版の取壊しを行い，バックホウによりダンプトラックに積み込む方法も実施されているが，地下埋設物などの上では，油圧ブレーカの使用はさけた方がよい。なお，油圧ブレーカに比べ圧砕機を用いれば騒音や振動を低減することが可能であり，時間当たり施工量も多くなる。

写真-4.3.2　既設舗装の取壊し（切削機） 　　**写真-4.3.3　既設舗装の取壊し（圧砕機）**

第4章　維持修繕の実施

3）掘削，積込み

　掘削底面は設計図に示された深さに仕上げる。深く掘りすぎた場合には，路盤材料を用いて埋め戻す。

　使用する掘削機械（**写真-4.3.4**）は打換え面積規模に合わせて選定する。掘削面積が著しく小さい，マンホールなどが多い，あるいは地下埋設物の埋設深さが浅いような場合には，人力によって掘削する。また，事前に占用物がある箇所については，道路占用者の立会いを求め，掘削箇所を常に監視し慎重に行う必要がある。

写真-4.3.4　既設舗装の掘削

　なお，バックホウによる積込みで旋回をする必要がある場合，通行車両との接触や供用路線に掘削土が飛散しないように十分注意する。規制範囲が狭い場合は，小旋回型バックホウの使用を検討する。

(3) 路床・路盤の施工

1）路床の施工

　路床面はできるだけ平らに掘削する。部分的な軟弱路床土の処置には，良質な材料で置き換えるか，セメント等の固化材で安定処理する。

　掘削終了後，タイヤローラ，マカダムローラ等で転圧する（**写真-4.3.5**）。ただし，路床土が軟弱な場合などでは，ローラによる過転圧により路床が乱されてしまうことがあるので十分注意する必要がある。このような場合にはブルドーザなどで締め固める。

2）路盤の施工

① 粒状路盤の施工

　路盤材料の敷きならしには，グレーダ，ブルドーザ（**写真-4.3.6**）などを用いる。打換え面積が小さい場合は，これらの機械が稼動することが困難なので人力によって敷きならしを行う。

　一般に路盤の締固めには，マカダムローラ，振動ローラ，タイヤローラなど（**写真-4.3.7**）が用いられるが，これらの一つを単独に用いるよりも，併用することによって，それぞれの特徴を生かして短時間で締固め効果をあげることができる。

　最近では，振動マカダムローラや振動タイヤローラなどの新しい転圧機械や，締固め程度を判定する装置を装着した機械などもある。

写真-4.3.5　路床の施工（転圧）

写真-4.3.6　路盤の施工（敷きならし）

　路盤材料を小型ブルドーザなどで敷きならす場合，周辺の土を路盤材料の中へ削

— 118 —

り落とすことのないよう注意する。

② 瀝青安定処理路盤の施工

上層路盤に瀝青安定処理工法を用いる場合の敷きならしには，アスファルトフィニッシャを用いる。加熱混合物を一度に10cm 以上の厚さで敷きならして，締め固める工法にシックリフト工法がある。シックリフト工法は，混合物の敷きならし厚さが厚く，高温の状態を保持できるため，締固め効果が高い。そのため，施工時間が短いなどの利点があるが，冷めにくいので，採用に当たっては交通開放までの養生時間を考慮しておかなければならない。混合物の温度が高いうちに交通開放すると，平たん性が悪くなるばかりでなく，早期にわだち掘れが発生することもある。また，通常のアスファルトフィニッシャで施工が困難な場合は，モーターグレーダやブルドーザなどを使用する例もある。転圧は，初転圧にマカダムローラ，2次転圧にタイヤローラを用いる。

写真-4.3.7　路盤の施工（転圧）

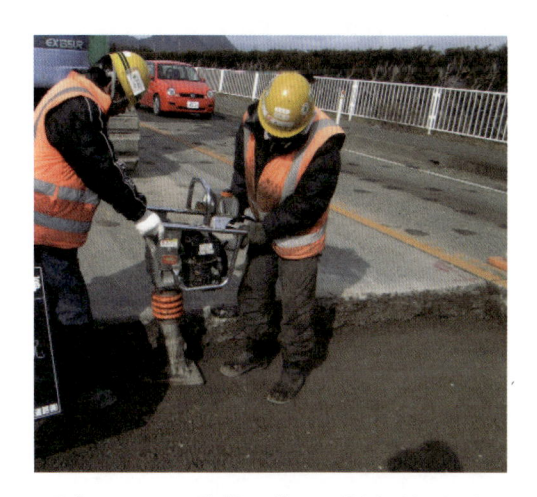

写真-4.3.8　路盤の施工（端部締固め）

人家連担区域や地下埋設物などの関係で，かさ上げ等ができず，舗装の合計厚さを確保するのが困難な場合で，路床の支持力が十分な場合（設計 CBR で6以上）には，路床上に，直接加熱混合物で舗設することがある（フルデプスアスファルト舗装工法）。

また，締固めが不十分になりやすい縁部および隅角部は小型の締固め機で締め固めるようにする（写真-4.3.8）。

(4) アスファルト表・基層の施工

基層は瀝青安定処理路盤と同様な工法にもとづいて舗設すればよいが，表層は平たん性を確保するため施工延長を長くとり，できれば昼間施工で行うのが望ましい。この場合，打換えの区割りに拘らず事前に基層の高さまで切削を行えば（事前切削），施工区割りによる段差を生じさせない施工が可能になる。ただし，表層を施工するまで切削面または基層で交通開放を行うことになり，街渠やマンホールなどに段差が生じているので交通安全上の対策として段差すりつけや降雨に対して排水対策を検討する必要がある。また，砕石やすりつけに用いたアスファルト混合物等が飛散していると，車両走行の安全性が損なわれることや飛び石等で車両を傷つけることがあるので路面清掃を心がける必要がある。

また，規制時間の制約，小さい打換え区間が点在する場合など，表層の高さまで仮舗装を施工し，後日仮舗装を撤去して表層を施工する方法もある。

1）プライムコート，タックコート

既設アスファルト舗装の切断面は，破損部分，ごみ，泥などを取り去った後，立ち上がり部にもブラシなどでタックコートを行う。施工面積が小さい場合，ディストリビュータでタックコー

トやプライムコートの施工が困難な場合もあり，その場合はエンジンスプレーヤ（**写真-4.3.9**）を用いて均等に散布する。

　エンジンスプレーヤによる散布の際にはアスファルト乳剤の飛散を防止するためにベニヤ板を立てるなどの処置を行い，走行車両や沿道の構造物等を汚さないように注意する。また，付帯構造物にアスファルト乳剤が付着することを防止するために構造物をビニールなどで養生するか，水で溶いた石粉を塗布するなどして保護する。

　アスファルト乳剤散布後，作業車両のタイヤ等で剥がされないように，プライムコートでは砂等を均一に散布して養生を行う。タックコートの場合も付着を避けるために車両等の進入は十分アスファルト乳剤が分解するまで養生を行った後とする。また，作業車両のタイヤ等に付着したアスファルト乳剤が既設舗装を汚損してしまうこともあるので，乳剤散布箇所外に石粉等を散布して養生することもある。なお，最近では作業車両のタイヤ等に付着しにくいアスファルト乳剤も開発されており，アスファルト乳剤の剥がれ，既設路面汚損の回避を目的に使用されている。

　2）敷きならし

　混合物の敷きならしには，打換え面積が大きい場合，アスファルトフィニッシャ（**写真-4.3.10**）を用いる。打換え面積が小さい場合には人力により敷きならしを行う。

　2層以上の敷きならしを連続的に行う場合はタックコートを省略する場合もある。なお，2層以上の施工では，アスファルト混合物の種類が異なる場合もあるので，現場での進捗状況を常に把握して待機時間等を十分考慮して出荷する必要がある。

　3）締固め作業

　アスファルト混合物層の転圧は，打換え面積が大きい場合には大型のマカダムローラ（**写真-4.3.11**），タイヤローラ（**写真-4.3.12**）などを用いて，新設の場合と同様に転圧を行うとよい。

写真-4.3.9　乳剤散布（スプレーヤ）

写真-4.3.10　舗設（敷きならし）

写真-4.3.11　転圧（マカダムローラ）

写真-4.3.12　転圧（タイヤローラ）

基層の転圧では，仕上げ面が周囲の舗装面より低いために，縁部および隅角部の転圧が不十分になりやすいため，小型振動ローラなどを用いて縁部および隅角部の締固めを行う。打換えの面積が小さい場合の転圧は，その面積の中で有効に使える小型の鉄輪ローラ（1～2t）か小型の振動締固め機などを用いる。

4）交通開放
転圧終了後の交通開放は，舗装表面の温度がおおむね50℃以下となってから行う。

夏期や夜間作業などで作業時間が制約されている場合，舗装の冷却時間を考慮した舗設作業時間の検討や，舗装冷却機械等による強制的な冷却，中温化技術の適用などの検討を行うとよい。

4-3-2 オーバーレイ工法

オーバーレイ工法は，既設の舗装上にアスファルト混合物の層を重ねる工法である。

沿道に民家が多くあるところでは，オーバーレイによって舗装面が高くなって，民家への出入りがむずかしくなったり，路面水が民家に入り込んだりすることがある。また歩道や軌道面のあるところでは，オーバーレイによって舗装面が高くなり，縁石の高さが低くなったり，路面や軌道面の排水が十分に行われなくなることもある。さらに，トンネル内舗装では，オーバーレイにより建築限界を満足しなくなる場合がある。オーバーレイ工法の採用に当たっては沿道との取り合い，構造物の高さなどを十分検討する必要がある。

アスファルト舗装にオーバーレイを適用するとき，アスファルト混合物をオーバーレイする場合とセメントコンクリートをオーバーレイする場合（ホワイトトッピング工法）に大別される。ホワイトトッピング工法は，設計・施工法がまだ十分確立されていないので，ここではアスファルト混合物によるオーバーレイのみを対象とする。タックコート，アスファルト混合物層の施工などは「舗装施工便覧」にもとづいて施工する。以下，オーバーレイ工法特有の留意事項等を示す。

(1) 準備工

オーバーレイの施工に先立ち，既設アスファルト舗装の破損箇所は，その状況に応じて補修をしておかなければならない。排水設備（暗渠，排水管，側溝など）の破損しているものも補修して路床，路盤に水が入り込まないようにする。また表面にひび割れが生じたものは，ひび割れの状態に応じて補修を行う。

破損が著しく，その原因が局部的な路床路盤の欠陥によると思われるときには局部的に打換えを行う。また，路面にひび割れを生じているときは，必要に応じて，シール材注入やリフレクションクラック対策を行う。特にオーバーレイの厚さが薄い場合は，既設舗装のひび割れが影響して表層にリフレクションクラックが生じやすい。

リフレクションクラック抑制工法には，既設舗装上に薄層の応力緩和層を設ける工法や基層に砕石マスチックなどのアスファルト混合物を用いる工法などがある。応力緩和層にはシート工法，骨材と改質アスファルトや改質アスファルト乳剤等のバインダを交互に散布して応力緩和層を構築するじょく層工法などが用いられ，アスファルト乳剤とプレコート骨材を同時に散布する機械なども開発されている。シートを用いる工法については「4-4-2 (1) アスファルト混合物によるオーバーレイ」を参照する。

なお，オーバーレイの施工にあたっては路面を清掃し，ごみ，泥などを取り除く。清掃には路面清掃車（**写真-4.3.13**）を用いると効率がよい。

写真-4.3.13　路面清掃（路面清掃車）

(2) タックコート

　タックコートには，アスファルト乳剤を用いる。散布量は既設路面の粗さなどによって異なるが，一般的には，0.3～0.6ℓ/m² 程度とする。

　施工面積が小さい場合，ディストリビュータ（**写真-4.3.14**）でタックコートの施工が困難な場合もあり，その場合はエンジンスプレーヤを用いて均等に散布する。

　付帯構造物に乳剤が付着すると清掃が煩雑であるため，構造物をビニールで養生したり，または石粉を水でといた液を塗布するなどして保護する。エンジンスプレーヤによる散布の際にはアスファルト乳剤の飛散を防止するためにベニヤ板を立てるなどの処置を行う。

写真-4.3.14　タックコート（ディストリビュータ）

(3) レベリング工

　オーバーレイを平たんに仕上げるためには，既設舗装の路面を整正しておかなければならない。この作業をレベリング工という。レベリング工は，既設舗装路面の凹部をアスファルト混合物で埋め，あるいは全般的な不陸をとるために薄い混合物層を設けるものである。

　レベリングを行うためには，まず既設舗装表面の不陸の状態を知っておかなくてはならない。局部的な凹みの深さが3cm以下で，オーバーレイを1層で仕上げるときには，凹みをアスファルト混合物で修正し，オーバーレイが2層以上の場合には，1層目をレベリング層としてアスファルトフィニッシャで仕上げる。また，既設舗装の縦断形状または横断形状に欠陥のある場合には，レベリング工によって縦横断形状を修正する。

(4) 舗設

　敷きならしの状況を**写真-4.3.15**、転圧の状況を**写真-4.3.16**に示す。オーバーレイを施工する場合，必要に応じて側溝，街渠，マンホール，ガードレールなどのかさ上げを行わなければならない。マンホールのかさ上げの方法には，事前に行う方法と舗設後に行う方法がある。事前に行う場合は，舗設によりかさ上げ部が動かないようにしっかり固定する必要がある。舗設後に行う方法には，特殊なカッタでかさ上げ部の周りを削孔して，かさ上げ後樹脂系材料ですり付ける工法がある。また，オーバーレイによって路面高が上がった場合には，取付道路や既設舗装との取付けなど，交通の障害とならないようすり付けを行う。

　路側，構造物のすりつけは**図-4.3.1**，起終点部のすりつけは**図-4.3.2**を参考にするとよい。

第4章 維持修繕の実施

写真-4.3.15 オーバーレイ工（敷きならし）

写真-4.3.16 オーバーレイ工（転圧）

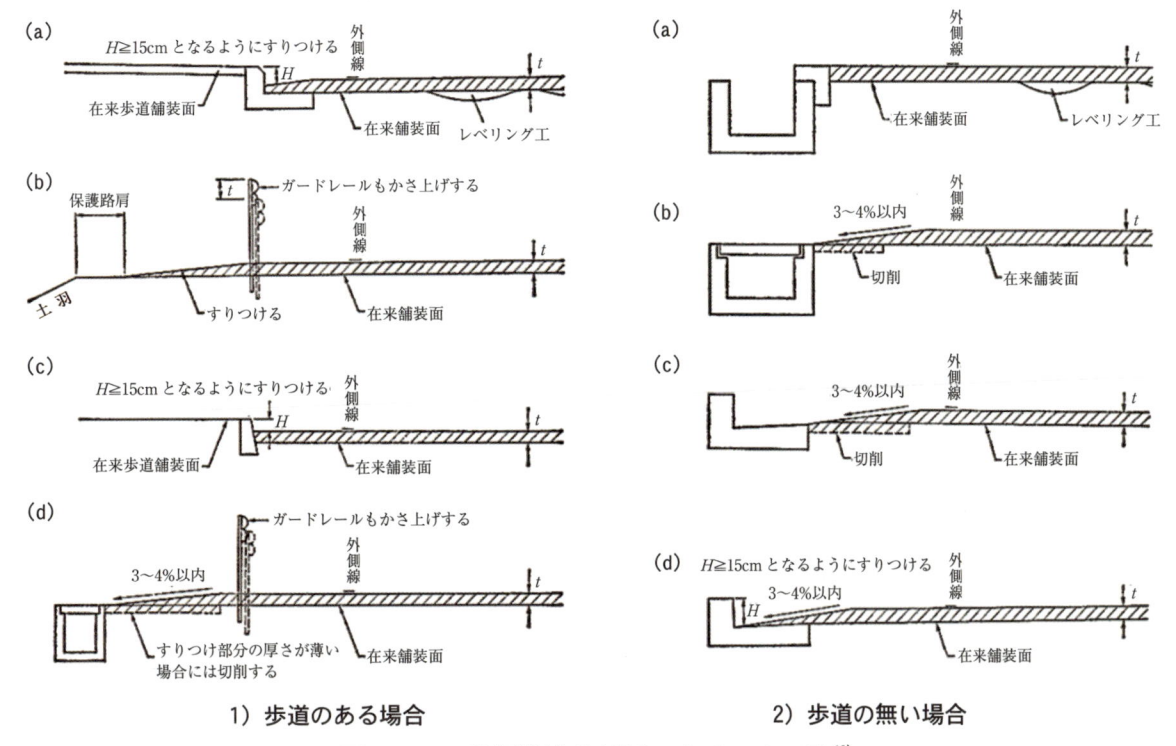

1) 歩道のある場合

2) 歩道の無い場合

図-4.3.1 路側構造物付近のすりつけの例[18]

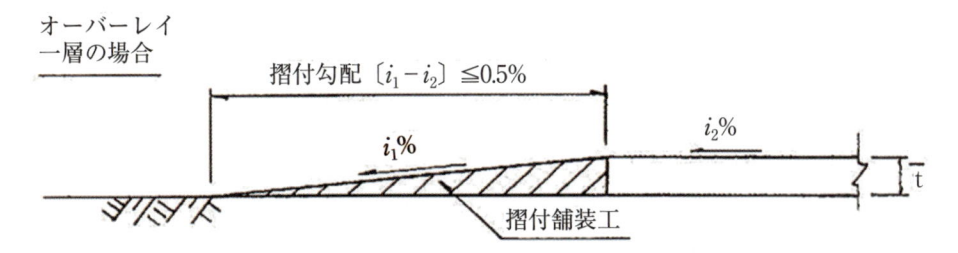

図-4.3.2 本線の起終点部のすりつけの例[19]

オーバーレイは，新設舗装のように一定の厚さに仕上がるものではない。既設舗装には不陸がある場合が多いため，オーバーレイで縦横断形状を整えることになる。そのためにオーバーレイの厚さは平均厚さで表される。

(5) 適用上の留意事項

既設路面上にポーラスアスファルト混合物をオーバーレイする場合，既設舗装が雨水の浸水により剥離し早期に破損することがある。このため，オーバーレイは1層目に剥離抵抗性に優れたアスファルト混合物，2層目にポーラスアスファルト混合物を用いた2層構造とすることが望ましい。

オーバーレイ厚さの制限や施工時間などの施工上の制約で2層施工できない場合，図-4.3.3に示すような2層同時に施工ができるアスファルトフィニッシャが開発されているので適用を検討するとよい。

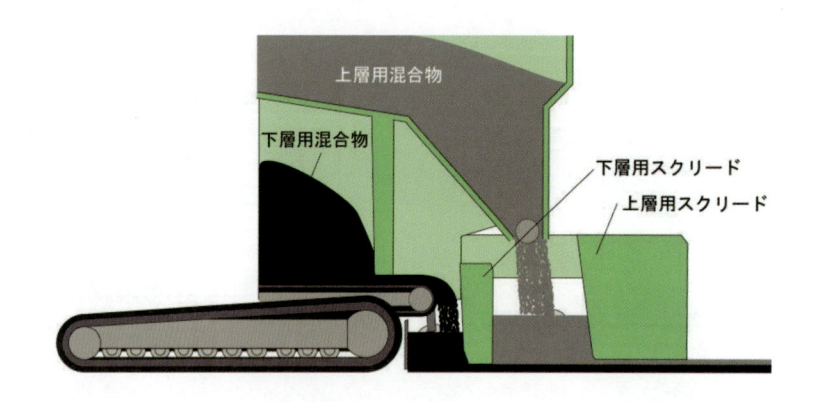

図-4.3.3　2層同時施工アスファルトフィニッシャ施工模式図

また，1層構造とする場合は，下層の剥離抵抗性を十分に確認した上で，事前にレベリングや切削を行い，オーバーレイ層に水が滞留しないようにした後に遮水処理を行うとよい。遮水処理の方法には，乳剤散布装置付きアスファルトフィニッシャで特殊改質アスファルト乳剤を$1.2\ell/m^2$散布しながら舗設する遮水型排水性舗装工法（図-4.3.4参照）やタックコート（アスファルト乳剤）の代わりに特殊改質アスファルトコンパウンドを散布する工法などがある。

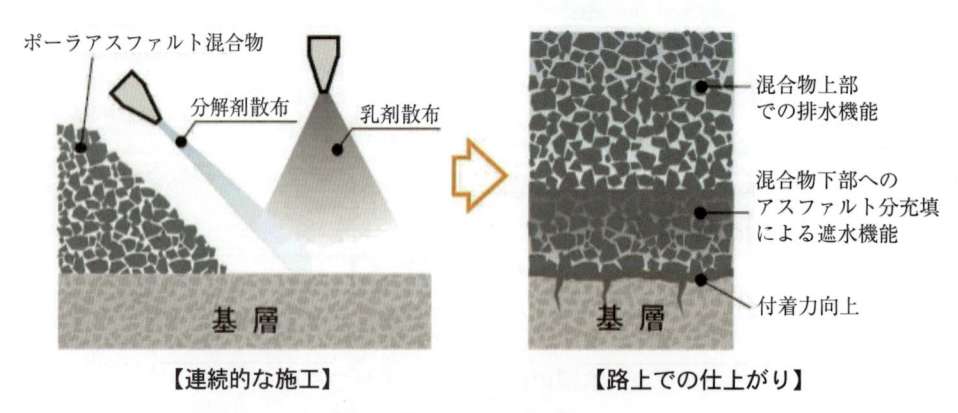

図-4.3.4　遮水型排水性舗装の施工と仕上がり例

4-3-3　表層・基層打換え工法（切削オーバーレイ工法）

表層・基層打換え工法は，既設舗装を表層または基層まで打換えるもので，切削により既設アスファルト混合物層を除去する場合は切削オーバーレイ工法と呼ばれる。既設アスファルト混合物層の除去を切削としない場合，「4-3-1 (2) 　既設舗装の取壊し，掘削」を参照する。

切削オーバーレイ工法は，既設アスファルト混合物層の一部を切削した後にオーバーレイを行う工法である。アスファルト混合物層を全て切削する場合，切削後の作業は「4-3-1(4)　アスファルト表・基層の施工」を参照する。

(1) 切削

切削中，機械（写真-4.3.17）が左右に傾いたり，進行方向に上下しないよう注意し，計画高さに合わせて正確に切削しなければならない。

最近では，切削ドラムのビットのピッチを非常に小さくしてきめの細かな仕上げとする工法も開発されている。この工法は，従来のものより低騒音，低振動で施工できる。

切削溝の中には切削屑などが残りやすいので，取り残さないよう注意しなければならない。

(2) オーバーレイ

「4-3-2　オーバーレイ工法」を参照する。

写真-4.3.17　切削状況

(3) 適用上の留意事項

1）橋面舗装への適用

施工方法は一般の舗装と同様に行えばよいが，橋面上では特に次の点に注意する。

① 切削時における注意
- コンクリート床版では，床版の不陸のために舗装厚さが一定ではない場合もあるので，既設舗装を切削する際に床版を削らないように注意する。
- 鋼床版では，リベットヘッド，ボルトヘッドなどがとび出ている場合が多いので，あらかじめ調査し，切削前の既設舗装面にその位置を示しておき，削らないように注意するとともに，その箇所は人力で作業する。鋼床版では，切削機を使用せずに電磁誘導加熱により床版を加熱することで，床版を傷めずに舗装を撤去する工法も開発されている。
- コンクリート床版，鋼床版ともに伸縮装置および橋梁取付部を破損させないように注意し，手前で機械を止め，残りは人力による作業できれいに削り取る。また，ゴムジョイントを使用している箇所は，加熱による損傷に注意する。

② 舗設時における注意
- 橋面では，伸縮装置部および橋梁取付部周辺は締固め不足となりやすく，供用後沈下し段差となることがあるので，余盛量に十分注意する。伸縮装置部の舗装仕上げは，伸縮装置より若干高め（2～3mm）に仕上げるとよい。

2）トンネル内舗装への適用

トンネル内の舗装は，通常の場合，路床が岩盤であることから，舗装厚さは一般部の道路よりも薄く設計される場合が多い。また，掘削の際の路床高さのばらつきや，中央排水管の埋設のため路盤厚さの不均等などから支持力が不均一になりがちである。さらに，完成した後でも，湧水

による漏水の影響は避けられず，路盤は建設当時の状態を維持することは難しい。したがって，トンネル内の舗装の維持修繕は，止水や導水工法を施すなど漏水対策を十分考慮して実施しなければならない。

3）ポーラスアスファルト舗装への適用

切削後にポーラスアスファルト混合物をオーバーレイする場合，側溝や雨水桝等の排水施設に雨水を誘導するために，導水パイプや導水帯を端部に施工することがある。

その他の留意事項は「4-3-2 オーバーレイ工法 （5）適用上の留意事項」参照する。

4-3-4 路上路盤再生工法[20]

路上路盤再生工法は，路上において既設アスファルト混合物を現位置で破砕し，同時にこれをセメントや瀝青材料等の安定材と既設粒状路盤材とともに混合，転圧して，新たに安定処理路盤を構築するものである。また，既設アスファルト混合物層をすべて取り除き，既設粒状路盤材のみに安定材を添加して新たに安定処理路盤を構築する場合も含む。

本工法は以下のような特徴を有している。

・全層打換え工法と比較して舗装発生材が少ない。
・全層打換え工法と比較して施工速度が早く，工期短縮が図れる。
・全層打換え工法よりコスト縮減が図れる。
・既設粒状路盤材料のみで安定処理を行う場合，かさ上げを行うことなく舗装の構造強化が図れる。
・舗装発生材や路盤材料などの運搬が少ないことから，施工時のCO_2排出量の抑制が期待できる。

路上再生路盤材の品質性状，およびそれを含む舗装断面の設計は「舗装再生便覧」による。

(1) 準備工（設計）

路上路盤再生工法には，路上再生セメント安定処理，路上再生セメント・瀝青安定処理がある。路上再生セメント・瀝青安定処理には，瀝青系材料に石油アスファルト乳剤を使用する路上再生セメント・アスファルト乳剤安定処理と，フォームドアスファルトを使用する路上再生セメント・フォームドアスファルト安定処理がある。このほかにも，路上再生瀝青安定処理工法として，瀝青系材料にフォームドアスファルトを使用する路上再生フォームドアスファルト安定処理工法がある。

本工法の設計・施工方式には以下の3方式がある。

1）既設舗装をそのまま安定処理する方式

路上において既設アスファルト混合物を現位置で破砕し，同時にこれをセメントや瀝青系材料などの安定材と既設粒状路盤材料とともに混合，転圧して新たに安定処理路盤を築造する方式である。主に舗装計画交通量1,000（台/日・方向）未満（交通区分N_5）の箇所やアスファルト混合物層が比較的薄い舗装の箇所に適用される。図-4.3.5に既設舗装をそのまま安定処理する方式の適用例を示す。

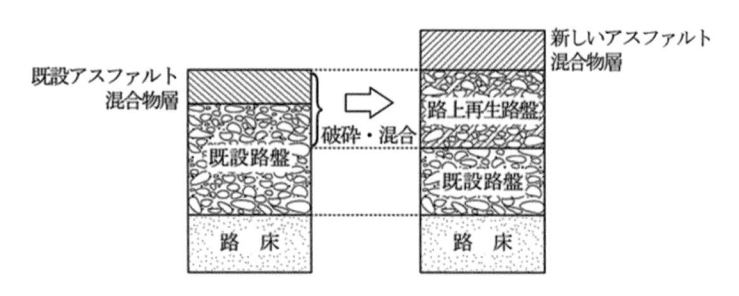

図-4.3.5　既設舗装をそのまま安定処理する方式の適用例

2）かさ上げが困難な場合に事前処理を行ってから安定処理する方式

　事前処理には，既設アスファルト混合物の一部を切削する場合と，既設のアスファルト混合物層や既設路盤を路上破砕混合機で予備的に破砕した後，余剰分を撤去する場合がある。主に舗装計画交通量 3,000（台/日・方向）未満（交通区分 N_6）の箇所やアスファルト混合物層が比較的厚い舗装の箇所に適用される。**図-4.3.6** に事前処理を行ってから安定処理する方式の適用例を示す。

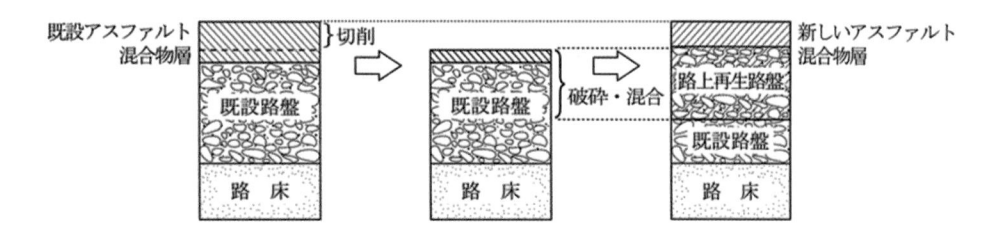

図-4.3.6　事前処理を行ってから安定処理する方式の適用例（切削方式）

3）既設路盤のみを安定処理する方式

　かさ上げが困難であると同時に，等値換算厚が不足する場合に，既設アスファルト混合物層すべてを掘削または撤去して，既設粒状路盤材のみを安定処理する方式である。舗装計画交通量にとらわれることなく，アスファルト混合物層が比較的厚い舗装の箇所に適用される。**図-4.3.7** に既設路盤のみを安定処理する方式の適用例を示す。

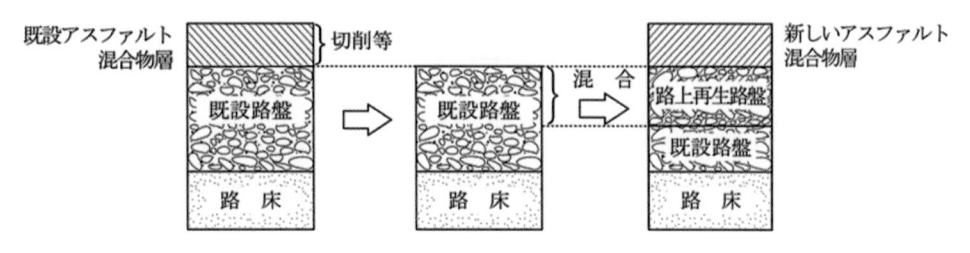

図-4.3.7　既設路盤のみを安定処理する方式の適用例

　既設アスファルト混合物層および既設路盤材料の破砕混合には，通常路上破砕混合機が使用される。このほか，通常の路盤工を施工する際に用いられている機械が必要である。また，安定材の供給には，運搬用のローリなどを使用することもある。既設アスファルト混合物層が 10cm より厚い場合など，路上破砕混合機による破砕混合の前に，表層の一部を切削する場合があり，これには路面切削機を用いる。なお，構造物付近で路上破砕混合機の使用が不可能な箇所の施工には，バックホウなどの機械が必要となる。

　通常の路盤工を施工する際に用いる施工機械については「舗装施工便覧」を参照する。

(2) 施工手順

本工法は，混合後の厚さが処理厚よりも15～20%程度厚くなるため，安定材の種類，既設アスファルト混合物層の厚さ，仕上がり高さの制限の有無（路面のかさ上げの有無）等によって施工手順が異なる。

また，既設アスファルト混合物層が10cmより厚い場合，仕上がり高さを調整する必要がある場合，または補足材を補充する場合などには，事前に余剰となる材料を取除いておくために，事前処理を伴う施工手順により施工する。なお，事前処理によって発生した余剰材料の原位置での再利用が困難な場合には，再生プラントへの搬出等により再生利用することを原則とする。以下に，施工手順について示すが，実施にあたっては，これらに固執することなく，状況に応じて柔軟に対処することが肝要である。

1）事前処理を伴わない施工手順

事前処理を伴わない施工手順は，既設アスファルト混合物層を現位置で破砕し，同時に安定材と既設粒状路盤材料とともに混合し，締め固めて安定処理路盤を構築する場合（図-4.3.5 参照）に適用される。

事前処理を伴わない施工手順例を図-4.3.8に示す。

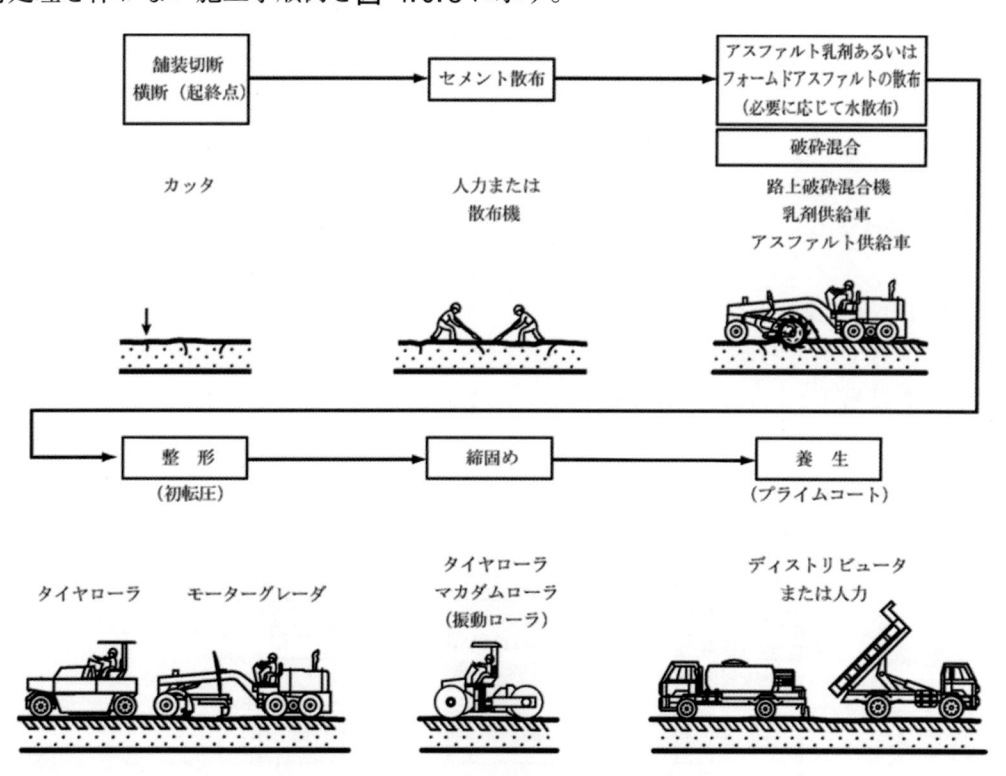

〔注〕振動ローラは，処理厚が厚い場合に用いる。

図-4.3.8　事前処理を伴わない施工手順（路上再生セメント・瀝青安定処理の場合）

2）事前処理を伴う施工手順

事前処理を伴う施工手順は，かさ上げが困難で仕上がり高さを調整する必要がある場合，補足材を補充する場合，既設アスファルト混合物が厚い場合，あるいは既設の粒状路盤材料のみで安定処理を行う場合（図-4.3.6，図-4.3.7参照）に適用される。

事前処理を伴う施工手順を図-4.3.9に示す。

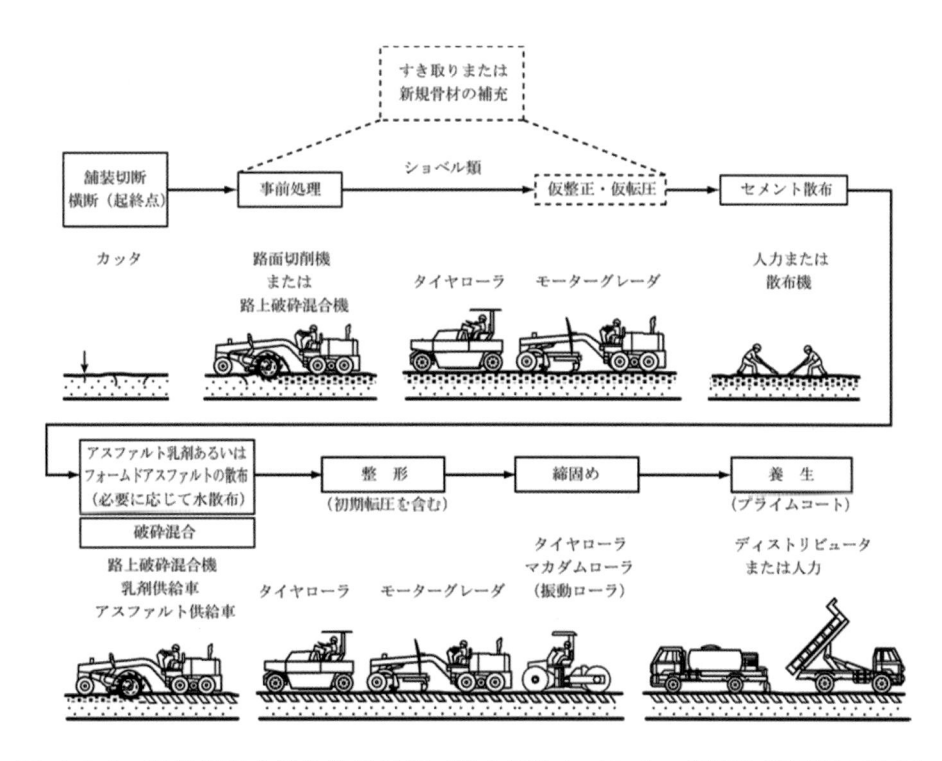

図-4.3.9　事前処理を伴う施工手順（路上再生セメント・瀝青安定処理の場合）

4-3-5　路上表層再生工法[20]

　路上表層再生工法は，路面性状や既設表層混合物の品質の改善を目的として，現位置において既設アスファルト混合物層の加熱，かきほぐし，混合（攪拌），敷きならし，締固め等の作業を連続的に行い，新しい表層として再生する工法で以下のような長所を有する。

・既設表層混合物を現位置で再生利用するため，現場から搬出される舗装発生材を減らすことができる。
・既設表層混合物を再生利用するため，新たなアスファルト混合物などの使用量を節約できる。
・加熱した状態でかきほぐしを行うため，これにともなう振動，騒音が従来の切削工法に比較して小さい。再生されるアスファルト混合物の品質，およびそれを含む舗装断面の設計は，「舗装再生便覧」による。

　施工方式には，リミックス方式，リペーブ方式がある。リミックス方式およびリペーブ方式の作業の概要を表-4.3.1に示す。

　施工機械には，再生用路面ヒータ，再生用添加剤散布機，路上表層再生機および締固め機械などがある。再生用路面ヒータおよび路上表層再生機は，本工法専用の施工機械であり，それぞれ所定の機能を有するものを使用する。

　路上表層再生機には，リミキサとリペーバがある。リミキサは，既設表層混合物をかきほぐすとともに中央に集積し，新たなアスファルト混合物などと混合し，敷きならすことのできる機械である。リペーバは，既設表層混合物をかきほぐし，攪拌した後に敷きならし，同時にその上部に新たなアスファルト混合物を敷きならすことのできる機械である。

　締固めには，通常のアスファルト舗装と同様の締固め機械を使用するが，混合物の締固め温度が通常のアスファルト舗装における温度よりも低いため，より能力の大きな締固め機械を用いることが望ましい。一般には，10t以上のロードローラと15t以上のタイヤローラを組み合わせるか7t以上の振動ローラ（鉄輪タンデム型）と15t以上のタイヤローラを組み合わせることが多い。

第4章　維持修繕の実施

再生用添加剤散布機は，正確な散布量管理が行えるものとする。再生用添加剤散布装置を路上表層再生機に装備している場合には，手動または自動により走行速度と吐出量との調整が行えるものを使用する。

表-4.3.1　路上表層再生工法の概要

方式	作業の概要
リミックス	加熱（再生用路面ヒータ）　かきほぐし　混合（リミキサ）　敷きならし　締固め（締固め機械）
リペーブ	加熱（再生用路面ヒータ）　かきほぐし・攪拌（リペーバ）　敷きならし　締固め（締固め機械）

（1）施工手順

施工に先立ち設計図書等を熟読し工事の内容を正確に把握する一方，施工前に現地を十分に踏査して現場条件の確認と設計内容の検討を行い，特に連続施工が行えるように適切な施工計画を立案する。

1）事前処理

局部的に基層以下まで破損の生じている箇所や不良な既設表層混合物がある箇所があれば，事前に打換えを行う。わだち掘れの大きな箇所では，わだち掘れ深さが 30mm 以内となるように，路面切削機などにより事前に凸部の除去を行っておく。また，L 型側溝など路側構造物とのすり付けをよくするため，同様に処理しておく。マンホール，ハンドホール等の道路占用物の周囲部，および橋梁継手前後部においては，本工法によるかきほぐしが困難なため，既設舗装を除去するなど事前処理をしておく。溶着式の横断歩道，路面標示文字およびゼブラマークなどは，路面切削機等により事前に除去しておく。隣接して植樹帯がある場合には，必要に応じて防災シートなどにより遮熱し保護する。また，付近に可燃性のものがある場合には，防火対策を講ずる。

2）施工の準備

本工法においては，施工時の機械編成延長が 50～100m となるため，それを考慮して作業帯の設置を行う。作業帯において，路面の清掃や異物の除去を行う。特に砂や泥などは加熱効率を悪くするので，水で洗い流すことが望ましい。再生用添加剤を使用する場合には，これらを小分けにし，所定間隔毎に配置する。ただし，再生用添加剤を路上表層再生機等に積載して用いる場合には，その必要はない。

施工起点部は所定の再生作業が困難なため，かきほぐし装置から敷きならし装置終端までの長さを新たなアスファルト混合物に置き換えることが望ましい。

3）作業工程

施工方式別の標準的な作業工程と機械編成の例を図-4.3.10 に示す。なお，新たなアスファルト混合物を供給する装置が別編成となっている場合もある。

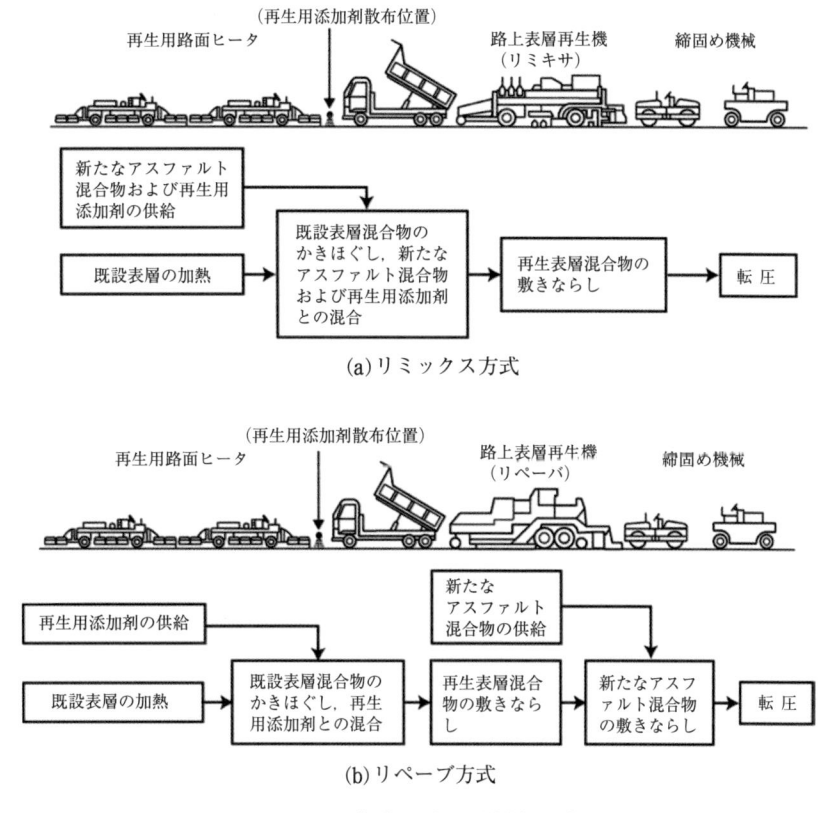

図-4.3.10 作業工程と機械編成の例

(2) 施工上の留意事項

1) 一般的な留意事項

- 新たなアスファルト混合物を供給した分，舗装の仕上がり面が高くなることに留意する。
- 施工機械の能力が十分な場合でも，事前処理が不十分であったり，材料や燃料の手配が悪いと，連続的な施工が困難となり出来形や品質の低下をまねく。したがって，事前に綿密な計画を立てるとともに，材料や燃料の到着が遅れるような場合には施工速度を下げるなどの手段により対応をはかる。
- 新たなアスファルト混合物の使用量が少ないほど，再生表層混合物は気象条件の影響を受けやすく温度低下も早い。したがって，このような場合には新たなアスファルト混合物の保温対策を行い既設表層も十分に加熱したうえ，再生表層混合物の締固めも早期に実施する必要がある。
- 交通開放時の舗装表面の温度は50℃程度以下が望ましい。ただし，この工法においてはかきほぐし面以下も加熱され温度が高くなっていることから，気温，天候によっては温度低下が遅いこともあるため留意する。

2) 寒冷期における留意事項

寒冷期に施工を行うことは，所定の品質を得がたいので避ける。しかし，やむを得ず気温5〜10℃の条件で施工を行う場合には，「舗装施工便覧」に示される寒冷期の舗設対策に準ずるほか，以下のような対応策をとることが肝要である。

- 既設表層が十分な温度となるよう複数の再生用路面ヒータを使用したり，締固め効果を高めるため初転圧に締固め能力の大きな振動ローラを用いる。
- 路上表層再生機のホッパに帆布をかけるなど新たなアスファルト混合物の保温対策をとる。

4-4 コンクリート舗装の修繕工法

コンクリート舗装の修繕工法もアスファルト舗装同様，維持工法では十分な回復効果が期待できない場合に実施されるもので，打換え工法，オーバーレイ工法等がある。修繕工法はいずれも工費のかさむものであるから，その採否，工法等の選定は「第3章　維持修繕の実施計画」を参照して，十分な調査を行い破損の原因を考慮して慎重に検討しなければならない。

なお，ここでは「4-3　アスファルト舗装の修繕工法」と同様に供用中の路線における修繕工事の留意点等を記述する。

4-4-1　打換え工法

打換え工法は，既設のコンクリート版および路盤もしくは路盤の一部まで打ち換えるもので，状況により路床の置換え，路床または路盤の安定処理を行うこともある。

打換え工事の工程の中で，既設舗装の取壊し，掘削・運搬以後の路床・路盤の施工からは「舗装施工便覧」に基づいて施工する。路床・路盤の施工までは，アスファルト舗装およびコンクリート舗装に共通するので，共通部分は「4-3-1　打換え工法」を参照する。

(1) 準備工（計画）

打換えの舗装厚の設計は「舗装設計便覧」による。なお，暫定的に修繕する場合は，隣接する舗装厚に準じて設計してもよい。

道路の横断方向には縦目地を，道路の延長方向には横目地を境界として打換え面積を決めることを原則とする。また，打換えの形状は四角形を原則とする。打換え面積が大きいほど施工機械が活動しやすく，道路の延長方向には，少なくとも20m以上になるようにすることが望ましい。

(2) 既設舗装の取壊し，掘削

１）既設舗装の切断

コンクリート舗装の場合，コンクリート版を目地で仕切られた範囲内で取り壊すときには問題ないが，切口をきれいに直線に仕上げるためには，カッタを用いる。

２）既設舗装の取壊し

既設コンクリート版の取壊しは，版1枚を最小単位として行う。その他については，「4-3-1(2) 既設舗装の取壊し，掘削」を参照する。ただし，コンクリート版には鉄網があるので，路面切削機による取壊しは行わない。

３）掘削，積込み

「4-3-1(2)　既設舗装の取壊し，掘削」を参照する。

(3) 路床・路盤の施工

「4-3-1(3)　路床・路盤の施工」を参照する。

(4) コンクリート版の施工

コンクリート舗装の打換えは，現場打ちコンクリートによる方法とプレキャスト版による方法がある。現場打ちコンクリートには，転圧コンクリート舗装も含まれるが，ここでは一般のコンクリートによる施工について記述する。

１）コンクリート版の施工（現場打ち）

コンクリート舗装の打換え（**写真-4.4.1**）は，コンクリートの養生を必要とするために，アスファルト舗装に比べて道路交通に与える影響は大きい。したがって，その施工方法，施工時間，

第4章　維持修繕の実施

工程などを決める場合には，何よりも道路交通に与える影響を少なくするようにしなければならない。

施工したコンクリート版の養生期間は，現場養生を行った供試体の曲げ強度が配合強度の70％以上になるまでとし，交通開放時期も養生期間完了後とする。養生期間を試験によらないで定める場合は，早強ポルトランドセメントを使用する場合で1週間，普通ポルトランドセメントを使用する場合は2週間，高炉セメントを使用する場合3週間を標準とする。

写真-4.4.1　コンクリート打設状況

タイバー，ダウエルバーなどはたとえ既設舗装版で使用していなくても，再破損を防ぐために打換え舗装版では使用したほうがよい。また既設舗装版に使用されていたタイバー，ダウエルバーなどで，取壊しの際にバーを損傷することなく撤去することが可能な場合は，防錆処理等を施し再利用してもよい。再利用にあたっては，バーに錆や痩せ，切断などの損傷がないこと十分に確認すること。

施工にあたっては，次の事項に留意する。
・既設版との目地処理は，「4-4-3　局部打換え工法」を参照する。
・打換えを行うコンクリート版の横目地は，原則として「舗装設計便覧」に従って定めるが，片車線のみを打換える場合には，反対側の既設コンクリートの目地に，位置および目地構造の種類を合わせる。なお，既設コンクリートと打換えコンクリート版と接する縦目地は原則としてタイバーを設置する。
・打換えコンクリート版を舗設する場合に，既設の路側構造物と打換えコンクリート版との縦自由縁部との間には，アスファルト目地板などを用いて縁を切る。
・打換えコンクリートの舗設方法は「舗装施工便覧」に準じて行うが，大型舗設機械の適用が困難な場合や施工面積が小さい場合などには，その舗設方法に応じたコンシステンシを有するコンクリートを使用する。

2）プレキャスト版による打換え工法

プレキャスト版による打換えは，セメントコンクリートの養生が不要なため，早期の交通開放が可能である。施工は「舗装施工便覧」に基づいて行う。

プレキャスト版による打換え工法は以下の手順で行う。

① プレキャスト版敷設範囲を，カッタで切断し，大型コンクリートブレーカ等で破砕して搬出する。既設コンクリート版に吊上げ用のアンカーを埋設し，版を壊さずに搬出する場合もある。
② 路盤の不陸整正を行い，十分に転圧する。必要に応じて補足材を追加する。
③ プレキャスト版と路盤の間の空隙に充填するグラウトが路盤に浸透，流出するのを防ぐためビニールフィルムを敷設する。
④ 高さ調整用ボルトの支持用鉄板を敷設する。
⑤ プレキャスト版は，トラックやトレーラなどにより運搬し，クレーンを用いて吊上げて所定の位置に敷設する（写真-4.4.2）。プレキャスト版の大きさや作業環境に応じた運搬車，クレー

第4章　維持修繕の実施

ン等の選択には特に注意する。
⑥　敷設したプレキャスト版と周囲との段差をなくすために高さ調整を行う。高さ調整は，通常，プレキャスト版にあらかじめ埋め込んだボルトにより行うことが多い。
⑦　周囲の版とダウエルバーやタイバーで連結する場合もある。
⑧　敷設したプレキャスト版と路盤の間の空隙を，あらかじめプレキャスト版に設けたグラウトホールから超速硬セメント系グラウト材を注入し，充填する。グラウトは圧力を加えずに自然流下によって注入する。注入は，勾配の下側から行い，他のグラウトホールから充填状況を確認し，確実に充填する。

写真-4.4.2　プレキャスト版敷設状況

4-4-2　オーバーレイ工法

オーバーレイ工法は，既設の舗装上にコンクリートまたはアスファルト混合物の層を舗設する工法である。オーバーレイをすることによって，舗装版の厚さが増すので，コンクリート版および路盤に作用する荷重を減少させることができる。また，アスファルト混合物でオーバーレイを行うとコンクリート版の目地やクラックが覆われるため，自動車の走行性がよくなり，舗装版への衝撃を減少させる効果がある。しかし，供用性能を長期にわたり確保するためには，既設コンクリート舗装版目地に起因したクラックを抑制するための対策工法が必要である。既設目地への対策により，雨水の防水効果が期待できる。

以下，コンクリート舗装上にアスファルト混合物でオーバーレイする場合とセメントコンクリートでオーバーレイする場合について記す。

(1) アスファルト混合物によるオーバーレイ（アスファルトオーバーレイ）

タックコート，アスファルト混合物層の施工は「舗装施工便覧」にもとづいて施工する。以下，修繕工事特有の留意事項等を示す。

1）オーバーレイの厚さ

アスファルト混合物によるオーバーレイ厚の設計は，アスファルト舗装のオーバーレイの設計によるものとする。ただし，オーバーレイ厚の最小厚は8cmとすることが望ましい。オーバーレイ厚が10cm以上になる場合には，コンクリート版の上に砕石マスチック（5cm厚）を用いると，リフレクションクラックの抑制に効果がある。

2）リフレクションクラック対策工法

オーバーレイを実施した場合に，その厚さが薄いと既存のコンクリート版の目地やひび割れが影響してアスファルト表層にリフレクションクラックが生じることが多い。このため，オーバーレイしたアスファルト表層にカッタ目地を設けて，無秩序にクラックが発生しないようにする対策などを行う。カッタ目地を設けない場合は，リフレクションクラックを抑制する工法を適用することが望ましい。

リフレクションクラック抑制工法には，薄層の応力緩和層を敷設する工法，砕石マスチックを基層に用いる工法などがあり，コンクリート版のひび割れ部分にバーステッチ工法を併用するこ

ともある。

薄層の応力緩和層を敷設する工法には，シート工法，骨材と改質アスファルトや改質アスファルト乳剤等のバインダを交互に散布して応力緩和層を構築するじょく層工法などがある。いずれの工法もリフレクションクラックの発生を遅らせる効果はあるものの，完全に発生を防止できるとは限らないことを考慮しておく必要がある。

以下にシートを用いる場合の一般的な作業手順を示す。

シートの施工にあたっては，シートを路面に十分密着させることが大切である（写真-4.4.3）。代表的なシートの敷設は，以下の手順で行うが，各種の製品があるので使用する材料はメーカーの仕様に従う。

① 目地やひびわれのすき間にたまっているごみ，泥等をきれいに取り除く。

② 目地やひびわれのすき間に，アスファルト乳剤によるモルタルや注入材料等を充填し，こて，タンパなどでたたいて十分締め固める。なお，ひびわれ幅が10mm以上に達するような場合には，このモルタルに7号砕石を加えた混合物やパッチング材料等を用いる。

写真-4.4.3　シート敷設の例

③ 大きな不陸，局部的に陥没した部分などには，その深さの1/2を最大粒径とするアスファルト混合物やパッチング材料等で整正する。段差部についても同様とする。

④ シートを敷設する部分のコンクリート面に，図-4.4.1に示すようにシート幅にわたりアスファルト乳剤等の接着剤を塗布する。その上にシートを敷設し，十分に密着させる。シートの継目は，シートを5～8cm程度重ね合せて接着する。なお，接着剤に溶剤系の材料を用いる場合は，十分養生を行いアスファルト混合物をカットバックしないように注意する必要がある。

⑤ シートを転圧し，十分に密着したことを確認する。

⑥ シートの密着を確認したのち，オーバーレイを行う。舗設時にシートがはがれないようにするには，クローラタイプのフィニッシャを用いるのがよい。図-4.4.2に示すように，2車線にわたってシートを敷設した路面をオーバーレイする場合には，勾配の高い車線から作業を開始する。これによってシート下に雨水が浸透するのを防止でき，シートが路面から剥離するのを防ぐことができる。

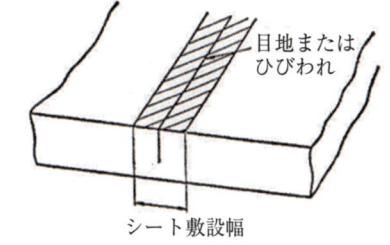

図-4.4.1　シートの敷設[18]

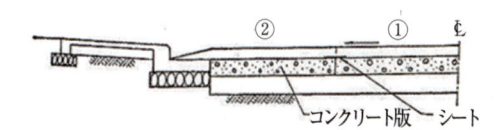

図-4.4.2　2車線の場合の舗設順序[18]

3）施工

オーバーレイを施工する前に，コンクリート舗装版の破損の著しいものは打換えを行い，必要に応じて注入工法を併用する。これらの施工が終了した後，目地およびひび割れの充填を丁寧に施工する。オーバーレイの施工にあたっては，まずコンクリート舗装版の表面を清掃し，ゴミ，

泥などをきれいに取除く。アスファルト混合物によるパッチング箇所などで，部分的に既設のアスファルト混合物が残っていると，剥離を起こす懸念があるため完全に除去する。コンクリート表面の清掃が終わったら，タックコートを施す。タックコートに使用する瀝青材料はできるだけ少量とし，均一に散布する。アスファルト混合物の舗設作業は「舗装施工便覧」によるが，コンクリート舗装の表面に凹凸，波，段差などがあるときは，あらかじめそれらを局部的にアスファルト混合物で修正しておくか，あるいはレベリング層を設けて修正する。ただし，オーバーレイにポーラスアスファルト混合物を使用する場合は，2層構造としたり，「4-3-2(5)」に示す遮水処理を行う必要がある。

施工は，アスファルト舗装のオーバーレイと同様だが，特に次の事項に留意する。
- オーバーレイ厚が厚くなる場合には，歩道縁石，側溝等の付帯構造物をかさ上げする。
- 目地・ひび割れの充填，3cm以上の段差すりつけ，深さ3cm以上の摩耗，縦断方向の大きな凹凸の不陸整正および角欠けなどの欠陥部の補修を事前に行う。

(2) コンクリートによるオーバーレイ（コンクリートオーバーレイ）[21]

コンクリートによるオーバーレイの施工は「舗装施工便覧」のコンクリート舗装にもとづいて施工する。

コンクリートによるオーバーレイは，既設コンクリート版とオーバーレイとの境界状態により，分離オーバーレイ工法（分離かさ上げ工法），直接オーバーレイ工法（直接かさ上げ工法），付着オーバーレイ工法（付着かさ上げ工法）の3タイプに分類される（表-4.4.1）。ここでは，付着オーバーレイについて述べる。

表-4.4.1 コンクリートオーバーレイの分類

分類	特徴	舗装断面
分離（非付着）オーバーレイ工法（t=15cm以上）（分離かさ上げ工法）	既設コンクリート版とコンクリートオーバーレイとの間に分離層を設ける工法。既設版の目地位置に関係なくオーバーレイの目地を設けることができる。既設版の破損が著しい場合に有効であるが，オーバーレイ厚は最も大きい。	（目地）／Co.オーバーレイ／分離層／既設版
直接（半付着）オーバーレイ工法（t=13cm以上）（直接かさ上げ工法）	既設コンクリート版の表面を清掃する程度で，オーバーレイコンクリートを打ち継ぐ工法。既設版の目地位置に合わせてオーバーレイの目地を設ける必要がある。オーバーレイ厚は分離オーバーレイの場合より小さい。	（目地）／Co.オーバーレイ／既設版
付着オーバーレイ工法（t=5cm以上）（付着かさ上げ工法）	既設コンクリート版の表面を研掃後コンクリートオーバーレイを打ち継ぎ，新旧コンクリートを完全に付着させる工法（既設版のわだち掘れが著しい場合等には研掃前に切削を行う）。既設版の目地位置に合わせてオーバーレイの目地を設ける必要がある。さらに，既設版にアンカーボルトを打ち込む場合もある。オーバーレイ厚は3工法のうちで最も小さい。	（目地）／Co.オーバーレイ／既設版

付着オーバーレイ工法は，既設コンクリート版とコンクリートオーバーレイとが一体となるように，既設版表面の付着処理を行ったのち，オーバーレイコンクリートを5〜10cm程度打ち継ぐ工法であり，主に道路のコンクリート舗装や橋梁床版（床版増厚工法），空港コンクリート舗装などで採用されている。「薄層コンクリートオーバーレイ」とも称される。

オーバーレイに使用するコンクリートには，鋼繊維補強コンクリート（SFRC）が多く用いられるが，プラスチック繊維補強コンクリート（PFRC）やこれらの繊維を混入しない普通コンクリート（プレーンコンクリート）が採用された事例もある。

付着オーバーレイ工法の場合は，オーバーレイ厚が既設コンクリート版より薄いコンクリートとなることから，既設版のひびわれ等の影響を受けやすい。したがって，原則として構造的な破損を生じていないコンクリート版が補修の対象となる。一般の道路においては，すりへり作用によるわだち掘れを生じた路面の補修への適用が多い。

付着オーバーレイ工法は，既設コンクリート版とオーバーレイとを完全に付着させることが重要な点である。付着オーバーレイ工法の施工の流れは図-4.4.3に示すとおりであり，その手順を以下に示す。

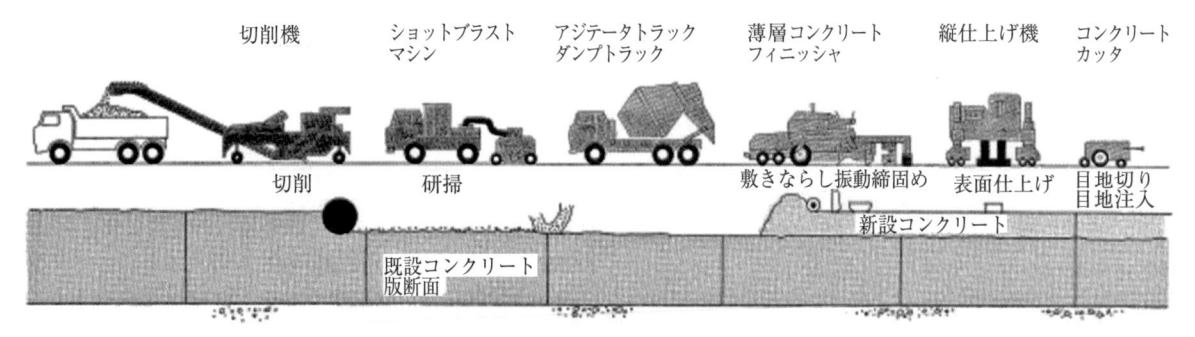

図-4.4.3 施工手順[21]

1）切削工

特に摩耗してわだち掘れを生じた路面では，まず切削機による切削を行う。この際，施工予定幅員より既設版の幅が広い場合には，図-4.4.4に示すように施工幅の両側にカッタを入れることもある。

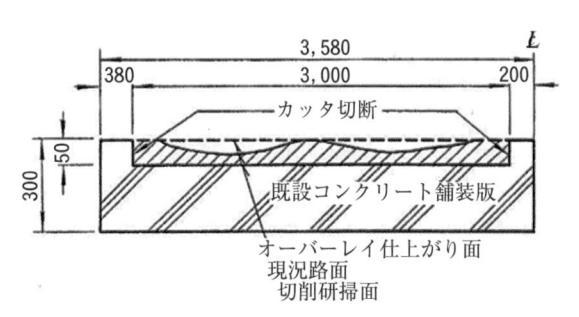

図-4.4.4 トンネル内の施工断面例[21]

2）研掃工

既設版表面の不良（汚れ，浮き，中性化等）部分の除去，ショットブラスト（写真-4.4.4）等による研掃処理を行う。長期的な付着を期待して，研掃と併用して既設版表面に樹脂系接着剤を塗布する場合もある。

3）コンクリートの練りまぜ

コンクリートにスチールファイバーなどの繊維を混入する場合は，一般的に現場付近において生コン車に投入して高速撹拌を行うが，その他の方法として，コンクリート再練り機の使用や，工場のミキサに直接投入することもある。超速硬性のセメントを用いる場合には，現場付近に移動式のコンクリートモービル車を用意して練りまぜる。

4）コンクリートの打込み

写真-4.4.4　ショットブラスト

打込み前の既設版表面はほぼ表面乾燥飽水状態にしておくことが多い。舗設は一般的なコンクリート舗装用スプレッダ，フィニッシャおよび縦仕上げ機の組み合わせにより行うことができるが，通常の施工幅員は1車線の場合が多くオーバーレイ厚が薄いため，比較的コンパクトな専用のオーバーレイ用コンクリートフィニッシャを用いる場合もある。

5）養生

普通または早強ポルトランドセメントを用いたコンクリートの場合は，マットによる湿潤養生を行うのが一般的である。しかし，超速硬セメントの場合は打設後数時間の間はシート養生のみとし，湿潤養生は行わない。

6）目地

目地は既設版の目地位置に合わせて，正確にカッタで切断し設置する。切断深さはオーバーレイの全厚とし，目地幅は既設版の目地幅と同等以上にする。

4-4-3　局部打換え工法

局部打換え工法は，コンクリート版の隅角部，横断方向などに版全深に達するひび割れが発生し，その部分における荷重伝達が期待できない場合に，版あるいは路盤を含めて局部的に打ち換える工法である。局部打換えを行うにあたっては，破損の原因を取り除くことが原則である。

(1) 隅角部の局部打換え

施工上の注意点は，次のとおりである。

- 図-4.4.5に示すように，ひび割れの外側をカッタで2～3cmの深さに切る。このときカッタ線が交わる角の部分は応力集中を軽減させるため丸みをつけておく。
- ブレーカ等を用いてひび割れを含む部分のコンクリートを取り除き，旧コンクリート打継面は鉛直になるようにはつる。その際，補強鉄筋，鉄網，ダウエルバー等を傷つけないように注意する。

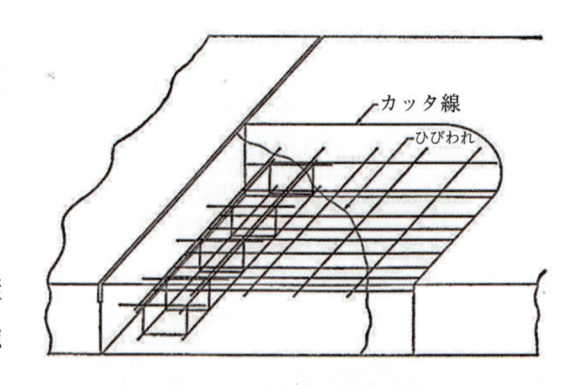

図-4.4.5　隅角部局部打換え[18]

- 鉄網の横筋を切って曲げ上げる。もし鉄網を全部残すことが困難な場合には，20～30cmを残して切り取ってもよい。

- 路床・路盤が不良の場合は，掘削・置換えを行う。
- 既設版のダウエルバーを点検し，欠陥のあるバーは切断して取除き，新しいダウエルバーを設置する。打換え側に突出するバーには瀝青材を塗布する。
- 既設版との目地面は，その目地構造が収縮目地の場合はポリエチレンフィルムをかぶせるか，瀝青材などを塗布し，新旧コンクリートの付着を切る。膨張目地の場合は目地板を取付ける。路盤面には，コンクリート版との摩擦抵抗を軽減させるため路盤紙を2枚敷く。
- 打継面の処置およびコンクリートの打設は「舗装施工便覧」に準じて行う。
- 目地溝はコンクリート硬化後カッタで切り，注入目地材を注入する。隅角部のひび割れが目地の両側に生じた場合，片側ずつ上記に従って補修する。

(2) 版の横断方向のひび割れに対する局部打換え

コンクリート版の全厚にわたって横断方向に発生したひび割れは，ひび割れの発生位置と，コンクリート版の構造に応じて適切な処置を施す。以下に，発生位置別の方法を示す。

① ひび割れの発生位置が目地から10cm以内の場合

ひび割れから目地までの間のコンクリート版について，ダウエルバーの上部の深さまでをはつり取って，部分的に打ち換える。ダウエルバーより下のひび割れは，横収縮目地として働かせる。

② ひび割れの発生位置が目地から10cm以上3m未満の場合

ひび割れから目地までの間のコンクリート版について，版全厚の局部打換えをする。局部打換えの目地側はそのまま横収縮目地構造とし，ひび割れ側は，タイバーで新旧のコンクリート版を連結する。打換え延長は，タイバーを設置するなどの作業上，最低2m程度が必要である。コンクリート版を取り除く際は，ダウエルバーおよび補強鉄筋等を損傷しないように丁寧に行う。

③ ひび割れの発生位置が目地から3m以上の場合

ひび割れが目地から3m以上の位置に生じた場合には，そのひび割れ部を収縮目地に置き換えるよう局部打換えを行う。一例を図-4.4.6に示す。施工上の注意点は，次のとおりである。

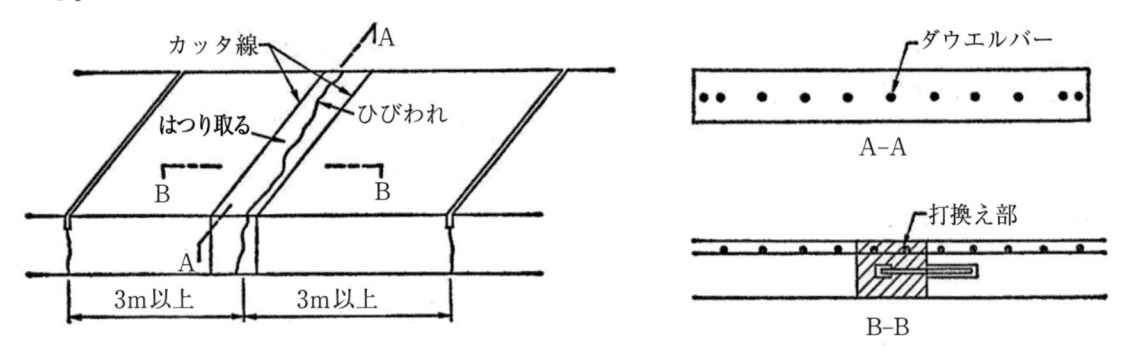

図-4.4.6 横断方向ひび割れに対する局部打換えの一例[18]

- 横断方向のひび割れを含み，ダウエルバーを設置できる幅に，道路中心線に直角に，1本は深さ2～3cm，もう1本は全断面にわたりカッタで切断する。
- カッタ線中のコンクリートを取除く。打継面は隅角部の局部打換えに準じて処理する。
- 収縮目地となる既設版の打継面に穴をあけ，セメントモルタルなどを突き込み，ダウエルバー（φ25×700mm）を長さの半分まで押し込む。

- ダウエルバーの突出部に瀝青材料を塗布し，コンクリートを打設する。
- 目地溝はコンクリート硬化後カッタで切り，注入目地を注入する。
- 鉄網のない版では，補修箇所周辺で破損を生じやすいので，この場合は版1枚全部を打ち換えるのがよい。
- 縦断方向に生じたひび割れで打換えを要する場合は横断方向のひび割れに対する打換えに準じて行う。

ひび割れ幅が大きい場合でも，注入工法などにより破損の原因を取り除いた場合には，ひび割れへの注入と補強とを組み合わせることによってひび割れの進行を止め，舗装の寿命をのばすことができる。

4-4-4 薄層コンクリートオーバーレイ工法

施工手順については「4-4-2 オーバーレイ工法」と同様であるため，これを参照する。ただし，薄層コンクリートオーバーレイ工法では薄層であるが故に，既設コンクリート舗装版との付着（一体化）がより重要となる。この対策として下地の処理（研掃，あるいは接着剤の塗布やウォータージェット）や確実かつ均一に締め固めることのできる専用のコンクリートフィニッシャを用いる。

4-5 機能の追加等に応じた維持修繕

舗装の維持修繕に際し，舗装に求められるニーズや交通量の変化に伴い，舗装に新たな機能や性能を追加したり疲労破壊輪数を見直したりすることがある。また，舗装の維持修繕とは異なるが道路占用工事に伴う復旧などでも同様に路上工事が行われる。

本節では舗装に新たな機能や性能を追加する代表的な舗装を取りあげ，その概要や留意事項を示すとともに舗装の疲労破壊輪数を変更する場合や道路占用工事に伴う復旧時の留意事項等について示す。

4-5-1 新たな機能や性能を追加する舗装

本項では舗装に機能や性能を追加する代表的な舗装を取りあげ，その特徴や材料選定および施工上の留意点などについて示す。

維持修繕時に新たな機能や性能を追加する場合，舗装に求められる各種の機能や性能は路面を形成する層（一般に表層）に付与する場合が多く，使用材料，工法および厚さは路面設計を行い決定することになる。路面設計については「3-4-3 路面設計」および「舗装設計便覧」を参照する。

(1) 排水機能を有する舗装

1) 概要

排水機能を有する舗装とは，雨水等を路面に滞らせることなく，路側帯あるいは路肩等に排水する機能を有する舗装である。路面に水溜まりや水膜ができないため，ハイドロプレーニング現象の防止や水しぶきの軽減が図られ，雨天時における視認性の向上など安全性を高める効果や水はねを抑制する効果がある。

2）排水機能を有する舗装の種類

代表的な排水機能を有する舗装には，排水性舗装や路面の凹凸により雨水等を路側帯または路肩等に排水する舗装がある。排水性舗装とは空隙率の高い材料を表層または表・基層に用い，雨水を速やかに路面下に浸透させ排水させる舗装である。下層には遮水性に優れた層を設け路盤以下には水を浸透させない構造とする。排水機能層にはポーラスアスファルト混合物を用いる場合が多く，ポーラスコンクリートなども検討されている。路面の凹凸によるものには，グルービング工法により舗装表面に縦断方向または横断方向に溝を設ける舗装や骨材露出工法で粗面仕上げにしたコンクリート舗装などがある。

3）留意事項

排水性舗装の適用上および施工上の留意事項は「4-3-3 表層・基層打換え工法」を参照する。既設舗装または既設舗装の一部を切削し，ポーラスアスファルト混合物層をオーバーレイして排水性舗装を構築する場合，ポーラスアスファルト混合物層の施工基盤となる層の耐水性能が低いと，早期に剥離を起こすことになる。剥離が懸念される場合の対策として，以下に示すような浸透水に対する処置を検討する。

① 基盤となる層のクラックにシール材を注入する。
② 遮水を目的とした表面処理を施す。
③ 排水機能層のみではなく遮水層を含め2層の切削オーバーレイを実施する。

なお，遮水を目的として表面処理を行う場合で，養生時間が確保できない場合には，乳剤散布装置付きアスファルトフィニッシャで改質アスファルト乳剤をタックコートと遮水処理を兼ねて散布し，同時にポーラスアスファルト混合物を施工する方法が開発されているので，検討するとよい。

ポーラスアスファルト混合物を表層に使用する場合，交差点部，重車両の出入り口，施工ジョイント，タイヤチェーン装着車が通行する箇所などでは骨材飛散が生じやすい。このような箇所では，混合物の空隙を小さくする，骨材飛散が生じにくいバインダを用いる等の対策の他，樹脂を表面に含浸させる，透水性の樹脂モルタルを表面空隙に充填して上部空隙部分を強化するなどの対策を行うことがある。なお、交通量が多い交差点部などで飛散防止対策を行ってもその効果の持続性が期待できない場合は，密粒度アスファルト混合物を使用した表層に変更するなどの対策が取られることがある。

また，排水機能を長期にわたり維持するため，定期的に機能回復を行なうことがある。機能回復工法については「4-2-5 空隙づまり洗浄工法」を参照する。

グルービング工法の適用上および施工上の留意事項は「4-2-7 グルービング工法」を参照する。

(2) 透水機能を有する舗装

1）概要

透水機能を有する舗装とは，透水性を有する材料を使用し，雨水を表層から基層，路盤に浸透させる構造を有した舗装である。透水機能を有する舗装は，下水・河川への雨水流出抑制効果を有するとともに路床浸透型のものは地下水涵養効果も期待される。

2）透水機能を有する舗装の種類

透水機能を有する舗装には土系舗装や緑化舗装などの自然の被覆状態を模倣したものや透水性舗装などがある。通常の舗装は雨水の浸透による路床，路盤の耐久性の低下を防ぐために，舗装内部へ水が浸透しない構造になっているのに対し，透水性舗装は，表層，基層，路盤等に透水性

を有した材料を適用することにより，路盤以下まで雨水を浸透させる構造とした舗装である。

透水性舗装は雨水の処理方法により次に示す路床浸透型と一時貯留型に大別される。
路床浸透型とは，原地盤に雨水を浸透させる構造を有した透水性舗装で，下水や河川に流出する雨水のピーク量と総量を通常の舗装より減じることができる。歩道などで採用実績が多い。

一時貯留型とは，雨水の流出を遅延させる構造を有した透水性舗装で，路床への雨水浸透が期待できない場所，あるいは周辺環境を考慮して路床下へ雨水を浸透させない場所において，下水や河川に流出する雨水のピーク量を減じる必要がある場合に適用する。

3）留意事項

① 路床浸透型は道路構造物や周辺構造物の安定性，周辺環境への影響，路床・原地盤の浸透能力等に留意して適用の可否を判断する。

② タックコートは通常構造物との接合部以外では行わないが，基層で交通開放する場合や表面が汚れている場合は透水性を損なわないように配慮し，アスファルト乳剤を $0.4\ell/m^2$ 以下で散布するとよい。

③ プライムコートは原則として施工しないが，下層路盤の雨水による浸食等で強度低下が懸念される場合には，高浸透性のものを使用するとよい。

④ 設計で設定した透水性能を有する透水性舗装を構築するためには，アスファルト混合物層や路盤層の空隙を確保する必要があり，過転圧に注意し施工する。また，路床浸透型では路床がローム等の火山灰質粘性土などの場合，過転圧により透水性能が低下することがあるため，同様に注意し施工する。

なお，透水機能を長期にわたり維持するため，定期的に機能回復処置を行うことがある。機能回復については「4-2-5 空隙づまり洗浄工法」を参照する。

(3) 騒音低減機能を有する舗装

1）概要

騒音低減機能を有する舗装とは，車両走行時に発生するエアポンピング音等の発生を抑制し，エンジン音などの機械音を吸音することによって騒音を低減させる舗装である。

2）騒音低減機能を有する舗装の種類

騒音低減機能を有する舗装には，ポーラスアスファルト舗装やポーラスコンクリート舗装のように空隙の大きい材料を用いた舗装，小粒径骨材露出舗装やより高い騒音低減効果を期待した弾力性舗装などがある。これらの舗装は，車両走行によりトレッド面と路面で圧縮された空気により発生するエアポンピング音，あるいは路面の凹凸などによってタイヤが加振されて発生する加振音やエンジン音などを空隙に吸収させることによって騒音を低減するものである。

一般にはポーラスアスファルト舗装を適用する場合が多く，低騒音舗装と呼ばれる。弾力性舗装には，ゴム粉等をアスファルト混合物に混入した舗装，ゴム粒子を薄く表面に処理した舗装などがある。

騒音低減効果をより向上させるため，表層に小粒径のポーラスアスファルト混合物を用いる場合，表層上部に小粒径のポーラスアスファルト混合物を，表層下部に通常のポーラスアスファルト混合物などを用いた2層構造とすることがある。表層に小粒径のポーラスアスファルト混合物を用いる場合には，特殊なポリマー改質アスファルトを用いることがある。

3）留意事項

適用上および施工上の留意事項は，「4-5-1 (1) 排水機能を有する舗装」を参照する。

(4) 明色機能を有する舗装

1) 概要

明色機能を有する舗装とは，路面の明るさや光の反射性を高め，照明効果や夜間の視認性を向上させる舗装で，トンネル内で多く用いられるほか，交差点，道路の分岐点，路肩および路側帯，橋面などに用いられる。

路面の輝度が高いため，トンネル内や夜間における路面の照明効果が向上し，照明費用の低減が図れる。また，夏季に路面温度が上昇しにくいため，流動によるわだち掘れ抑制効果が期待できる。光の反射性に富んだ明色骨材を用いることで，夜間の路面の視認性が向上し，走行安全性に寄与するなどの特徴がある。

2) 明色機能を有する舗装の種類

明色機能を有する舗装には，コンクリート舗装のほか，通常明色性を持たないアスファルト混合物の粗骨材の一部または全部を明色骨材で置き換える混合物方式やロールドアスファルト舗装に圧入する砕石に樹脂系結合材等でプレコートした明色骨材を用いる路面散布方式などがある。アスファルト混合物系の舗装は，一般に明色舗装と呼ばれる。

3) 留意事項

① 混合物方式では交通開放により舗装表面のアスファルト皮膜が剥がれ明色効果が現れるため，効果発現まで一定の期間を要する。早期に明色効果を発現させるためには，ブラスト処理などによりアスファルト皮膜を除去するとよい。

② 路面散布方式で明色効果や耐久性を十分に発揮させるためには，プレコート砕石を均一に散布することが重要である。

なお，明色性能が低下した場合，粗面処理工法を適用し明色性能の回復処置を行うことがある。機能回復については「4-2-6 粗面処理工法」を参照する。

(5) 色彩機能を有する舗装

1) 概要

色彩機能を有する舗装とは，路面に各種の色彩を施し，景観性や識別性等を向上させる舗装で，次のような特徴がある。

① 路面に様々な色彩や意匠を施すことにより，街路の景観を向上させる。

② 通学路，交差点，バスレーン，歩道および自転車道等，車線の色彩を区分することで，安全で円滑な交通に寄与する。

2) 色彩機能を有する舗装の種類

アスファルト混合物を用いた色彩機能を有する代表的な舗装には，加熱アスファルト混合物に顔料を添加する方式，加熱アスファルト混合物の骨材に着色骨材を使用する方式，樹脂系結合材を用いる方式がある。その他に，半たわみ性舗装に着色した浸透用セメントミルクを浸透させる工法，コンクリート舗装に顔料を添加する工法などがある。

これら，色彩機能を発揮させるために顔料等で着色した舗装は着色舗装と呼ばれる。

3) 留意事項

① 着色骨材を使用する場合，表面のアスファルト皮膜が剥がれることで着色効果が発揮されるため，早期に効果を発揮させるためにはブラスト処理などを行うとよい。

② 着色に用いる顔料には無機顔料と有機顔料があるが，有機顔料には変色しやすいものがあるため，使用に当たっては耐候性を確認しておくとよい。

③ 舗設に使用する器具や施工機械はよく洗浄する。

④ 樹脂系結合材を用いる工法では，タイヤローラ等に骨材が付着しないよう散布する付着防止剤が発色や混合物の性状に影響を与えることがあるので，事前に確認しておくとよい。

⑤ 加熱混合する混合物では，室内とアスファルトプラントで骨材の加熱方法等が異なるため，室内配合時と舗設した舗装の色彩に差が生じることがある。特に風合いや質感を重要視する場合は，事前に確認しておくとよい。

(6) すべり止め機能を有する舗装

1) 概要

すべり止め機能を有する舗装とは，路面のすべり抵抗性を高め，車両の走行安全性を向上させる舗装である。急坂部，曲線部，踏切などの隣接区間や交差点で歩行者の多い横断歩道の直前などで，特にすべり抵抗性を高める必要のある箇所に適用される。路面の滑りやすさは，主として骨材とタイヤ間のすべり抵抗性に左右される。また，一般的に路面が滞水するとすべり抵抗性が低下しやすいので，適切な路面排水が行われるようにすることも重要である。

アスファルト混合物自体のすべり抵抗性を高める工法には，開粒度あるいはギャップ粒度のアスファルト混合物を用いる工法がある。排水性舗装等ではこれに加え路面滞水を抑制する効果が期待できる。また，アスファルト混合物の骨材の全部または一部を硬質骨材で置き換える工法やロールドアスファルト舗装もすべり抵抗性を高める工法として用いられる。

2) すべり止め機能を有する舗装の種類

すべり止め機能を有する舗装には，混合物自体のすべり抵抗性を高める工法，樹脂系結合材料を使用して硬質骨材を路面に接着させる工法，グルービングやブラスト処理等によって粗面仕上げをする工法などがある。樹脂系結合材を使用して硬質骨材を路面に付着させる工法は，「4-2-4(6) 樹脂系表面処理」を参照する。

3) 留意事項

① 施工直後のアスファルト舗装に樹脂系結合材を用いる工法を行うと剥脱することがあるため，3週間程度交通開放した後に施工するとよい。

② 樹脂系結合材を用いる工法は気温により硬化時間が変化し，気温が5℃を下回るような低温で施工する場合は，保温対策や加温対策が必要になることがある。

③ 硬質骨材等を路面に接着させる工法で，優れたすべり抵抗性を長期間維持するためには，交通荷重により摩耗や割れが生じにくい骨材を選定することが重要である。

④ 施工直後の舗装路面にグルービングを行うと，角かけや早期に流動が生じることがあるので，一定期間交通開放した後に施工するとよい。

(7) 高度な平たん性を有する舗装

1) 概要

高度な平たん性を有する舗装とは，施工方法等を工夫して優れた平たん性を実現することにより，走行車両の快適性の向上や路面凹凸に起因する振動等の軽減が期待できる舗装である。走行速度の高い路線や平たん性悪化による振動が生じやすい箇所などで，特に平たん性を高める必要のある箇所に適用される。

2) 高度な平たん性を有する舗装の施工

高度な平たん性を有する舗装を実現するためには，路面の計画高さを適切に設定することが重要である。このため，既設舗装路面や構造物について入念に測量を行い，平たん性に影響を及ぼ

す路面高さの変動が極力少なくなるように計画高さを設定する。
　また，施工に起因する凹凸を極力少なくするため，安定した敷きならしが可能な施工機械を用いるなど，材料の供給から敷きならし，転圧に至る各工程をきめ細かく管理することが求められる。

3）留意事項
① 路面の計画高さを設定する際，舗装路面と一体となって設置されるマンホールや構造物などの高さと不整合が生じる場合があり，目標とする平たん性を実現するためにこれら構造物の高さを変更することがある。
② アスファルトフィニッシャに対するアスファルト混合物の供給を円滑に行い，一定の敷きならし状態を維持するようにする。
③ アスファルト混合物をダンプトラックからアスファルトフィニッシャへ直接供給すると，アスファルトフィニッシャの負荷が変動して敷きならしに影響を与える場合がある。この対策として，ダンプトラックのアスファルト混合物を一旦受け，アスファルトフィニッシャの負荷が変動しないよう供給する搬送機を用いることがある。
④ 高度な平たん性を実現するため，三次元設計データとGNSSやレーザ測量技術等を組み合わせてグレーダやアスファルトフィニッシャ等の施工機械を制御する情報化施工技術が用いられることがある。
⑤ 路面の縦横断勾配が頻繁に変化する箇所や接続する道路との関係から路面高さ設定に制約が生じる箇所などでは，理想的な施工を行っても高度な平たん性を実現できないことがある。このような箇所では目標値の設定に留意する必要がある。
⑥ 既設路面の凹凸が大きい箇所で高度な平たん性を実現するためには，路面高さの大幅な変更が必要になることがある。また，高速自動車国道などでは路面凹凸の性能指標として IRI（International Roughness Index）を用いることがあるが，IRI は平たん性よりもさらに長い周期の凹凸の影響を受けるため，IRI を改善するためには路面高さの大幅な変更が必要になることがある。このような場合，選定する維持修繕工法にも留意する必要がある。

　これら以外にも，新たな機能や性能を追加する舗装には各種のものがあり，詳細は「舗装設計便覧」，「舗装施工便覧」，「環境に配慮した舗装技術に関するハンドブック」などを参照するとよい。

4-5-2　疲労破壊輪数を変更する舗装

　供用中の道路で交通量が大幅に変化したような場合，舗装の疲労破壊輪数の見直しが行われることがある。疲労破壊輪数の変更には，交通量等の増加に伴い疲労破壊輪数を大きくする場合と代替路線の整備等による交通量の減少に伴い小さくする場合とがあるが，どちらの場合も舗装に求められる諸条件を整理し，舗装に付与する機能や新たに設定した疲労破壊輪数を確保できるように各層の材料および厚さを決定することになる。
　疲労破壊輪数を大きくする場合は，舗装の構造を大幅に見直すことが必要となるが，オーバーレイや既設路盤層の一部を改良して支持力を向上させるなどの対策を行い，所定の疲労破壊輪数を満足させることが多い。既設舗装の一部を改良するだけでは所定の疲労破壊輪数を確保できない場合やライフサイクルコストなどの観点から舗装を新たに構築し直した方が経済的であると判断された場合には，舗装の再建設が行われる。

第4章　維持修繕の実施

　既設舗装の一部を改良する場合の構造設計や工法選定の考え方は舗装の維持修繕と同じであり，「第3章　維持修繕の実施計画」を参照する。
　以下に疲労破壊輪数を変更する場合の留意点を示す。

(1) 疲労破壊輪数の設定
　疲労破壊輪数を設定するために現状の交通量を把握する調査を行うが，大型車交通量が多く積載量が大きい大型車の比率が高い路線などでは，49kN 換算輪数を把握するための輪荷重調査を行うことがある。

(2) 基盤条件の設定
　基盤条件には適用する設計方法に応じて路床の設計 CBR，弾性係数，設計支持力係数などが用いられるが，疲労破壊輪数を変更する場合は，これら基盤条件について十分な頻度で調査を行う必要がある。過去の補修履歴などから基盤条件が箇所により大きく異なることが予想される場合には，たわみ量調査などを行い基盤条件の分布を把握してから設計用値を求めるための調査箇所を設定することがある。

(3) 舗装の現況調査
　舗装の疲労破壊輪数を変更する場合，設定した設計期間を通して容易に破損が生じることがないようにしなければならない。疲労破壊輪数を大きくするために舗装の一部を改良する場合は，路床を含め舗装全体に対して調査を実施して構造設計を行うことになるが，疲労破壊輪数を少なくする場合であっても調査を実施し，耐久性に影響を及ぼす要因がある場合は適切な処置を行っておくことが望ましい。
　舗装の現況調査の方法は維持修繕時に行う調査と同じであり，「3-2　調査」や「3-3　評価」を適宜参照するとよい。

4-5-3　道路占用復旧に伴う舗装[18]
　道路占用工事とは，道路上に電柱や看板施設を設置する，地下に電気・電話・ガス・上下水道などの管路を埋設するなどの行為で，これらの設置・埋設に伴い路上工事を行うことになる。
　管路の埋設，あるいはこれらの復旧等のために路面を掘削する場合，舗装内に不連続な部分が生じるため，復旧が適切に行われないと路面の沈下，ひび割れ等が生じ道路の損傷を早めることになる。また，供用中の道路で掘削を伴う工事が頻繁に実施されると，交通および沿道に多大な影響を与えるだけではなく，舗装の構造強度の低下を招くことにもなるため，地下埋設物の種類，位置，施工時期，施工方法等についてあらかじめ検討し，道路占用者間および道路管理者との間で十分調整を行った後に計画的に工事を実施することが重要である。
　道路占用工事の掘削および復旧は，各道路管理者の発行する要領や仕様書等に従い行うことになるが，以下に基本的な留意事項を示す。

(1) 事前確認
　掘削を行うにあたり，資料などにより埋設物の位置を十分把握しておく。資料の確認のみでは埋設物の位置が正確に把握できない場合や複数の埋設物があるような場合は，資料の確認に加えて試掘などを行い，埋設位置を特定してから工事に着手する。埋設物の確認には器機による探査も有効であり，必要に応じて活用するとよい。

(2) 掘削
　地下埋設物の設置または修繕するために道路を掘削するときは，次の点に注意する。

① 舗装の掘削幅は必要最小限とする．
② 掘削は布堀り，つぼ堀り，推進工法またはこれに準じる工法とし，えぐり掘りしないようにする．
③ 舗装の取り壊しに際し，舗装版の切断にはコンクリートカッタ等を用いて丁寧に行う．
④ 取り壊した舗装版および掘削土砂等は直ちに現場から搬出し，道路上に積み上げることがないようにする．
⑤ 軟弱地盤または漏水しやすい箇所で施工する場合は，適切な止水工法等により土砂の流出，地盤のゆるみ等を防止する措置を取る．
⑥ 工事中に露出した既設の地下埋設物を仮受けする場合，占用者と協議し十分安全な防護工法を実施する．
⑦ 掘削時に既設の埋設物や周辺の構造物を破損することがないよう，必要に応じて手掘りや刃先監視員の配置を検討する．

(3) 土留工および覆工

土留工および覆工は次の点に注意する．
① 杭，矢板等の打設に先だって，あらかじめ地下埋設物を調査確認し，打設は連続的に行う．
② 杭，桁，覆工板等の仮設構造物は想定される荷重に対して十分安全な構造とする．
③ 覆工は原則として鋼製またはPCコンクリート製で表面のすべり抵抗が大きいものを使用する．
④ 覆工板はばたつきを生じないように設置する．縦断方向の既設舗装路面とのすり付けは，安全かつ円滑な交通の確保，沿道環境の保全に留意し，適切な勾配となるようにする．

(4) 埋戻し

埋戻しの施工は次の点に注意する．
① 埋戻しは，砂，切込砂利，良質土等によるものとし，泥，有機不純物等が混入した材料を使用してはならない．
② 埋戻しは1層の厚さを20cm以下とし，ランマ等により入念に締固めを行う．
③ 杭，矢板等の引き抜きにあたっては，地盤を損傷しないように徐々に引き抜くようにする．

(5) 路面の復旧

路面の復旧は，次の点に注意し行う．
① 路面の復旧は、原形復旧を原則とする．
② 埋戻しが完了したら直ちに舗装の仮復旧を行う．
③ 仮復旧は短期的な交通荷重に耐える構造とする．舗装材料には原則として加熱アスファルト混合物を用いるが，復旧面積が小規模で本復旧までの期間が短く，かつ交通量の少ない箇所においては，常温混合物を用いることがある．
④ 仮復旧の区間は，本復旧までの間，定期的に巡回を行う．路面の沈下，凹凸，段差等が生じたときは直ちに手直しを実施し，安全かつ円滑な交通を確保すると共に沿道環境の保全に留意しなければならない．
⑤ 舗装の本復旧は，掘削に伴い緩みなどの影響を受ける周囲の路床や路盤部分を加えた範囲について行うものとする．本復旧の範囲は施工機械の施工性等も考慮し決めるとよい．
⑥ 掘削深さや埋戻しの方法によっては，仮復旧を行った直後から交通荷重の転圧効果により路面が大きく沈下することがある．このような場合，舗装の本復旧は路面の沈下が十分収束

第4章　維持修繕の実施

してから行うとよい。
⑦　既設の舗装や構造物との継目では締固めが不十分になりやすく，早期破損の原因になることがある。このため，継目の施工にあたっては，接合部をよく清掃してタックコートを行い，敷きならした混合物を入念に締め固めて相互に密着させるようにする。継目のシール効果を高めるため，シールコートを行うことがある。

(6) その他
地下埋設物の施工に伴って道路付属物を仮移設した場合や損壊を与えた場合は，原状に回復させなければならない。

コラム：歩道および自転車道等の舗装の維持修繕

歩道および自転車道等の舗装の破損による不陸や水たまりは，歩行者や自転車の通行に不快感を与え，事故を誘発することもあるので，適時に維持修繕を行うことが望ましい。また，歩道および自転車等の舗装には各種の表層材料が用いられるが，応急的な場合を除き，維持修繕では通常既設材料と同じものを使用する。

(1) 破損の原因
1)　破損の原因のうち，外的要因としては，舗装上での重作業および重量物の積みおろし，自動車の進入・駐車，沿道工事の影響などがある。また，ごみや泥などは美観を損ねるばかりでなく，表面排水の不良を引き起こし破損の間接的原因となることがある。
2)　内的要因としては，路床・路盤の支持力の不均一，地下占有物の不完全な埋戻し，地下占有物の破損（漏水等），街路樹や沿道樹木の根による歩道路面の不陸などがある。

(2) 維持修繕を行う上での留意事項
1)　表層部分のみの破損は，通常，表層を打ち換えればよいが，支持力の不均一など構造的な要因による破損の場合は，路床・路盤の維持修繕を併せて行う。
2)　既設の表層材料が平板，ブロック，タイル等の場合には，応急的に常温混合物等により応急処置を行うことがあるが，再破損が懸念される上，景観を損なうことにもなるため，早い時期に既設材料と同じもので補修を行う。
3)　歩道および自転車道等の舗装の維持修繕は，小型機械または人力による施工となることが多いので，良く締め固めることが重要である。また，一般に狭小箇所での施工となるので，歩行者等に配慮し十分な安全対策を行う。
4)　透水性舗装の場合は，空隙づまりによって透水機能が低下するので，定期的に高圧水等で洗浄を行うなどの機能回復を図るとよい。

【参考文献】

1) 渡邉ら，クラックシール材の耐久性試験結果，第 28 回日本道路会議論文集，(社) 日本道路協会　(3) - 2 32077, 平成 21 年 10 月
2) 佐藤ほか，建設図書「舗装の維持修繕」, p127, 平成 4 年 5 月
3) アオイ化学工業，ホームページ，平成 24 年 7 月現在
4) (株) NIPPO, ホームページ，平成 24 年 7 月現在
5) (財) 道路保全技術センター　道路構造物保全研究会，アスファルト舗装保全技術ハンドブック, p75, 鹿島出版会，平成 22 年 2 月
6) (社) 日本アスファルト乳剤協会，アスファルト乳剤の基礎と応用技術, p26
7) (社) 日本道路協会，舗装施工便覧 (平成 18 年版), p229, 平成 18 年 2 月
8) (財) 道路保全技術センター　道路構造物保全研究会，アスファルト舗装保全技術ハンドブック, p65, 鹿島出版会，平成 22 年 2 月
9) 樹脂舗装技術協会，樹脂系すべり止め舗装要領書 - 2004 年版 -, 平成 19 年 7 月
10) (財) 道路保全技術センター　道路構造物保全研究会，アスファルト舗装保全技術ハンドブック, p73, 鹿島出版会，平成 22 年 2 月
11) 排水性トップコート工法研究会，排水性トップコート工法技術資料，平成 20 年 1 月
12) 透水性レジンモルタルシステム工法協議会，透水性レジンモルタルシステム工法技術資料第二版，平成 20 年 5 月
13) 大林道路 (株), ホームページ，平成 24 年 7 月現在
14) (社) 日本道路協会，コンクリート舗装に関する技術資料, p57, 平成 21 年 8 月
15) 早坂ら，積雪寒冷地におけるグルービングの効果と最適なグルービングパターンについて，北海道開発土木研究所月報 No.590, p26, 平成 14 年 7 月
16) (財) 道路保全技術センター　道路構造物保全研究会，アスファルト舗装保全技術ハンドブック, p79, 鹿島出版会，平成 22 年 2 月
17) (社) 日本道路協会，舗装再生便覧 (平成 22 年版), pp112-115, 平成 22 年 11 月
18) (社) 日本道路協会：道路維持修繕要綱，1978 年 7 月
19) 中部地方整備局　道路設計要領 (設計編)」第 14 章　維持修繕，2008 年 12 月
20) (社) 日本道路協会：舗装再生便覧 (平成 22 年版), 2010 年 11 月
21) 福田：コンクリート舗装⑤，講座・舗装の維持修繕 13, 舗装，1991 年 5 月

第5章　性能の確認・検査

5-1　概　説

　「舗装の構造に関する技術基準・同解説」によれば，舗装の性能指標の値の確認は，舗装の施工直後に行うこととし，また，供用後一定期間を経た時点の性能指標の値を定めた場合には，その時点で確認することとしている。ただし，「舗装の構造に関する技術基準・同解説」は，新設，改築，大規模修繕を対象としている。しかし，維持修繕工事においても発注者が性能指標を設定した場合などは同様の考え方が必要な場合がある。

　性能の確認方法には，性能指標の値の確認による方法と，性能が確認されている舗装の仕様を出来形・品質により確認する方法とがある。

　性能指標の値とその確認方法が明示されている場合には，発注者が設定した性能指標の値を，①受注者が設計・施工し，施工完了後に発注者が性能指標の値を確認するケースと，②受注者が設計し，発注者と受注者が合意し，所定の性能が得られるように決定した仕様にもとづき施工した後，発注者が出来形・品質を確認するケースがある。

　性能が確認されている舗装の仕様にもとづいて発注者が設計し受注者が施工する場合には，発注者はその仕様を再現しているかどうか出来形・品質を検査することにより確認する。そのため，本ガイドブックは，「舗装設計施工指針（平成18年版）」の「1-3　性能規定化と発注」に示すように従来の仕様規定発注にも対応できるように留意している。

　また，設定する性能は単一の指標とは限らず，さまざまな組み合せで設定されることもある。その際性能の確認は，性能指標の値の確認による方法と出来形・品質の確認による方法を組み合わせて行う。

　なお，契約関係の中での施工後の性能の確認行為は，従来の仕様規定発注における出来形・品質の確認と同様に検査であり，合否判定が伴う。

　性能の確認の項目，確認の方法および性能指標の値の合格判定値等は，基本的に設計図書で示されるが，総合評価落札方式や設計施工一括発注方式などでは受注者が提案し，発注者と協議して設定することもある。いずれにしても，本ガイドブックは性能の確認に関する一例を示すものであり，発注者は発注工事毎に柔軟に対応することが必要である。

　性能の確認の段階で得られた舗装の性能指標の値は，合否判定に使用することはもちろんであるが，道路管理者のデータベースに保管し，その後の舗装の維持管理に活用する。

5-2　性能の確認・検査の方法

5-2-1　性能指標の値の確認による方法

　性能指標およびその測定方法が設計図書に定められている場合は，発注者が定めた合格判定値により合否の判定を行う。

　舗装の性能指標には，「必須の性能指標」「雨水浸透に関する性能指標」および「必要に応じ定める性能指標」がある。

　性能指標の値を確認する方法には，現地の舗装による場合，供試体による場合またはその他に

第5章　性能の確認・検査

よる場合があり，それぞれ性能指標の値を直接計測または間接計測によって確認する方法がある。性能指標の値の確認に当たっては，できるだけ現地の舗装において直接計測による方法が望ましいが，間接計測により性能の確認を行う場合は，性能指標と関連付けられる指標の値を測定し，その結果にもとづき現地の舗装の性能指標を数値化して確認する。

5-2-2　出来形・品質の確認による方法

　性能が確認されている仕様をもとに完成時の舗装の出来形・品質が設計で定められている場合には，その仕様を再現しているかどうか品質・出来形を検査することにより施工直後の性能を確認する。

　出来形・品質の確認による方法の場合受注者は，基準試験や施工各段階における出来形・品質管理を自主的に実施する必要がある。また，発注者は完成時，施工段階において必要に応じて性能の確認・検査を行う。施工段階での確認・検査の方法については，「5-4-1　出来形・品質の検査方法」を参照するとよい。

5-3　性能指標の値の確認方法[2),3)]

5-3-1　性能指標の値の確認による方法

　性能指標の値の確認方法は，「舗装性能評価法 – 必須および主要な性能指標の評価法編 – 」，「舗装性能評価法 – 必要に応じ定める性能指標の評価法編 – 」を参照するとよい。これ以外の方法で確認できるか否かの判断は，発注者が行う。また，新たに舗装性能評価法が示された場合は，それを参考にする。

　パッチング工法やシール材注入工法などを用いる維持工法においては，「舗装性能評価法」に示されている性能指標の値の確認を実施しても，その結果が現場の性能を十分に反映することができない場合が多い。よって「5-4-2　維持工法の出来形・品質の検査方法」に示すような出来形・品質検査方法を用い，維持工事における新たな舗装性能評価法の確立に向けたデータの収集を図る必要がある。なおこれらに対する新たな舗装性能評価法が示された場合は，それを参考にする。

　以下に，性能指標とその定義および確認方法について示す。

(1) 必須の性能指標

　必須の性能指標には，疲労破壊輪数，塑性変形輪数，平たん性の3項目がある。**表-5.3.1**に必須の性能指標とその定義および測定方法を示す。

表-5.3.1　必須の性能指標とその定義および測定方法

性能指標	定　義	計測方法	測定方法
疲労破壊輪数	舗装道において，舗装路面に49kNの輪荷重を繰り返し加えた場合に，舗装にひび割れが生じるまでの回数で，舗装を構成する層の数並びに各層の厚さ及び材質が同一である区間ごとに定められるものをいう。	間接計測	・疲労破壊輪数を求めるためのFWDによるたわみ測定方法（アスファルト舗装） ・疲労破壊輪数を求めるための設計の照査と施工後の設計値の確認による方法（アスファルト舗装，コンクリート舗装）
塑性変形輪数	舗装道において，舗装の表層の温度を60℃とし，舗装路面に49kNの輪荷重を繰り返し加えた場合に，当該舗装路面が下方に1mm変位するまでに要する回数で，舗装の表層の厚さ及び材質が同一である区間ごとに定められるものをいう。	間接計測	・塑性変形輪数を求めるためのホイールトラッキング試験機による動的安定度測定方法（アスファルト舗装）
平たん性	舗装道の車道において，車道の中心線から1m離れた地点を結ぶ，中心線に平行する2本の線のいずれか一方の線上に延長1.5mにつき1箇所以上の割合で選定された任意の地点について，舗装路面と想定平たん舗装路面との高低差を測定することにより得られる，当該高低差のその平均値に対する標準偏差で，舗装の表層の厚さ及び材質が同一である区間ごとに定められるものをいう。	直接計測	・平たん性を求めるための3メートルプロフィルメータによる測定方法 ・平たん性を求めるための路面性状測定車による測定方法

(2) 雨水浸透に関する性能指標

　雨水浸透に関する性能指標には，浸透水量がある。表-5.3.2に雨水浸透に関する性能指標とその定義および測定方法を示す。

表-5.3.2　必須の性能指標とその定義および測定方法

性能指標	定　義	計測方法	測定方法
浸透水量	舗装道において，直径15cmの円形の舗装路面の路面下に15秒間に浸透する水の量で，舗装の表層の厚さ及び材質が同一である区間ごとに定められるものをいう。	直接計測	・浸透水量を求めるための現場透水試験器による透水量測定方法

(3) 必要に応じ定める性能指標

　必要に応じ定める性能指標は，「車道および側帯の舗装における性能指標」として11項目，「歩道の舗装における性能指標」として5項目がある。表-5.3.3に必要に応じ定める性能指標とその定義および測定方法を示す。

第5章 性能の確認・検査

表-5.3.3 必要に応じ定める性能指標とその定義および確認方法の整理

性能指標	定　義	計測方法	測定方法
騒音値	「舗装路面測定車によるタイヤ/路面騒音測定方法」あるいは「測定用普通乗用車によるタイヤ/路面騒音測定方法」により測定し，前者は必要に応じて速度補正した等価騒音レベル，後者は必要に応じて速度補正および温度補正したのち，舗装路面騒音測定者によるタイヤ路面騒音値へ換算した等価騒音レベルを小数点以下の数値をまるめた値	直接計測	・舗装路面騒音測定車によるタイヤ/路面騒音測定方法 ・測定用普通乗用車によるタイヤ/路面騒音測定方法
すべり抵抗値	一般財団法人土木研究センターが所有するすべり抵抗測定車または当該車両との相関が確認されているすべり抵抗測定車により測定したすべり抵抗値	直接計測	・すべり抵抗測定車によるすべり摩擦係数測定方法 ・DFテスタによる動的摩擦係数測定方法
すり減り値	積雪寒冷地などにおいてタイヤチェーン等により生じる表層のすり減りの程度	直接計測	・すり減り値を求めるためのラベリング試験機（往復チェーン型）による測定方法
衝撃骨材飛散値	積雪寒冷地などにおいてポーラスアスファルト混合物を用いた舗装においてタイヤチェーンを装着した車両の走行等により発生する骨材飛散の程度	間接計測	・衝撃骨材飛散値を求めるためのカンタブロ試験方法
ねじり骨材飛散値	ポーラスアスファルト混合物を表層に用いた舗装の骨材がタイヤでねじられることによって飛散する程度	直接計測	・ねじり骨材飛散値を求めるためのねじり骨材飛散試験機による測定方法
路面明度	路面の色の明るさを表す程度	直接計測	・路面明度を求めるための色彩色差計による明度測定方法
氷着引張強度	冬期における路面と氷板のはがれやすさの程度	直接計測	・氷着引張強度を求めるための引張試験機による測定方法
路面温度低減値	路面温度の上昇を抑制する舗装と比較する舗装との路面温度差	直接計測	・路面温度低減値を求めるための温度計による現地の路面温度の測定方法，路面温度低減値を求めるための照射ランプによる供試体表面温度の測定方法
振動レベル低減値	補修工事の前後における道路交通振動の低減	直接計測	・振動レベルの低減値を求めるための道路交通振動の測定方法
最大流出量比	降雨量に対して排水施設等に流出する最大流出雨量の割合	間接計測	・水拘束率，貯留率を求めるための透水性能測定方法 ・路床，下層路盤の密度を求めるための突砂法による密度測定方法 ・路床の透水係数を求めるための透水試験方法，路床の飽和透水係数を求めるためのボアホール測定方法
CO_2排出量低減値	一般的な材料や施工方法を用いる舗装に比べ，CO_2排出量を低減する程度	その他	・CO_2排出量を求めるためのCO_2原単位を用いた算定方法
歩道のすべり抵抗値	歩きやすさやバリアフリーの観点から歩道舗装の備えるべき性能	直接計測	・歩道のすべり抵抗値を求めるための振り子式スキッドレジスタンステスタによる測定方法
歩道の平たん性	歩きやすさやバリアフリーの観点から歩道舗装の備えるべき性能		・歩道の平たん性を求めるためのプロファイラによる測定方法
歩道の路面段差	歩きやすさやバリアフリーの観点から歩道舗装の備えるべき性能		・歩道の路面段差を求めるための定規，隙間ゲージなどによる測定方法

性能指標	定　義	計測方法	測定方法
歩道の硬さ	歩きやすさやバリアフリーの観点から歩道舗装の備えるべき性能		・歩道の硬さを求めるためのゴルフボール・スチールボールによる弾力性測定方法
歩道の浸透水量	歩きやすさやバリアフリーの観点から歩道舗装の備えるべき性能		・歩道の浸透水量を求めるための現場透水量測定方法

5-3-2　性能指標の値の検査および合格判定値

　契約関係の中での性能の確認行為は，出来形・品質による場合と同様の検査となり，合否判定が伴う。舗装の性能指標の合否判定は「5-3-1　性能指標の値の確認による方法」に示した方法を参考に行うとよい。性能指標の合格判定値は，発注者が対象となる現場の状況や地域性等を踏まえ，データのばらつき等からの安全性を考慮するなど，統計的な検討を加えて定めるものである。

5-4　出来形・品質の検査

5-4-1　出来形・品質の検査方法

　舗装の出来形・品質の検査方法および合格判定値の考え方を以下に示す。

(1) ロットの大きさおよびサンプリング

　工事の合否を判定する際の単位を検査ロットという。大規模工事の場合などには工事ロットを適切な規模に分割して，それぞれについて合否を判定するのが一般的である。サンプリングは，無作為に行うことを原則とし，必要に応じて乱数表などを用いて行う。

(2) 検査項目の選択

　検査実施項目は，発注者または地域性，現場条件，検査の経済性および効率性等を考慮してこれを定める。また，出来形・品質の合格判定値は，設計時に設定した性能を検査し，合格を判定するもので，原則として工事規模や道路種別が異なる場合でも同一とする。

(3) 実施段階における検査

　1）基準試験の確認

　配合設計を含め，使用する材料の品質を確認する試験，基準密度のような基準値を得るための試験，作業標準を得るための試験施工等は，施工に先立ち行う基準試験である。これらが設計図書に規定されている場合は，受注者が基準試験を実施し，その結果については発注者が確認・承認する。

　なお，材料については製造者の試験成績表，配合試験については事前審査制度に合格したアスファルト混合物やJIS認定工場が出荷する標準のセメントコンクリートについては，その配合設計書を基準試験に代えて用いることができる。

　2）検査の実施時期

　① 完成後に見えなくなるなど，完成時に検査が困難な場合については，施工の各段階で段階検査を実施する。

　② 完成時には監督員以外の検査員が工事検査を実施する。

　3）検査の実施方法

　① 「5-4-3　出来形検査の実施項目と方法」および「5-4-4　品質検査の実施項目と方法」は，検査方法を参考として示したものである。ただし，その方法と同等またはよりよい試験方法

が確立され，それが適用できる場合には，発注者と受注者の協議により，それを利用する。
② 合格判定値は，「5-4-5 出来形・品質の合格判定値」に参考として示した。ただし，それと同等またはよりよい試験方法を適用する場合には，発注者と受注者の協議により，別途合格判定値を定める。

4) 抜取り検査と立会い検査

検査の方法は原則として抜取り検査によるものとし，受注者の品質管理データをもってそのまま検査結果としてはならない。ただし，以下の場合は，監督職員および1級舗装施工管理技術者の資格を有するなどの受注者の立会いにより，材料や施工状態の確認による立会い検査とすることもある。

① 工種（橋面舗装など），規模，施工条件（夜間工事，緊急補修工事）などや交通等の外的条件によって抜取り検査が適切でないと判断される場合
② 完成後に見えなくなるため，抜取り検査が適切でないと判断される場合
③ コンクリート版の品質の合格判定には，曲げ強度または割裂引張強度，圧縮強度で判定するが，通常の場合は，標準養生の供試体を用いた管理データによる検査とし，コンクリート版から抜き取ったコアまたは角柱供試体による検査は行わない。

5-4-2 維持工法の出来形・品質の検査方法

維持工事においては，大規模工事のような出来形・品質管理を実施してもその結果を現場に十分に反映することができない場合が多い。特に品質管理においては，材料の基準試験により，仕様を満足する材料であることを確認し，さらに工事の作業標準を定め，この作業標準どおりに施工されているかどうかをチェックシートで管理するとよい。この際，施工時の観察を十分に行って異常の発見に努める。

以下に代表的な維持工事で実施されるパッチング工法，シール材注入工法，表面処理工法の出来形・品質検査の例を示す。

(1) パッチング工法

パッチング工法は，緊急補修などに実施されることが多いため，検査は迅速に実施する必要がある。

1) 出来形検査

出来形検査として，考慮しなければならないのは，以下の2項目である。
① 施工面積
② 施工厚さ

施工面積の出来形検査は，施工前に幅・延長・直径などを検測するか（**写真-5.4.1 参照**），施工後に施工面積を検測する（**写真-5.4.2の面積を検測する**）。

施工厚さの出来形検査は，コア採取以外の方法で行う（**写真-5.4.3 参照**）。面積が広い場合は水糸などを使用し，厚さを検測する。

面積と厚さによって，パッチング材料の使用量を算出することができない場合は，使用量を空袋によって検査することもできる。

また，仕上がり面に極端な段差や凹凸がないことをスタッフなどで確認する。

写真-5.4.1　幅の検測

写真-5.4.2　パッチング[5]

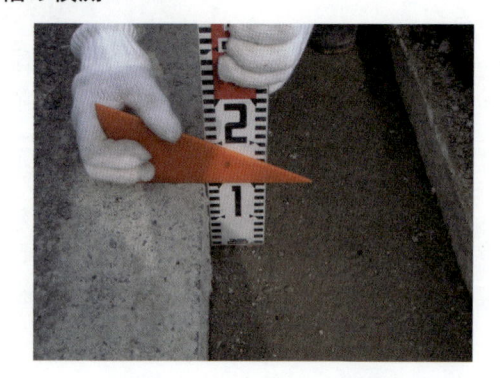

写真-5.4.3　厚さの検測

2）品質検査

パッチング工法に使われる材料は，発注者が事前に確認・承認したものでなければならない。

受注者は，適切な温度および適切な方法で施工したことが確認できる写真検査や立会い検査を実施し，供用後に直ちに破損しないことを確認しなければならない。

(2) シール材注入工法

シール材注入工法は，ひび割れに適用し，舗装内部へ水の浸入を防ぐことを目的とする。舗装内部に水が浸入しないことが重要である。

1）出来形検査

ひび割れの深さを検測することは困難な場合が多いので，出来形検査として考慮しなければならないのは以下の2項目である。

　① 施工延長
　② 使用量（空袋等）

写真-5.4.4　シール材注入工[5]

施工延長を検測することは，ひび割れを確実にシールしたかどうかを確認するために必要である。複雑な形状のひび割れ（**写真-5.4.4** 参照）の検測には，ローリングメジャー（**写真-5.4.5** 参照）を使うと便利である。

空袋検査は，ひび割れ内部にシール材が注入されたかどうかを確認するために必要である。使用量を確認することで，施工延長から平均ひび割れ深さが予想できる。

参考までに注入深さを確認した例を**写真-5.4.6**に示す。予め加熱しておいた針をシール材中に押し込み，早期に引き出してアスファルト分が付着した長さを注入深さとして確認したものである。ただし、下に空間がある場合でも針にはアスファルト分が付着するので、それを留意して注

入深さを判断する必要がある。

写真-5.4.5 ローリングメジャー　　　　写真-5.4.6 注入深さの測定例

2）品質検査

シール材注入工法に使われる材料は，発注者が事前に確認・承認したものでなければならない。

受注者は，適切な温度および適切な方法で施工したことが確認できる写真検査や立会い検査を実施し，供用後に直ちにはがれたり，はみ出したりしないことを確認しなければならない。

(3) 表面処理工法

表面処理工法は，チップシールやカーペットコートなど，路面に 2.5cm 以下程度の薄い封かん層を設けるものである。使用される材料は多種多様だが，機能が低下した路面を回復させる効果があるので，目的に応じた機能の検査項目を設ければよい。

1）出来形検査

出来形検査として，考慮しなければならないのは，以下の 2 項目である。

① 施工面積
② 施工厚さ（必要に応じて）

施工面積の出来形検査は，施工前に幅・延長などを検測するか，施工後に施工面積を検測する。

施工厚さの出来形検査が必要な場合は，水糸などを使用し，厚さを検測する。

面積と厚さによって，材料の使用量を算出することができない場合は，使用量を空袋等によって検査することもできる。

また，仕上がり面に極端な段差や凹凸がないことをスタッフなどで確認する。

2）品質検査

使用する材料は，発注者が事前に確認・承認したものでなければならない。

受注者は，適切な温度および適切な方法で施工したことが確認できる写真検査や立会い検査を実施し，供用後に直ちに破損しないことを確認しなければならない。

5-4-3　出来形検査の実施項目と方法

出来形の検査は，**表-5.4.1** に示す実施項目を参考に選定する。なお，実施項目および頻度については，発注者が工事の内容等を総合的に勘案して省略の可否を最終的に判断する。

出来形検査の方法は，**表-5.4.1** に応じた検査項目に対して，**表-5.4.2** の方法で実施することを標準とする。なお，ここに示した検査方法と同等またはよりよい方法が確立され，それが適用できる場合には，発注者，受注者の協議により，その方法を利用することができる。

第5章　性能の確認・検査

表-5.4.1　出来形検査実施項目と頻度の参考例[1), 4)]

工　種		項　目	頻　度
構築路床		改良厚さ	適宜
		基準高	40 m
		幅	40 m
下層路盤		基準高	20 m
		幅	40 m
		厚さ	20 m
上層路盤	粒度調整, セメント（石灰）安定処理, セメント・瀝青安定処理, 瀝青安定処理	幅	100 m
		厚さ	20 m
	アスファルト中間層	幅	100 m
		厚さ	1,000 m²
基　層	アスファルト混合物層	幅	100 m
		厚さ	1,000 m²
表　層	アスファルト混合物層	幅	100 m
		厚さ	1,000 m²
	セメントコンクリート版	幅	40 m
		厚さ	100 m
	転圧コンクリート版	幅	40 m
		厚さ	40 m

表-5.4.2　出来形の標準的な検査方法[1)]

項　目	工　種	検査方法
基準高	構築路床, 下層路盤	舗装調査・試験法便覧　G001 路床面の基準高の測定方法
幅	構築路床, 下層路盤, 粒度調整路盤, セメント（石灰）安定処理路盤, セメント・瀝青安定処理路盤, 瀝青安定処理路盤	舗装調査・試験法便覧　G002 粒状路盤の幅の測定方法
	アスファルト中間層, 基層, 表層, セメントコンクリート版, 転圧コンクリート版	舗装調査・試験法便覧　G004 舗装の幅の測定方法
厚さ	下層路盤	舗装調査・試験法便覧　G003 粒状路盤の厚さの測定方法（抜取り検査：実測法，それ以外：水糸またはレベル）
	粒度調整路盤, セメント（石灰）安定処理, セメント・瀝青安定処理路盤, 瀝青安定処理路盤	舗装調査・試験法便覧　G003 粒状路盤の厚さの測定方法（立会い検査：水糸またはレベル，それ以外：実測法）
	アスファルト中間層 基層	（コア採取） 舗装調査・試験法便覧　G006 舗装の厚さの測定方法 （コア採取以外） 舗装調査・試験法便覧　G003 粒状路盤の厚さの測定方法 （水糸またはレベル）
	表層（アスファルト混合物層, セメントコンクリート版, 転圧コンクリート版）	（表層コア採取） 舗装調査・試験法便覧　G006 舗装の厚さの測定方法 （コア採取以外） 型枠または舗装調査・試験法便覧 G003 粒状路盤の厚さの測定方法（水糸またはレベル）

5-4-4　品質検査の実施項目と方法

(1) 品質検査の実施項目

　品質検査の実施項目の参考として「舗装設計施工指針（平成 18 年版）」に示されている合格判定値の例に対する品質管理項目と頻度の参考例を**表-5.4.3**に示す。表には工事の規模も示している。その考え方の一例としては，中規模以上の工事は，舗装施工面積が 10,000 m² 以上あるいは使

表-5.4.3　品質検査項目と頻度の参考例[4]

工種			中規模以上の工事	小規模の工事	実施する場合の頻度例
下層路盤	含水比, PI, 粒度		△	−	異常が観察されたとき
下層路盤	締固め度		○	△	1,000m²に1個
下層路盤	プルーフローリング		○	−	随時
上層路盤	粒度調整	含水比, PI	△	△	異常が観察されたとき
上層路盤	粒度調整	粒度 2.36mm	○	−	1〜2回/日
上層路盤	粒度調整	粒度 75μm	△	−	1〜2回/日
上層路盤	粒度調整	締固め度	○	△	1,000m²に1個
上層路盤	セメント, 石灰安定処理	粒度 2.36mm	○	−	1〜2回/日
上層路盤	セメント, 石灰安定処理	粒度 75μm	△	−	1〜2回/日
上層路盤	セメント, 石灰安定処理	セメント量 定量試験	△	−	1〜2回/日
上層路盤	セメント, 石灰安定処理	石灰量 使用量	○	○	随時
上層路盤	セメント, 石灰安定処理	締固め度	○	△	1,000m²に1個
上層路盤	セメント, 石灰安定処理	含水比	△	△	異常が観察されたとき
上層路盤	セメント, 瀝青安定処理	セメント量	○	○	1〜2回/日
上層路盤	セメント, 瀝青安定処理	アスファルト乳剤量	○	○	1〜2回/日
上層路盤	セメント, 瀝青安定処理	締固め度	○	△	1,000m²に1個
上層路盤	セメント, 瀝青安定処理	含水量	○	△	1〜2回/日
上層路盤	瀝青安定処理	粒度	○	−	印字記録：全数，または，抽出・ふるい分け試験：1〜2回/日
上層路盤	瀝青安定処理	アスファルト量	○	△	印字記録：全数，または，抽出・ふるい分け試験：1〜2回/日
上層路盤	瀝青安定処理	締固め度	○	△	1,000m²に1個
コンクリート版	粒度, 単位容積質量		○	△	細骨材 300m³, 粗骨材 500m³に1回または1回/日
コンクリート版	細骨材の表面水率		○	△	2回/日
コンクリート版	コンシステンシー		○	○	2回/日
コンクリート版	空気量		○	○	2回/日
コンクリート版	コンクリート温度		○	○	コンシステンシー測定時
コンクリート版	コンクリート強度		○	○	2回/日
コンクリート版	塩化物含有量		○	○	2回/日
転圧コンクリート版	粒度, 単位容積質量		○	△	細骨材 300m³/回, 粗骨材 500m³/回または1回/日
転圧コンクリート版	細骨材の表面水率		○	△	2回/日
転圧コンクリート版	コンシステンシー		○	△	2回/日
転圧コンクリート版	コンクリート温度		○	△	2回/日
転圧コンクリート版	コンクリート強度		○	△	2回/日
転圧コンクリート版	締固め度		○	○	40m/回(横断方向に3箇所)
表層・基層	加熱アスファルト混合物	外観	○	○	随時
表層・基層	加熱アスファルト混合物	温度	○	○	随時
表層・基層	加熱アスファルト混合物	粒度	○	△	印字記録：全数，または，抽出・ふるい分け試験：1〜2回/日
表層・基層	加熱アスファルト混合物	アスファルト量	○	△	印字記録：全数，または，抽出・ふるい分け試験：1〜2回/日
表層・基層	加熱アスファルト混合物	締固め度	○	△	

凡例　○：定期的または随時実施することが望ましいもの
　　　△：異常が認められたとき，または，特に必要なときに実施するもの
　　　−：省略が可能なもの

用する基層および表層用混合物の総使用量が3,000t（コンクリートでは1,000m³）以上の場合に該当し，小規模の工事は，同一工種の施工が数日連続する場合で，次のいずれかに該当するものをいう．

① 施工面積で2,000m²以上10,000m²未満
② 使用する基層および表層用混合物の総使用量が500t以上3,000t未満（コンクリートでは400m³以上1,000m³未満）

第5章 性能の確認・検査

　品質検査の実施項目および頻度については，発注者が工事の内容等を総合的に勘案して省略の可否を最終的に判断する。また，アスファルト混合物の事前審査制度等により，品質の認定を受けている場合は，発注者が工事の内容等を総合的に勘案して省略の可否または頻度の削減を最終的に判断する。

(2) 品質の検査の方法

　表-5.4.4に示す品質の標準的な検査方法は，同等またはより良い方法が確立され，それが適用できる場合には，発注者，受注者の協議により，その方法を利用することができる。

　検査は，サンプルを試験して，特定の検査項目について計量値として得た測定結果にもとづいて算出し，その結果を事前に定めた合格判定値と比較して，ロットの合否を判定する。ただし，「5-4-1(3) 4) 抜取り検査と立会い検査　①～③」に示すような場合に限り，立会いによる確認によって検査を実施することができる。

表-5.4.4　品質の標準的な検査方法[1]

項　目	工　種	検査方法
締固め度	置換え工法，下層路盤，粒度調整路盤，セメント（石灰）安定処理（構築路床，路盤），セメント・瀝青安定処理	舗装調査・試験法便覧　G021 砂置換法による路床の密度の測定方法 舗装調査・試験法便覧　G022 RIによる密度の測定方法
	瀝青安定処理路盤 アスファルト中間層 基層 表層	（コア採取） 舗装調査・試験法便覧　B008 アスファルト混合物の密度試験方法 （コア採取以外） 作業標準による。事前に転圧機種，転圧回数，温度等を定めておく。
	転圧コンクリート版	舗装調査・試験法便覧　B072 転圧コンクリート舗装に関する試験方法
粒　度	下層路盤，粒度調整路盤，セメント（石灰）安定処理路盤，セメント・瀝青安定処理	舗装調査・試験法便覧　A003 骨材のふるい分け試験方法
粒度，アスファルト量	瀝青安定処理路盤 アスファルト中間層 基層 表層	（コア採取） 舗装調査・試験法便覧　G028 アスファルト抽出試験方法 （コア採取以外） 混合所またはフィニッシャ敷きならし直後に採取した試料を用い，舗装調査・試験法便覧　G028 アスファルト抽出試験または混合所の印字記録により検査
セメント・石灰・アスファルト乳剤・アスファルト量	セメント（石灰）安定処理（構築路床，路盤），セメント・瀝青安定処理	使用量計量
曲げ強度	セメントコンクリート版 転圧コンクリート版	舗装調査・試験法便覧　B062 コンクリートの曲げ強度試験方法

5-4-5　出来形・品質の合格判定値

　合格判定値は，発注者が検査の考え方を含め，地域性，現場条件等を勘案して適宜定める。

　なお，舗装の構造設計を，「舗装設計施工指針（平成18年版）」の「付録4　疲労破壊輪数の基準に適合するアスファルト・コンクリート舗装」または「付録5　疲労破壊輪数の基準に適合するセメント・コンクリート舗装」により行った場合の合格判定値の例を以下に示す。

(1) 出来形の合格判定値

　出来形の抜取り検査による標準的な合格判定値の例を，表-5.4.5に示す。

第5章 性能の確認・検査

表-5.4.5 出来形の合格判定値の例[1]

工　種		項　目	個々	$\overline{X}_{10}$
構築路床		基準高（cm）	±5 以内	−
		幅（cm）	−10 以上	−
下層路盤		基準高（cm）	±4 以内	−
		幅（cm）	−5 以上	−
		厚さ（cm）	−4.5 以上	−1.5 以上
上層路盤	粒度調整	幅（cm）	−5 以上	−
		厚さ（cm）	−2.5 以上	−0.8 以上
	セメント（石灰）安定処理 セメント・瀝青安定処理	幅（cm）	−5 以上	−
		厚さ（cm）	−2.5 以上	−0.5 以上
	瀝青安定処理	幅（cm）	−5 以上	−
		厚さ（cm）	−1.5 以上	−0.8 以上
	アスファルト中間層	幅（cm）	−2.5 以上	−
		厚さ（cm）	−0.9 以上	−0.3 以上
基　層		幅（cm）	−2.5 以上	−
		厚さ（cm）	−0.9 以上	−0.3 以上
表　層		幅（cm）	−2.5 以上	−
		厚さ（cm）	−0.7 以上	−0.2 以上
コンクリート版		幅（cm）	−2.5 以上	−
		厚さ（cm）	−1.0 以上	−0.35 以上
転圧コンクリート版		幅（cm）	−3.5 以上	−
		厚さ（cm）	−1.5 以上	−0.45 以上

［注1］コンクリート版，転圧コンクリート版における路盤の基準高は，1層の場合個々の測定値を±3.0cm 以内とする。

出来形の合格判定等は以下に示すように実施する。

① 高さおよび幅については，個々の測定値は合格判定値以内になければならない。

② 厚さは，個々の測定値が10個に9個以上の割合で合格判定値以内にあるとともに，10個の側定値の平均値（$\overline{X}_{10}$）が合格判定値の範囲になければならない。

③ 工事規模は小さいものの，路盤から表層までを限られた時間の中で構築して交通開放しなければならない夜間工事や緊急工事等の場合には，確認方法は，監督員等の立会確認によってよい。

④ 交通規制等の関係で交通開放前に確認が行えない場合には，工事終了後できるだけすみやかに実施するものとする。

(2) 品質の合格判定値

品質の抜取り検査による標準的な合格判定値の例を**表-5.4.6**に示す。

表-5.4.6 品質の合格判定値の例[1]

工　種		項　目		$\overline{X}_{10}$	$\overline{X}_{6}$	$\overline{X}_{3}$
構築路床		締固め度（%）		92.5 以上	93 以上	93.5 以上
下層路盤		締固め度（%）		95 以上	96 以上	97 以上
上層路盤	粒度調整	締固め度（%）		95 以上	95.5 以上	96.5 以上
		粒　度（%）	2.36mm	±10 以内	±9.5 以内	±8.5 以内
			75μm	±4.0 以内	±4.0 以内	±3.5 以内
	セメント安定処理 石灰安定処理 セメント・瀝青安定処理	締固め度（%）		95 以上	95.5 以上	96.5 以上
		粒　度（%）	2.36mm	±10 以内	±9.5 以内	±8.5 以内
			75μm	±4.0 以内	±4.0 以内	±3.5 以内
		セメント・石灰量(%)		−0.8 以上	−0.8 以上	−0.7 以上
	瀝青安定処理	締固め度（%）		95 以上	95.5 以上	96.5 以上
		粒　度（%）	2.36mm	±10 以内	±9.5 以内	±8.5 以内
			75μm	±4.0 以内	±4.0 以内	±3.5 以内
		アスファルト量（%）		−0.8 以上	−0.8 以上	−0.7 以上
	アスファルト中間層	締固め度（%）		96 以上	96 以上	96.5 以上
		粒　度（%）	2.36mm	±8.0 以内	±7.5 以内	±7.0 以内
			75μm	±3.5 以内	±3.5 以内	±3.0 以内
		アスファルト量（%）		±0.55 以内	±0.50 以内	±0.50 以内
基　層		締固め度（%）		96 以上	96 以上	96.5 以上
		粒　度（%）	2.36mm	±8.0 以内	±7.5 以内	±7.0 以内
			75μm	±3.5 以内	±3.5 以内	±3.0 以内
		アスファルト量（%）		±0.55 以内	±0.50 以内	±0.50 以内
表　層		締固め度（%）		96 以上	96 以上	96.5 以上
		粒　度（%）	2.36mm	±8.0 以内	±7.5 以内	±7.0 以内
			75μm	±3.5 以内	±3.5 以内	±3.0 以内
		アスファルト量（%）		±0.55 以内	±0.50 以内	±0.50 以内
転圧コンクリート版		締固め度（%）		97.5 以上	97.5 以上	98 以上

品質の合格判定は以下の手順で実施する。

① 10,000m² 以下を1ロットとし，無作為に抽出した10個の測定値の平均値が，合格判定値 $\overline{X}_{10}$ の範囲になければならない。

② 10個のデータの取得が困難な場合は，無作為に抽出した3個の平均によってもよいが，平均値は合格判定値の $\overline{X}_{3}$ の範囲になければならない。

③ $\overline{X}_{3}$ が不合格の場合は，さらに3個の測定値を加えて6個の平均値 $\overline{X}_{6}$ を求め，再度合否の判定を行う。これが不合格となった場合に，この6個にさらに4個を加えて $\overline{X}_{10}$ の合格判定値の範囲を適用してはならない。

④ 局部的に不合格となる部分があるために，全体として大きなロットが不合格となる場合があるが，このようなときは不合格のロットをいくつかのロットに区分けして再び確認を行う方が，事後処理すべき範囲を小さくすることができる。

⑤ コンクリート版の品質は曲げ強度または割裂引張強度で判定する。確認は，標準養生した供試体を用いた管理データによる確認とし，切取りコアなどによる確認は行わない。品質の合否は，以下に示すJIS A 5308レディーミクストコンクリートにおける合格判定条件による。なお，呼び強度とは設計基準強度である。

　ⅰ）1回の試験結果は指定した呼び強度の85%以上であること。

ⅱ）3回の試験結果の平均値は，指定した呼び強度以上であること。

【参考文献】
1）（社）日本道路協会：舗装設計施工指針（平成18年版），平成18年2月
2）（公社）日本道路協会：舗装性能評価法－必須および主要な性能指標の評価法編－（平成25年版），平成25年4月
3）（社）日本道路協会：舗装性能評価法　別冊－必要に応じ定める性能指標の評価法編－，平成20年3月
4）（社）日本道路協会：舗装施工便覧（平成18年版），平成18年2月
5）（一社）日本道路建設業協会ホームページ：（平成25年8月5日確認）
　　　http://www.dohkenkyo.net/pavement/meisyo/joon.html
　　　http://www.dohkenkyo.net/pavement/meisyo/siruko.html

第6章　工事記録の蓄積

6-1　概説

　限られた予算の中で効率的で合理的な維持修繕を実施するためには，客観的なデータに基づきライフサイクルコストが最小となるように維持修繕時期，維持修繕箇所，維持修繕工法の選定を行う必要がある。そのためには，日常点検や定期点検などの記録とともに，維持修繕工事の記録を収集および蓄積し，維持修繕計画の策定に活用する必要がある。

　なお，道路占用復旧に伴う舗装工事についても工事記録を収集および蓄積し，維持修繕計画の策定に活用することが望ましい。

　本章では，工事記録の収集方法，蓄積方法および活用方法について概説する。

6-2　工事記録の収集

6-2-1　工事記録の収集目的

　工事記録は，維持修繕時期の決定や維持修繕工法の選定，材料のリサイクルの可能性の検討等，維持修繕計画に反映するための基本データとなることから，適切な方法で収集し，蓄積する必要がある。

　また，施工効率の向上およびコスト縮減等を目的として，新材料・新工法等の新技術を活用した場合には，施工管理等に関する調査を行い，その結果を収集し，蓄積することにより関係者の共有の知識となる。施工を積み重ね，新技術の効果が確認されれば一般的な技術として広く適用することが可能となり，ひいてはわが国全体の舗装技術の向上に寄与することになる。

6-2-2　工事記録の収集方法

　工事が完了後，適切な様式により工事記録を収集する。

　維持修繕工事における収集すべきデータの例を**表-6.2.1**に示す。

表-6.2.1　維持修繕工事における収集すべきデータの例

区　　分	項　　目
位　　置	路線番号，距離標または座標系，車線番号，地名
道路構造	車線構成，幅員，橋梁等の構造物，交差点
沿道状況	積雪地域の別，沿道利用状況
交通状況	交通量調査結果（大型車の別を含む），旅行速度
舗装現況	舗装計画交通量（設計区分），設計CBR，性能規定状況，T_A，舗装構成，使用材料 舗設年月，施工業者名，プラント名
舗装設計	舗装計画交通量（設計区分），設計CBR，性能規定状況，T_A，残存T_A，舗装構成，使用材料 維持修繕理由，舗装調査結果（FWDたわみ量等）
舗装工事	工事名，施工業者名，プラント名，発注方式，施工方法，施工時期，舗装構成，使用材料 性能確認結果，施工管理データ
路面性状	ひび割れ率，わだち掘れ深さ，平たん性，その他（すべり抵抗等）
その他調査	FWDたわみ量，環境騒音
参考情報	通報データ，苦情データ等

6-2-3 工事記録の様式

維持修繕工事の記録様式例を**表-6.2.2**,使用材料の基準試験の記録様式例を**表-6.2.3**および**表-6.2.4**,品質管理の記録様式例を**表-6.2.5**,出来形管理の記録様式例を**表-6.2.6**に示す。

表-6.2.2 維持修繕工事の記録様式例

位　　置	路線番号		距離標	〜　　　（上・下）
	車線番号		地　名	
道路構造	車線構成		幅　員	
	土工部 ・ 橋梁部 ・ トンネル部		交差点部 ・ 単路部	
沿道状況	一般地域 ・ 積雪寒冷地域		DID ・ 市街部 ・ 平地部 ・ 山地部	
交通状況	全交通量		大型車交通量	
	旅行速度			
舗装現況	舗装計画交通量		設計CBR	
	T_A		舗設年月	
	施工業者名		プラント名	
	舗装構成			
	使用材料			
	性能規定状況			
舗装設計	舗装計画交通量		設計CBR	
	T_A		残存T_A	
	維持修繕理由			
	舗装調査結果			
	舗装構成			
	使用材料			
	性能規定状況			
舗装工事	工事名		施工業者名	
	プラント名		発注方式	
	舗装構成			
	使用材料			
	施工方法			
	施工時期			
	性能確認結果			
路面性状	ひび割れ率			
	わだち掘れ深さ			
	平たん性			
	その他			
その他調査	FWDたわみ量			
	環境騒音			
参考情報	通報データ			
	苦情データ			

表-6.2.3 使用材料の基準試験の記録様式例

表層	加熱アスファルト混合物	混 合 物 の 種 類	
		アスファルトの種類	
		粒度	2.36mm 通過量（%）	
			75μm 通過量（%）	
		アスファルト量（%）	
		安定度（kN）	
		フロー値（1/100cm）	
		空隙率（%）	
		飽和度（%）	
		残留安定度（%）	
		動的安定度（回/mm）	
		透水係数（cm/sec）	
基層		混 合 物 の 種 類	
		アスファルトの種類	
		粒度	2.36mm 通過量（%）	
			75μm 通過量（%）	
		アスファルト量（%）	
		安定度（kN）	
		フロー値（1/100cm）	
		空隙率（%）	
		飽和度（%）	
		残留安定度（%）	
		動的安定度（回/mm）	
コンクリート版		コンクリートの種類	
		セメントの種類	
		粗骨材の最大寸法（mm）	
		単位セメント量（kg/m^3）	
		水セメント比（%）	
		単位粗骨材容積（または、細骨材率（%））	
		スランプ（cm）	
		空気量（%）	
		曲げ強度（MPa）	
		塩化物含有量（kg/m^3）	

表-6.2.4　使用材料の基準試験の記録様式例

上層路盤	上層路盤材料の種類		
	最大粒径（mm）		
	粒　度	4.75mm 通過量（%）	
		2.36mm 通過量（%）	
		75μm 通過量（%）	
	粒度調整砕石 再生粒度調整砕石	修正 CBR（%）	
		PI	
	粒度調整鉄鋼スラグ	単位容積質量（kg/ℓ）	
		修正 CBR（%）	
		水浸膨張比（%）	
	水硬性粒度調整鉄鋼スラグ	単位容積質量（kg/ℓ）	
		修正 CBR（%）	
		水浸膨張比（%）	
		一軸圧縮強さ[14日]（MPa）	
	セメント安定処理 再生セメント安定処理	セメント量（%）	
		一軸圧縮強さ[7日]（MPa）	
	石灰安定処理 再生石灰安定処理	石灰量（%）	
		一軸圧縮強さ[10日]（MPa）	
	瀝青安定処理 再生瀝青安定処理	アスファルト量（%）	
		安定度（kN）	
		フロー値（1/100cm）	
		空隙率（%）	
	セメント・瀝青安定処理 再生セメント・瀝青安定処理	セメント量（%）	
		アスファルト乳剤量（%）	
		フォームドアスファルト量（%）	
		一軸圧縮強さ（MPa）	
		一次変位量（1/100cm）	
		残留強度率（%）	
下層路盤	下層路盤材料の種類		
	最大粒径（mm）		
	粒　度	4.75mm 通過量（%）	
		2.36mm 通過量（%）	
	クラッシャラン 再生クラッシャラン	修正 CBR（%）	
		PI	
	クラッシャラン鉄鋼スラグ	修正 CBR（%）	
		水浸膨張比（%）	
	セメント安定処理 再生セメント安定処理	セメント量（%）	
		一軸圧縮強さ[7日]（MPa）	
	石灰安定処理 再生石灰安定処理	石灰量（%）	
		一軸圧縮強さ[10日]（MPa）	

表-6.2.5 品質管理の記録様式例

項　　目			設定値	測定値		
				範　囲	平均値	標準偏差
表層	加熱アスファルト混合物	粒度 2.36mm 通過量（%）				
		粒度 75μm 通過量（%）				
		アスファルト量（%）				
		締固め度（%）	―			
基層		粒度 2.36mm 通過量（%）				
		粒度 75μm 通過量（%）				
		アスファルト量（%）				
		締固め度（%）	―			
コンクリート版		スランプ（cm）				
		空気量（%）				
		コンクリート強度（MPa）				
		塩化物含有量（kg/m^3）				
上層路盤	粒度調整	含水比（%）				
		粒度 2.36mm 通過量（%）				
		粒度 75μm 通過量（%）				
	石灰安定処理セメント安定処理	粒度 2.36mm 通過量（%）				
		粒度 75μm 通過量（%）				
		セメント量（%）				
		石灰量（%）				
		含水比（%）				
	瀝青安定処理セメント・	セメント量（%）				
		アスファルト乳剤量（%）				
		フォームドアスファルト量（%）				
		含水比（%）				
	瀝青安定処理	粒度 2.36mm 通過量（%）				
		粒度 75μm 通過量（%）				
		アスファルト量（%）				
		締固め度（%）	―			
下層路盤	粒度	含水比（%）				
		2.36mm 通過量（%）				
		締固め度（%）	―			

表-6.2.6 出来形管理の記録様式例

項 目			設計値	測定値の範囲	測定値の平均値
表層	加熱アスファルト混合物	厚さ（cm）			
		幅（cm）			
		平たん性（mm）	—	—	注）
		浸透水量（mℓ/15s）	—		
基層		厚さ（cm）			
		幅（cm）			
		浸透水量（mℓ/15s）	—		
コンクリート版		厚さ（cm）			
		幅（cm）			
		平たん性（mm）	—	—	注）
上層路盤	粒度調整	厚さ（cm）			
		幅（cm）			
	セメント安定処理 石灰安定処理	厚さ（cm）			
		幅（cm）			
	セメント・瀝青 安定処理	厚さ（cm）			
		幅（cm）			
	瀝青安定処理	厚さ（cm）			
		幅（cm）			
下層路盤		厚さ（cm）			
		幅（cm）			

注）σ を記入

6-3 工事記録の蓄積

6-3-1 工事記録の蓄積目的

舗装の性能の低下は，同じ舗装構造であっても，交通の状況，気象の状況，さらには沿道の状況等により異なる。そのため，道路管理者は収集された工事記録を日常点検や定期点検などの記録とともに基本データとして蓄積し，これらを分析することで，維持修繕時期の決定や維持修繕工法の選定等の維持修繕計画に反映することが望ましい。また，新材料・新工法等の新技術を活用した場合には，これらの工事記録の蓄積を図ることにより，新技術の効果の確認が可能となる。したがって，道路管理者は定期的かつ継続的に維持修繕工事の工事記録を蓄積することが大切である。

6-3-2 工事記録の蓄積方法

維持修繕工事の工事記録の蓄積方法としては「6-2-3 工事記録の様式」を参考に，紙ベースによる台帳に記録する蓄積方法，電子データのファイル形式による蓄積方法，コンピュータ上のデータベースによる蓄積方法等がある。

第6章　工事記録の蓄積

　紙ベースによる台帳に記録する蓄積方法と電子データのファイル形式による蓄積方法は，データ量が少ない場合には十分な管理が可能であるが，データ量の増加やデータの修正や更新に伴いデータの管理や書類の保管が難しくなる。よってこれらの方法により工事記録の蓄積を行う場合は，データの管理方法をルール化し，複数のデータ管理者でも管理の統一性を図ることが必要である。

　コンピュータ上のデータベースによる蓄積方法は，システム化やデータ入力に労力が必要になる反面，管理の統一性，書類の削減，検索の簡便性，情報の共有化および情報更新，提供の容易性など有用な面が多い。舗装の工事記録は「6-2-3　工事記録の様式」に示すように，収集されるデータが多岐にわたり，蓄積に伴い管理するデータ量も膨大となることから，コンピュータ上のデータベースによる蓄積方法を用いることが望ましい。**図-6.3.1**に維持修繕工事の工事記録データベースの構成例を示す。

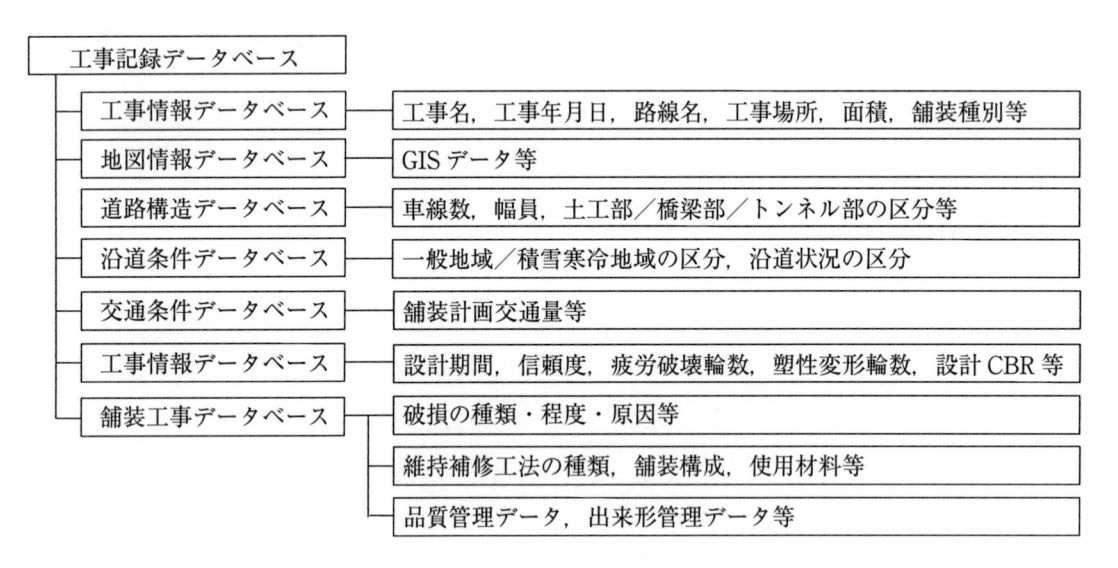

```
工事記録データベース
 ├─ 工事情報データベース ── 工事名，工事年月日，路線名，工事場所，面積，舗装種別等
 ├─ 地図情報データベース ── GISデータ等
 ├─ 道路構造データベース ── 車線数，幅員，土工部／橋梁部／トンネル部の区分等
 ├─ 沿道条件データベース ── 一般地域／積雪寒冷地域の区分，沿道状況の区分
 ├─ 交通条件データベース ── 舗装計画交通量等
 ├─ 工事情報データベース ── 設計期間，信頼度，疲労破壊輪数，塑性変形輪数，設計CBR等
 └─ 舗装工事データベース ── 破損の種類・程度・原因等
                          ── 維持補修工法の種類，舗装構成，使用材料等
                          ── 品質管理データ，出来形管理データ等
```

図-6.3.1　維持修繕工事の工事記録データベースの構成例

6-4　工事記録の活用

6-4-1　工事記録の活用目的

　維持修繕工事の工事記録が蓄積されると，点検記録およびその他の情報などのデータとあわせて舗装路面の現況把握，健全度や劣化予測を行うことが可能となる。

　類似条件下にある舗装であれば，蓄積した工事記録をもとに，管理目標値の設定，維持修繕計画の策定および効果の確認された新材料・新技術の適用も含めた維持修繕工法の選定を行うことも可能となる。またこれらのデータは，信頼性の高い合理的な路面設計方法や構造設計方法の高度化にとって貴重なデータとなることから，蓄積された工事記録等のデータを積極的に活用・公開していくことが大切である。

6-4-2　工事記録の活用方法

　維持修繕工事の工事記録と点検記録およびその他の情報などのデータとあわせた活用方法の例を**表-6.4.1**に示す。

表-6.4.1 工事記録の活用方法の例

活用事例	活用されるデータの内容
舗装の健全度	ひび割れ，わだち掘れ，平たん性等の破損状況
舗装の劣化要因の分析	舗装の破損データ
舗装の劣化予測	舗装の破損データ，沿道条件データ，劣化要因
新材料・新技術の効果確認	舗装工事データ（施工・材料），舗装の破損データ
LCC の算出	劣化予測式，管理目標値，予算データ
維持修繕計画の策定	LCC データ，中長期的予算データ
管理目標値の設定	劣化予測式，LCC データ，中長期的予算データ

付　録

付録1　管理目標の設定・修正の考え方

付録2　幹線道路における舗装のマネジメントの具体例

付録3　生活道路における舗装のマネジメントの具体例

付録4　アスファルト舗装の破損の形態と発生原因

付録5　コンクリート舗装の破損の形態と発生原因

付録1　管理目標の設定・修正の考え方

舗装のマネジメントの実施手順の一つとして「管理目標の設定」がある。管理目標は，そのレベルにより道路利用者へのサービス水準や，舗装の管理に必要となる予算に影響を与えるものである。

管理目標の設定・修正については種々のアプローチ方法が考えられるが，幹線道路を対象としてその一例をあげれば以下のとおりである。

1　舗装のこれまでの管理実態の整理

(1) 舗装の現状の整理

それぞれの道路管理者で管理している道路の舗装の状態の把握状況を整理する。可能であれば，舗装の状態のこれまでの推移も整理する（**付図-1.1.1 参照**）。

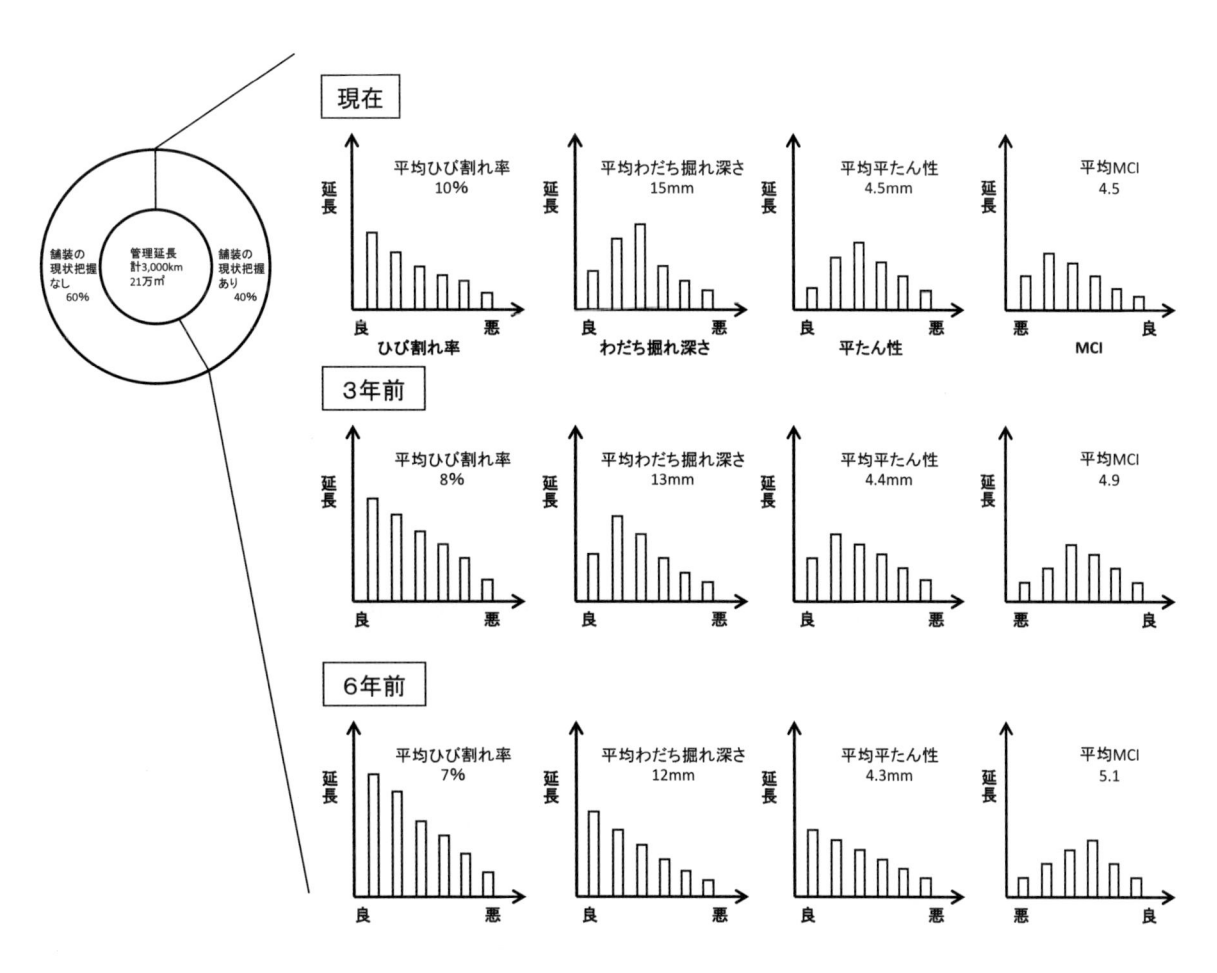

付図-1.1.1　舗装の状態のこれまでの推移の整理例

付録1　管理目標の設定・修正の考え方

(2) 舗装の維持修繕に関する事業費の実績把握

これまで舗装の維持修繕に関する事業費について，10年程度さかのぼって整理する。なお，たとえば1車線拡幅する工事に伴って既存の車線の舗装を打換えた場合など，予算上の分類のみでは維持修繕に関する事業費が把握しきれないことが考えられる。舗装の状態の推移と事業費の関係を把握する上で，これらの事業費を含めて整理する（**付図-1.1.2参照**）。

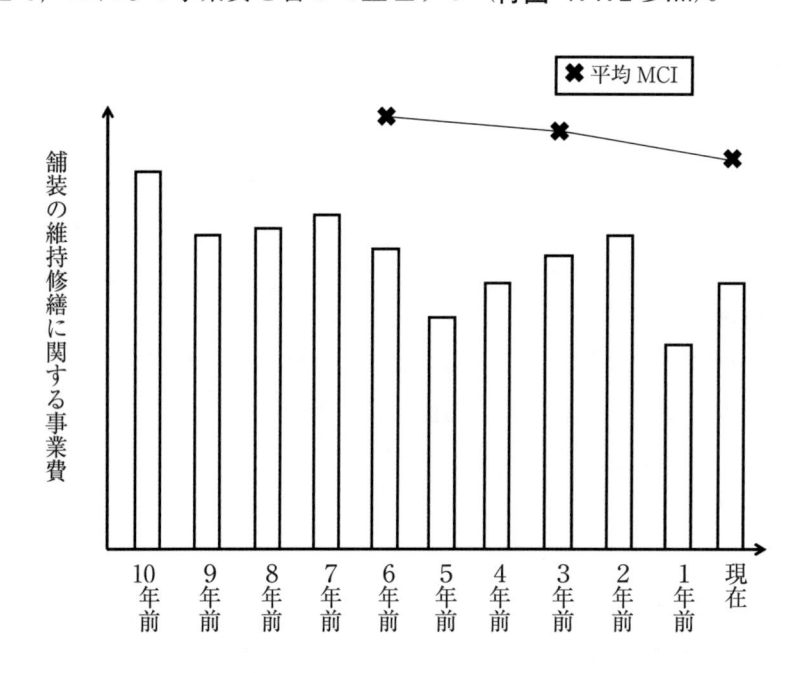

付図-1.1.2　舗装の状態の推移と事業費の関係の整理例

2　サービス指標と管理指標の観点からの管理目標のレベルに関する情報収集・整理

(1) 管理目標のレベルとサービス水準の関係に関する知見の整理

舗装のサービス指標は，乗り心地等の満足度が最上位に位置付けられる。その満足度に影響を及ぼす舗装の機能としては，安全，円滑，快適および環境というものが挙げられる。舗装の状態がこれらの機能にどう影響を及ぼすかについて，収集可能な知見を整理する。なお，舗装の状態とこれらの機能との関係，社会経済活動の与える影響については明らかになっていない部分が多く，知見の収集・整理については継続して行っていく。なお，道路利用者や沿道住民からの苦情・要望等も参考情報となる。

　例）わだち掘れによる水はねの影響
　　（知見の例）
　　　　建設省：舗装の管理水準と維持修繕工法に関する総合的研究，第40回建設省技術研究
　　　　会道路部門指定課題論文集，3．pp.134-149，1986年10月
　　水はねによる走行車両の視界阻害度評価試験
　　（知見の例）
　　　　建設省：舗装の管理水準と維持修繕工法に関する総合的研究，第40回建設省技術研究
　　　　会道路部門指定課題論文集，3．pp.134-149，1986年10月
　　わだち掘れと安心感等
　　（知見の例）
　　　　渡邉，石田：舗装の管理目標に関する一考察，第11回北陸道路舗装会議技術報文集，

D-11,2009 年 8 月

　　IRI と安心感等

（知見の例）

　　渡邉，石田：舗装の管理目標に関する一考察，第11回北陸道路舗装会議技術報文集，D-11,2009 年 8 月

(2) 管理目標のレベルについて管理指標の観点からの維持修繕の実績整理

舗装の管理指標は，舗装の構造的な健全度の把握等，舗装の適切な管理を実施するために，道路管理者の視点にたった指標である。具体的には，ひび割れ率や FWD によるたわみ量などが挙げられる。ある管理指標に関する舗装の状態のレベルがどの程度になったらどのような維持修繕を行うのが妥当であるのかについて，これまでの実績によって設定する。

　　例）ひび割れによる破損

　　　　ひび割れ率＝○○％となったら放置できないので，打換えを行う。

3　道路の性格に応じた管理指標の設定

2 で整理した情報をもとに，道路の性格，沿道状況等に応じた管理指標を設定する。その際，その後のモニタリングの実現可能性も考慮しておく必要がある。

　　例）①全ての道路において，ひび割れ率とわだち掘れ深さを管理指標とする。

　　　　②このうち，○○の役割を担う道路においては，平たん性を管理指標に加える。

4　管理目標の検討

(1) 管理目標の仮設定

1 で整理した舗装の現状，2 で整理した情報をもとにした道路の性格や走行速度に応じて提供すべきサービスの観点から，管理目標を仮設定する。

　　例）①全ての道路において，以下の管理目標とする。

　　　　　ひび割れ率　　　30％以内

　　　　　わだち掘れ深さ　30mm 以内

　　　　②このうち，○○の役割を担う道路においては，以下を管理目標に加える。

　　　　　わだち掘れ深さ　20mm 以内

　　　　　平たん性　　　　5mm 以内

(2) 管理目標を満足するような維持修繕パターン・劣化予測モデルを設定

(1)で仮設定した管理目標を満足するような維持修繕パターン及びその後の劣化予測モデルを，これまでの管理実績に応じて設定する。

　　例）①○○の役割を担う道路以外

　　　　【ひび割れ率】

　　　　　新設・打換え → 20％時点で表面処理 →（ひび割れ率進行速度を 3 割減少）→ 30％時点で切削 OL →（元のひび割れ率進行速度へ）→ 20％時点で表面処理 →（ひび割れ率進行速度を 3 割減少）→ 打換え ……

　　　　【わだち掘れ深さ】

　　　　　新設・打換え・切削 OL → 30mm 時点で切削 →（15mm にわだち掘れ深さ回復・わだち掘れ進行速度は従来どおり）→ 切削 OL ……

付録1　管理目標の設定・修正の考え方

　　例）①○○の役割を担う道路
　　　　【ひび割れ率】
　　　　　　新設・打換え → 20％時点で表面処理 →（ひび割れ率進行速度を3割減少）→
　　　　　　30％時点で切削 OL →（元のひび割れ率進行速度へ）→ 20％時点で表面処理 →
　　　　　　（ひび割れ率進行速度を3割減少）→ 打換え ……
　　　　【わだち掘れ深さ】
　　　　　　新設・打換え・切削 OL → 20mm 時点で切削 OL → ……
　　　　【平たん性】
　　　　　　新設・打換え・切削 OL → 5mm 時点で切削 OL → ……

(3) 舗装の維持修繕に関する将来の事業費の算出

　(2)で設定した維持修繕パターンを想定し，単価は工法別のこれまでの実績より設定するなどし，舗装の維持修繕に関する将来の事業費を算出する。

　算出した事業費について，現実的な事業費として道路利用者および納税者への説明責任の観点から検証し，満足しないのであれば3または4(1)に戻って管理指標や管理目標のレベルを再設定する。

5　管理目標および将来の必要事業費の公表

　4にて道路利用者および納税者への説明責任の観点から満足する管理目標が設定できた後は，その管理目標および将来の必要事業費を公表する。必要に応じて，マネジメントの実践に移る前にPI（パブリック・インボルブメント）を実施して，その結果に応じて3または4(1)に戻って再検討する。

　　例）公表するイメージ
　　　　「○○地域の道路は今後こういうレベルを保つようにこのような維持修繕パターンを想定して舗装を管理していきます。そのために将来の必要事業費は○○億円程度で，県民一人当たり○○円程度，延長単価では○○円/km レベルです。ただし，実際の維持修繕工法は現地で舗装の損傷状況を個別に判断し，LCC 上で最も適切な維持修繕工法の採用に努めていきます。」

6　事後評価および管理目標の妥当性の検証・再設定

　5を踏まえて，実際の舗装のマネジメントを実施し，ある一定期間を経過した後，事後評価を行う。なお，実際の維持修繕にあたっては，第3章以降を参考に，舗装を適切に診断して維持修繕を実施するなど，個別の現場判断が必要である。

　事後評価を行う観点は，「どの程度の事業費を投入して，どの程度管理目標を達成できていたか，設定した維持修繕パターンは妥当であったか，その後の新工法等の開発状況や現場での追跡調査結果から，管理目標を満足する範囲でより長寿命（LCC 上有利）な維持修繕パターンはないか，その後管理目標に関する新たな知見はないか」等である。

　事後評価を行った後は，道路利用者および納税者にその結果を報告し，道路管理者と道路利用者・納税者の間でのコミュニケーション活動を通じて，3の検討に戻る。

付録2　幹線道路における舗装のマネジメントの具体例

1　M県の取組事例

1-1　体　系

　M県は，国道805km，主要地方道1,115km，一般地方道1,584kmの計3,504kmを管理している（うち，舗装済延長3,357km）。このように管理延長も膨大にある中で，厳しい財政事情のもと舗装も効率的に維持管理を行うことが必要であり，路線に応じて適切な管理レベルを設定した基本計画に基づいた舗装マネジメントの試行に取り組んでいる。舗装マネジメントの体系を付図-2.1.1.1に示す。

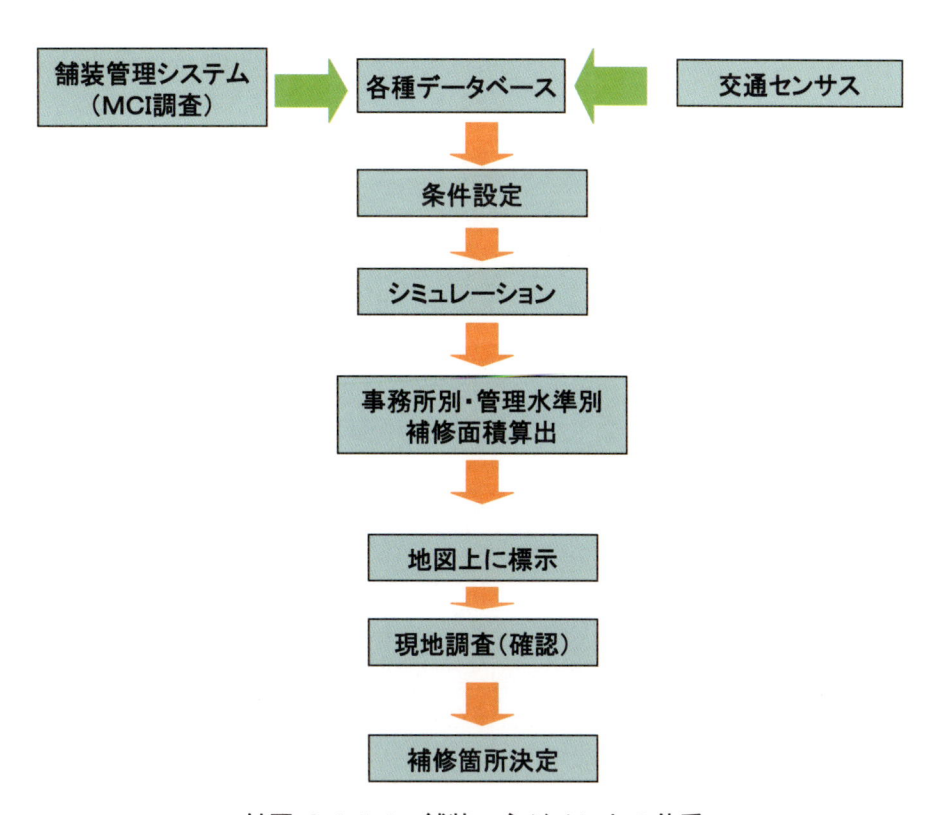

付図-2.1.1.1　舗装マネジメントの体系

1-2　舗装の状態の把握・評価

　国道については昭和61年度から，県道については平成10年度から全ての路線を対象に路面性状測定車により路面性状データ（ひび割れ率，わだち掘れ深さおよび平たん性）を取得している。ただし，簡易舗装区間は目視計測（平たん性を除く。）としている。点検頻度は，県内をブロックに分割して3年で一巡するように測定していたが，実績をもとに独自の劣化予測式を設定したこと等から，現在は1回/5年としている。各路線100mの評価単位とし，測定対象車線は代表車線（2車線道路は下り車線，多車線道路は下りの2車線目）としている。評価指標は舗装の維持管理指数（MCI：Maintenance Control Index）としている。

1-3 管理目標の設定

道路の重要度に応じて3つの管理区分を設定している。管理区分は，交通量や地域特性を踏まえて分類し，それぞれ毎に求められるサービスレベルを想定して管理目標を設定している（**付表-2.1.3.1**）。

付表-2.1.3.1 管理区分と管理目標

分類	定義	管理水準（管理目標）
管理区分Ⅰ（高いサービスレベルが求められる区間）	大型車交通量が250台以上，または一般車交通量が1,600台以上，またはDID地区内の区間	MCI = 4以上を確保
管理区分Ⅱ（標準的なサービスレベルとする区間）	大型車交通量が250台未満，または一般車交通量が1,600台未満区間。ただし管理区間Ⅲを除く。	MCI = 3以上を確保
管理区分Ⅲ（供用性を確保する区間）	山間部の道路で交通量が少なく，かつ生活道路でない区間。	MCI = 2以上を確保

注）交通量は，平日24時間一方向

1-4 健全度の将来予測

当初はMCIが年0.2ずつ減少する簡略版の劣化予測式を用いていたが，路面性状データが蓄積されてきたことから，M県独自の劣化予測式を実績データ（平均的な健全度の経年変化）より設定した。ひび割れ，わだち掘れおよび平たん性のそれぞれの指標別に交通量に応じて劣化予測式を作成することにより，予測精度の向上を図ったものである。M県版の劣化予測式を**付表-2.1.4.1**に示す。

付表-2.1.4.1 管理区分と管理目標

項目	予測区分	予測式
ひびわれ（%）	$N_1 \sim N_4$（旧LA）交通	$C_i = C_0 + 1.72 + 0.36i$
	$N_5 \sim N_7$（旧BCD）交通	$C_i = C_0 + 1.62 + 0.54i$
わだち掘れ（mm）	$N_1 \sim N_4$（旧LA）交通	$D_i = D_0 + 1.08 + 0.24i$
	$N_5 \sim N_7$（旧BCD）交通	$D_i = D_0 + 0.39 + 0.27i$
平たん性（mm）	$N_1 \sim N_4$（旧LA）交通	$\sigma_i = \sigma_0 + 0.14 + 0124i$
	$N_5 \sim N_7$（旧BCD）交通	$\sigma_i = \sigma_0 + 0.25 + 0.11i$

1-5 データの蓄積・更新

路面性状データに加え，舗装の管理に必要なデータを一元管理したデータベースを構築し，この中で補修履歴等を区間毎の属性データとして格納している。データベースの表示例を**付図-2.1.5.1**に示す。

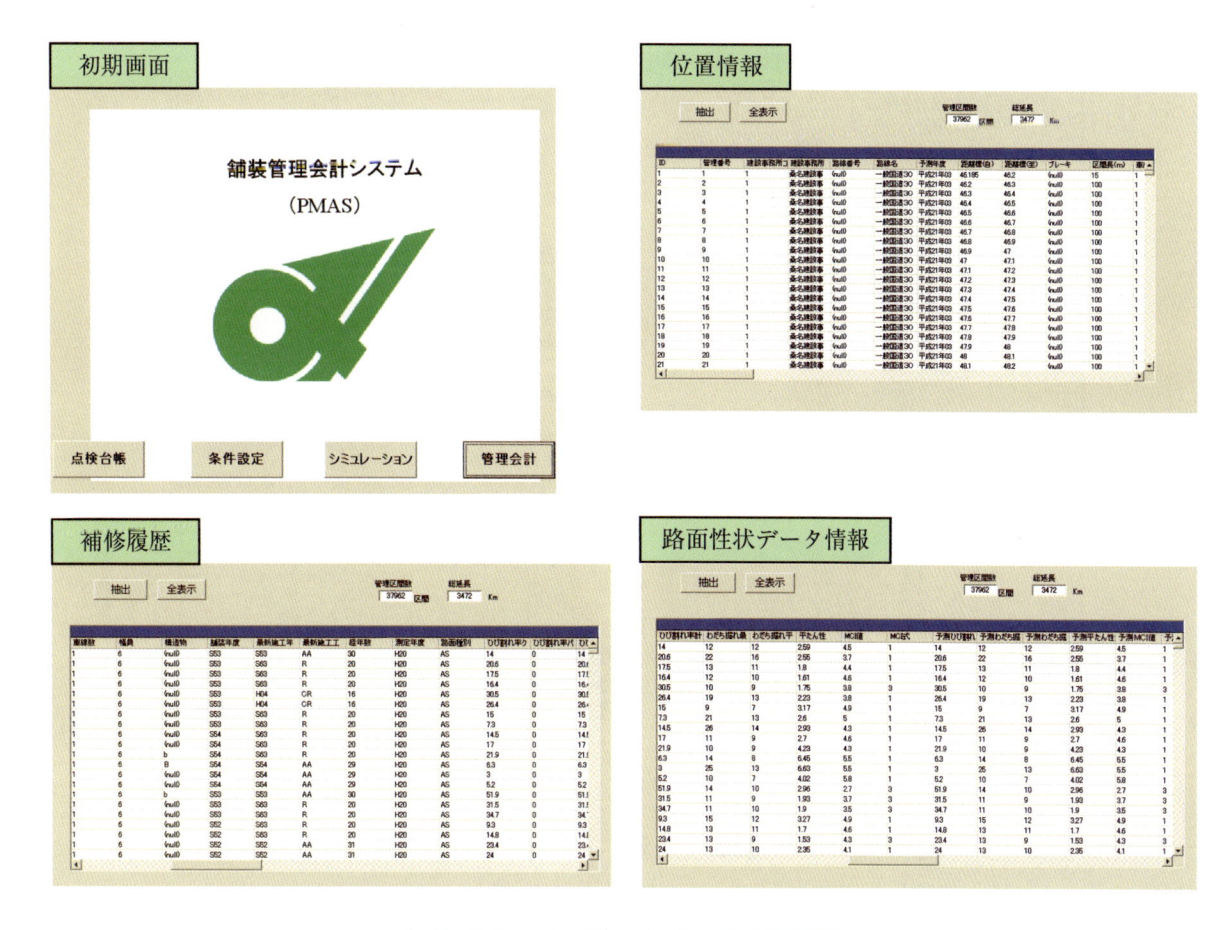

付録2　幹線道路における舗装のマネジメントの具体例

付図-2.1.5.1　データベースの表示例

1-6　維持修繕計画の策定

　上記の路面性状調査結果や劣化予測のほか，日々の通常パトロール結果も踏まえ，管理区分ごとに管理目標以下およびそれに近づいている区間の延長を把握し，適切な時期に修繕を実施できるよう計画し，必要な予算を算出している。実際の修繕にあたっては現地を確認して適切な維持修繕工法を採用し，その履歴をデータベースにフィードバックしている。これらをM県版舗装マネジメントシステムとしてコンピュータで出力できるようになっている。出力例を**付図-2.1.6.1, 2**に示す。

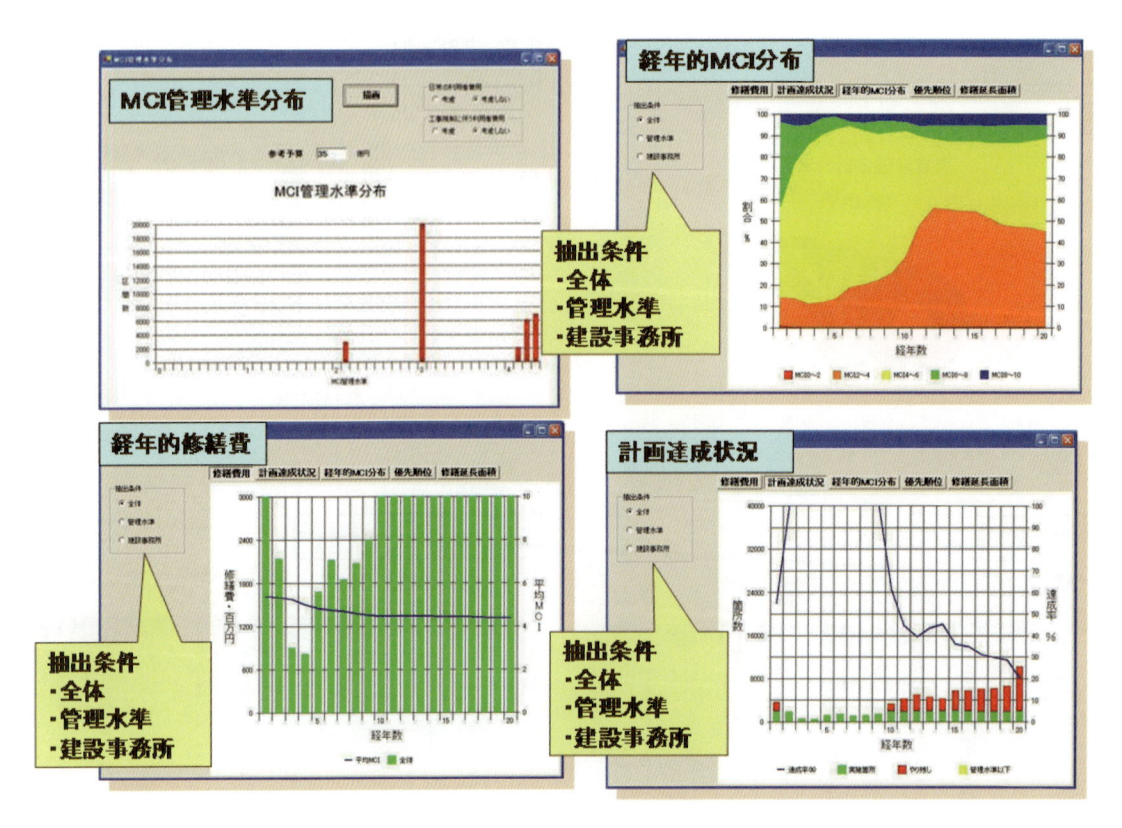

付録2　幹線道路における舗装のマネジメントの具体例

付図-2.1.6.1　舗装マネジメントシステムの出力例(1)

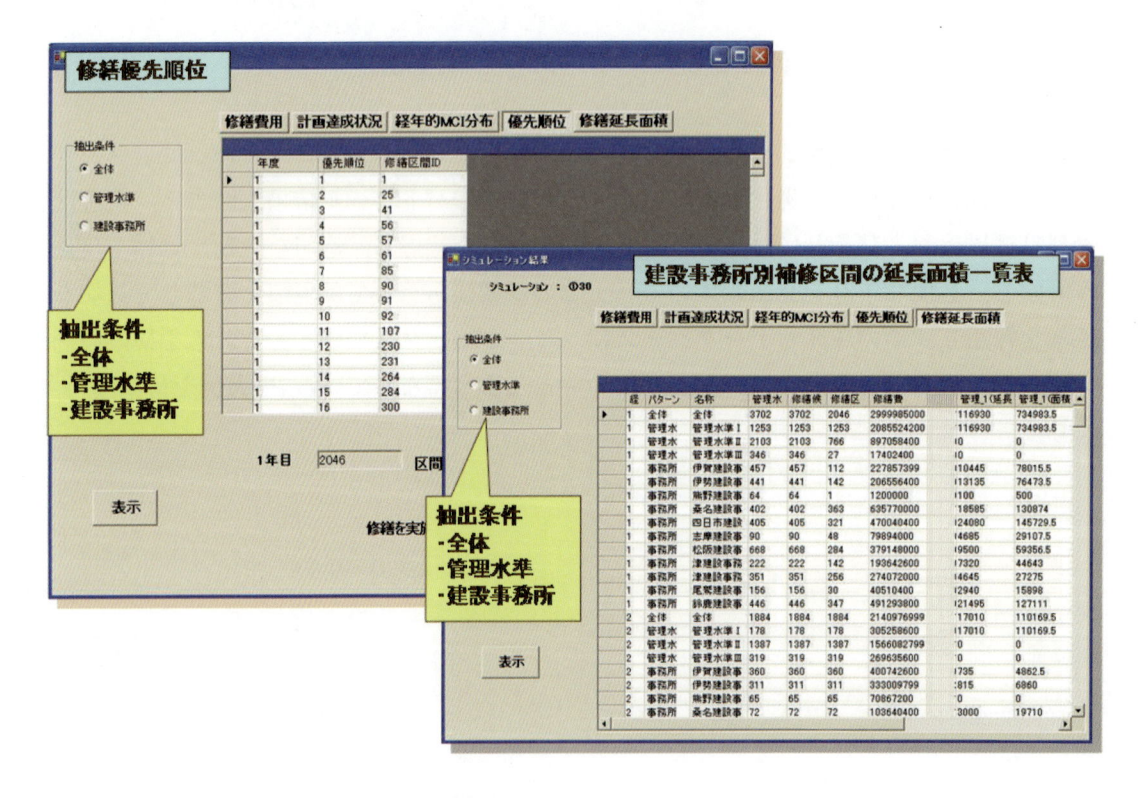

付図-2.1.6.2　舗装マネジメントシステムの出力例(2)

【参考文献】
1）（公社）日本道路協会ホームページ：http://www.road.or.jp/technique/090210.html

付録2　幹線道路における舗装のマネジメントの具体例

2　S自治体の取組事例

2-1　体　系

　S自治体は，1,100km余りの管理道路を有している。道路・舗装構造や利用形態の違いにより，幹線道路である「1，2級路線」と生活道路である「その他路線」に分類して管理している。厳しい財政事情のもと，「1，2級路線」の効果的で効率的な舗装管理を目指した。舗装のマネジメントの体系を付図-2.2.1.1に示す。

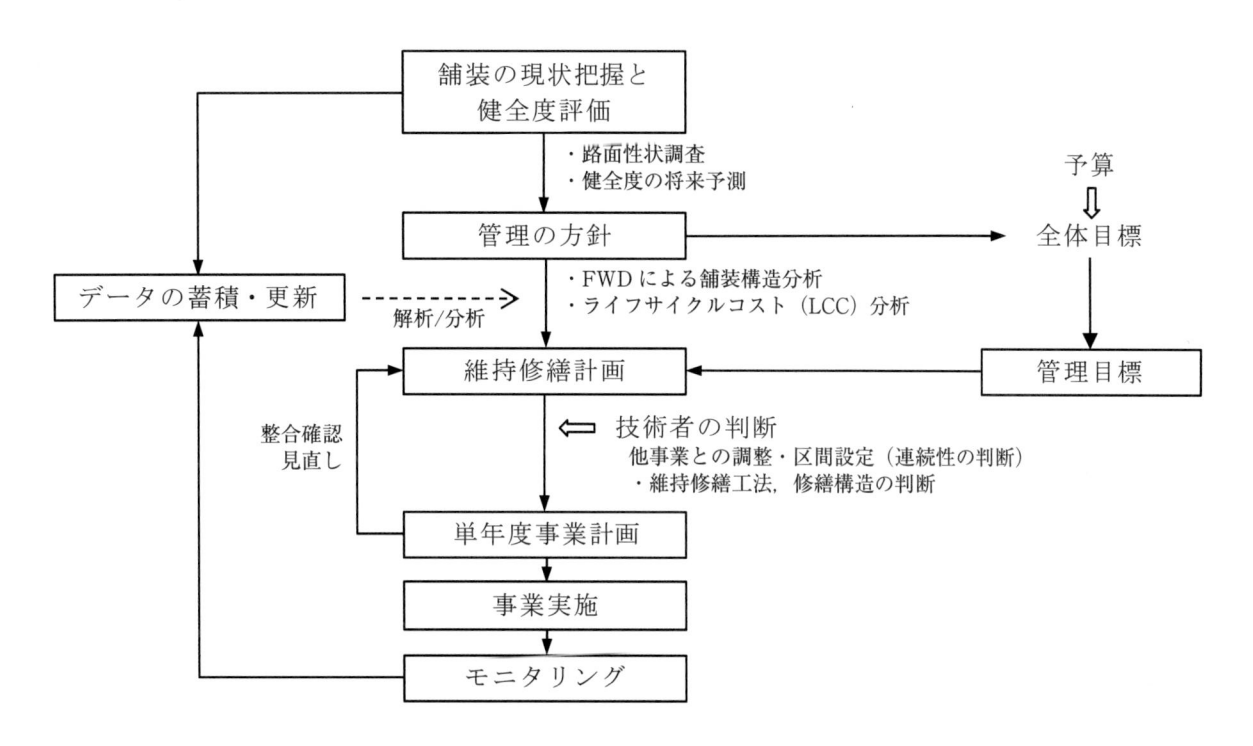

付図-2.2.1.1　舗装のマネジメントの体系

2-2　舗装の現状把握と健全度の評価

(1) 舗装の現状把握と健全度の評価

　路面性状測定車により路面性状データ（ひび割れ率，わだち掘れ深さおよび平たん性）を求める。路面性状調査は，「1，2級路線」全てを対象とし，舗装の健全度評価はひび割れ率，わだち掘れ深さ，平たん性の3要素を用いた評価式により求められる維持管理指数（MCI：Maintenance Control Index）とする。評価単位は部分的な破損を把握することを目的とし20mを基本とし，道路台帳データ（延長，幅員，交通量区分，地域区分，舗装種等）や維持修繕履歴とともにデータの蓄積・更新を行う。

(2) 健全度の将来予測

　路面性状データは過年度に測定した1回分のデータしかなかったため，既存の予測式を用いる方法とした。「1，2級路線」のうち，ある程度連続して破損が生じている区間（全体の1割程度）を抽出し，路面性状測定車により路面性状調査を実施した。今回測定した路面性状値（測定値）と過年度に測定し路面性状データに既存の予測式を用いて予測した路面性状値（予測値）を比較し検証した（付図-2.2.2.1）。

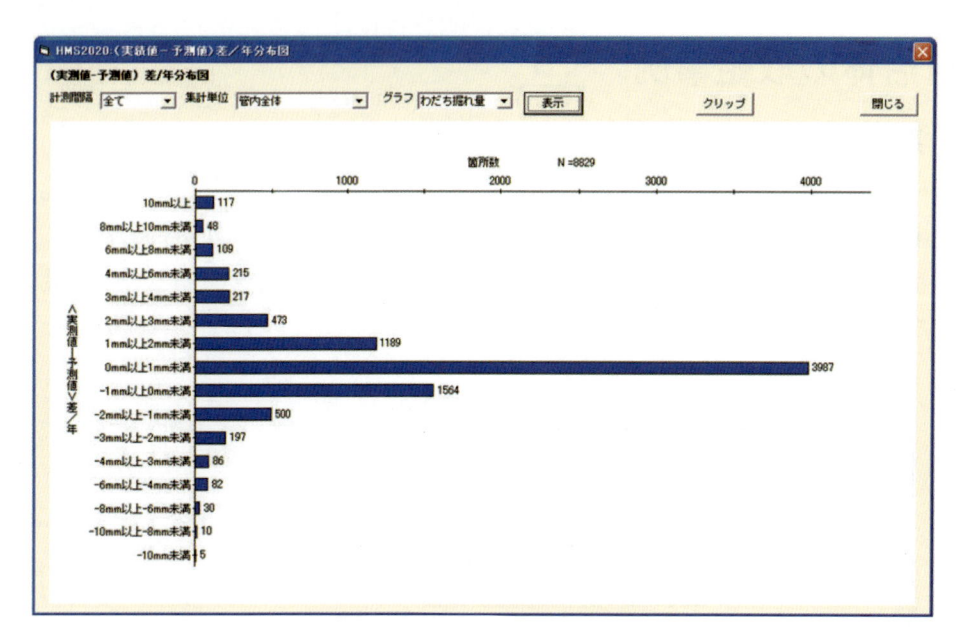

付録2　幹線道路における舗装のマネジメントの具体例

付図-2.2.2.1　予測式の検証例

2-3　管理の方針

(1) 舗装構造の健全度

舗装破損の状態の判断が「軽度」,「中度」および「重度」[1]の区間を数箇所選定し，FWDによるたわみ量調査を実施した。舗装破損の状態とFWDたわみ量調査から得られた舗装の健全性（路盤以上の舗装体）の関係を把握した[2]。

舗装破損の状態の判断

　　軽度：ほぼ完全な供用性能を有しており，当面の補修は不要であるもの
　　　　　（おおむねひび割れ率が15%以下のもの）
　　中度：ほぼ完全な供用性能を有しているが，局部的・機能的な補修が必要なもの
　　　　　（おおむねひび割れ率が15～35%のもの）
　　重度：オーバーレイあるいはそれ以上の大規模な補修が必要であるもの
　　　　　（おおむねひび割れ率が35%以上のもの）

分析の結果，舗装破損の状態により次の知見を得た。

　　軽度～中度：舗装構造およびアスファルト混合物層ともに"健全"である。
　　重度：舗装構造およびアスコン層ともに"健全性が失われている"状態である。

(2) ライフサイクルコスト分析

「1，2級路線」全てを対象としてライフサイクルコスト（以下，「LCC」という）分析を行った。**付表-2.2.3.1**に示す対策工法に対し，**付表-2.2.3.2**に示す3つの対策工法パターンによるLCCを算定し，最も経済的な維持修繕計画を検討する。LCCの解析期間は40年とし，「LCC=道路管理者費用（=建設費+修繕費+維持費−残存価値）+道路利用者費用（=車両走行費+時間損失費）」により算出する（**付図-2.2.3.1**）。

付録2　幹線道路における舗装のマネジメントの具体例

付表-2.2.3.1　対策工法

対策工法の種類	目安となるMCI	
	対策工法Ⅰ	対策工法Ⅱ・Ⅲ
打換え	3.5 未満	3.5 未満
切削オーバーレイ	3.5 以上 5.0 未満	3.5 以上 5.0 未満
クラックシール	—	5.5 を下回った時点

付表-2.2.3.2　対策工法パターン

対策工法	対策工法パターン
対策工法Ⅰ	建設 → OL → OL → OL → 打換え ……
対策工法Ⅱ	建設 → クラックシール → OL → クラックシール → OL → 打換え ……
対策工法Ⅲ	建設 → クラックシール → OL → クラックシール → OL → 打換え ……

※対策工法Ⅲは，対策工法ⅡのOLでリフレクションクラック抑制補助工法を併用したもの
　OLは切削オーバーレイ

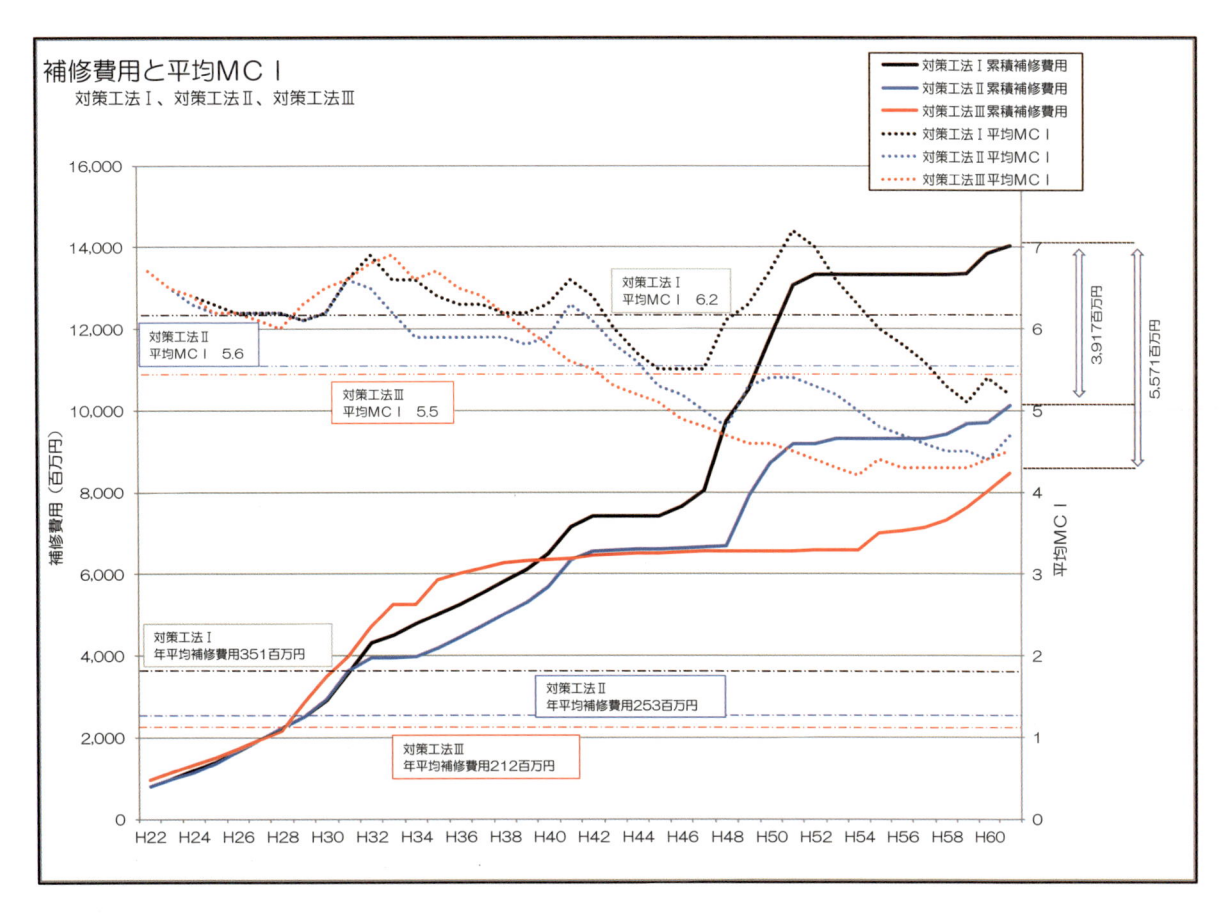

付図-2.2.3.1　ＬＣＣ分析結果

　対策工法Ⅰの年平均補修費用は351百万円，クラックシールによる予防保全を導入した対策工法Ⅱの年平均補修費用は253百万円であった。さらに舗装路面の長寿命化対策として辱層（リフレクションクラック抑制補助工法）を適用した対策工法Ⅲの年平均補修費用は，212百万となった。

　対策工法Ⅱでは，従来型の対策工法Ⅰに対し，年平均補修費用が98百万円のコスト縮減（28%）が可能となった。さらに対策工法Ⅲでは，従来型の対策工法Ⅰに対し139百万円のコスト縮減（40%）の結果を得た。

付録2　幹線道路における舗装のマネジメントの具体例

(3) 管理の方針

舗装構造の健全度から得た知見とともに LCC 分析結果より，舗装破損が重度にならない管理をすることが肝要であり，「長期にわたり舗装構造機能を保持する（長寿命化舗装）ことを目的とし予防保全を導入する」ことでコスト縮減を図る。

2-4　管理目標の設定

管理目標は，管理道路全体の目標値である全体目標と個別単位で補修候補の対象を選定する個別目標を設定する（付表-2.2.4.1）。これらの設定は予算と密接な関係があり，財政事情により適時見直すこととする。

付表-2.2.4.1　個別目標（補修判定基準）

目安となる MCI	対策工法
3.5 未満	打換え
3.5 以上 5.0 未満	切削オーバーレイ
5.5 を下回った時点	クラックシール

2-5　維持修繕計画の策定

過年度に測定した路面性状データをもとに，補修履歴や検証した予測式を用い管理道路全体を対象に LCC 分析を行い中長期の維持修繕計画の策定をする。中長期の維持修繕計画は，LCC にもとづいた年度ごとの維持修繕計画（付図-2.2.5.1）を積み上げて設定する。最も経済的な維持修繕計画（付図-2.2.3.1）は，年度ごとの必要な費用の変動が大きくなる。そこで，各年度の補修対象箇所および補修工法の積み上げに対して，必要な費用の平準化を図るために優先順位付けを行う。優先順位付けは，次の2点で行う。

・維持管理指数 MCI が許容の限界値に近い2未満の区間に対し低い順とする。
・当該年度を初年度，翌年度を初年度として算出した2つの LCC の差額が大きい箇所ほど優先順位を高くする。

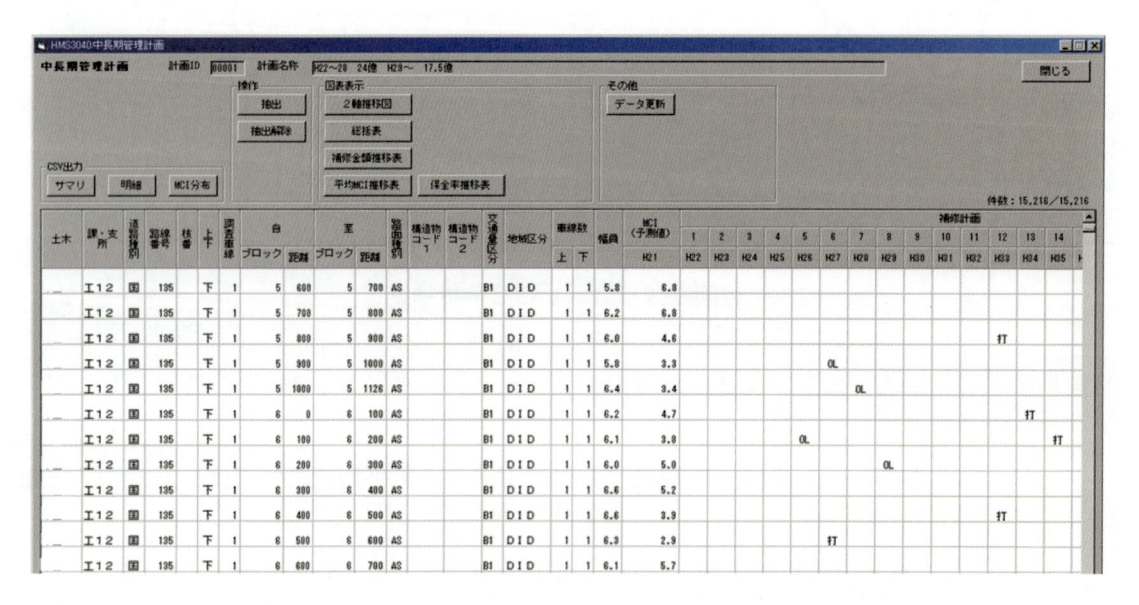

付図-2.2.5.1　LCCにもとづいた年度ごと維持修繕計画

付録2　幹線道路における舗装のマネジメントの具体例

　必要な費用を平準化した経済的な維持修繕計画に対して，付表-2.2.6.1に示す試算条件（予算制限）でLCC分析による維持修繕計画を検討した。試算は，試算条件に示す予算の範囲内で，付表-2.2.4.1の個別目標を下回る区間を対策工法Ⅲのパターンで管理計画に示す考え方で優先順位をつけて行った。検討した維持修繕計画の20年間における管理道路全体の平均MCIと舗装保全率[3]を求めた（付表-2.2.6.2）（付図-2.2.6.1）。なお，舗装保全率は路面のわだち掘れやひび割れによる振動や騒音が少なく，道路利用者が快適に感じる舗装の状態（MCI＞4.0）の延長の割合をいう。

付表-2.2.6.1　試算条件

	条　件
試算1	予算額　2億円で一定
試算2	予算額2.5億円で一定
試算3	予算額　3億円で一定

付表-2.2.6.2　試算結果その1

	20年間の最低値		20年間の平均値	
	平均MCI	保全率	平均MCI	保全率
試算1	5.2	48.0	5.6	66.4
試算2	5.6	60.4	5.9	76.5
試算3	6.0	72.1	6.1	86.4

現状：平均MCI6.1，保全率92.1

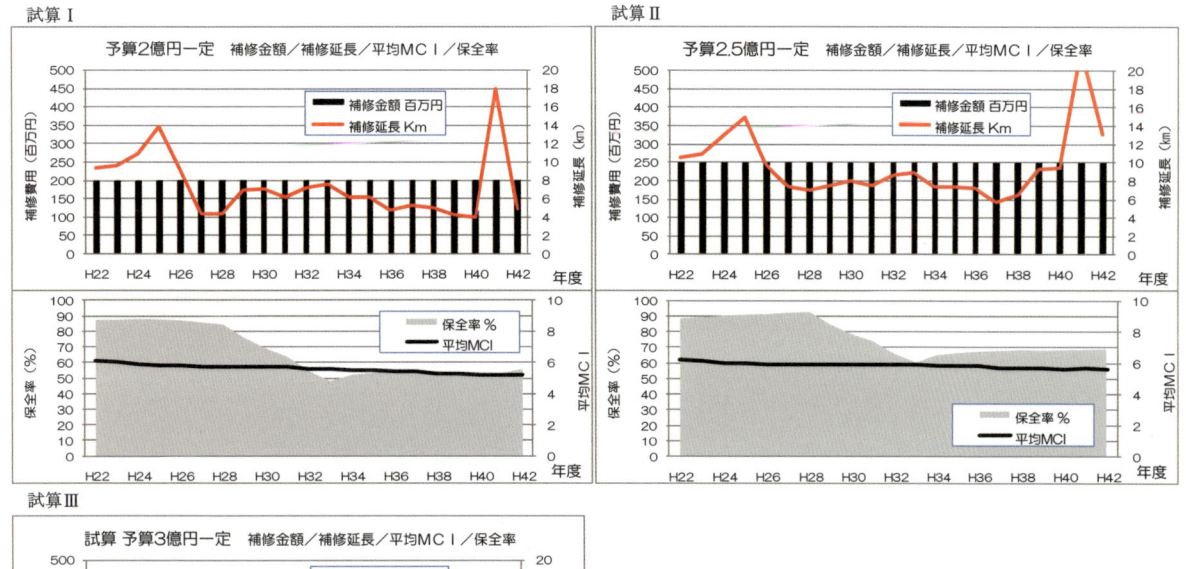

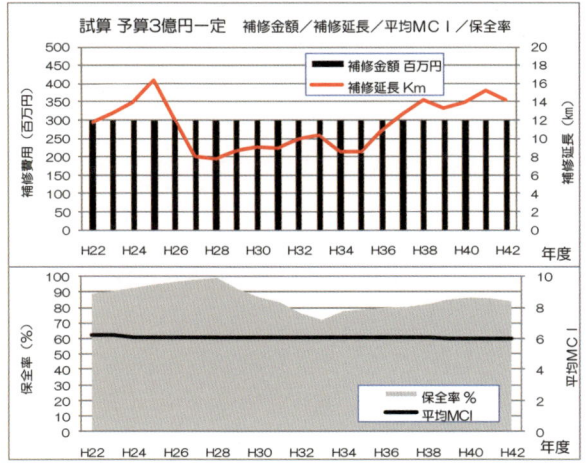

付図-2.2.6.1　試算結果その2

付録2　幹線道路における舗装のマネジメントの具体例

現状水準を維持するには，現状予算を上回る試算3の予算3億円以上が必要となる。いずれの試算結果においても管理瑕疵のリスクに直結する舗装保全率は，平成28年度を境として急激に低下することがわかった。この6年間の猶予期間に舗装保全率の低下を最小限に留めるために，補修予備群というべきMCI 4～5に対して対策を施すことを検討する。

2-6　事業実施・モニタリング

維持修繕計画にもとづき着実な成果を得るには，事業実施が鍵となる。実際の補修は，舗装の損傷や劣化状況に応じて技術者の判断を踏まえ補修工法を選定する。定期的な路面性状調査により舗装のマネジメントの精度向上や必要に応じ追跡調査により補修工法の検証を行い予測式に反映させる。

【参考文献】
1) (社) 日本道路協会：舗装設計施工指針（平成18年版），pp.83，2006年2月
2) (財) 道路保全技術センター：活用しよう！FWD，2005年3月
3) 国土交通省ホームページ　http://www.mlit.go.jp/road/ir/ir-perform/ta/x1.pdf

付録3　生活道路における舗装のマネジメントの具体例

S自治体の取組事例

1　体系

　S自治体は約1,100kmの道路を管理しており，その内の9割弱を生活道路が占めることから，生活道路の管理は重要な課題となっている。幹線道路については，舗装状態の点検方法や予測技術などの研究が進み数々の報告がなされているが，生活道路については報告も少なく確立した方法がない。道路整備には長い時間を必要とすることより，現有する舗装道路を適切に維持していくことが求められている。舗装道路の多くは，昭和30年代に始まる高度成長期に整備され50年余りが経過し，近い将来大量更新時代の到来が予想される。また，昨今の舗装道路に求められる性能は，交通機能だけでなく洪水対策やヒートアイランド対策など多種多様となり，費用増の要因の一つとなっている。一方では，厳しい財政事情の下，コスト縮減が求められている。

　そこで，効率のよい，効果的な舗装管理を目指し舗装のマネジメントに取り組むこととした。生活道路の特性を把握し，予算制約を勘案した上で管理方針をとりまとめ，それに基づき路面劣化調査により健全度評価を行った。また，計画を実現するには適切な工法の設定が重要と考え，維持工法の検証を行い，補修計画の策定を行った。補修計画は，将来予測は行わず，健全度評価にもとづく優先順位付けによった。

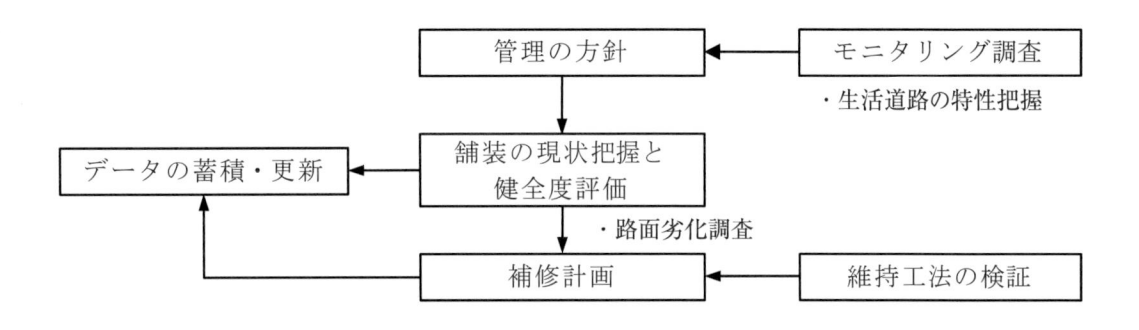

付図-3.1.1　舗装のマネジメントの体系

2　生活道路の特性

　生活道路は道路幅員が狭く，延長も長く全線にわたり幹線道路のような路面性状調査を行うことは現実的でないので，舗装の現状把握に先立ち，生活道路の特性をモニタリング調査により把握することとした。モニタリング調査は，代表的な破損を生じている区間（**付写真-3.2.1**）を数箇所選定し，路面性状測定車やFWD，プロファイラを用いて舗装路面と舗装構造の両面から詳細調査を行った。

付録3　生活道路における舗装のマネジメントの具体例

付写真-3.2.1　生活道路の代表的な路面（幾重にも重なった舗装の占用復旧跡）

　モニタリング調査で得られた知見を以下に整理する。
(1) 路面
　・生活道路は舗装の占用復旧跡が多い。
　・生活道路は物理的に大型車通行が困難であり，ひび割れは交通荷重の繰り返しによる疲労破壊とは考えにくく，占用復旧に起因するもの（既設舗装との継ぎ目の開き）が多いと推察された。
　・横断方向の舗装の占用復旧跡は，段差や平たん性の低下を招くことが多い。
(2) 舗装構造
　・舗装の占用復旧跡は，ひび割れ率が35％を超えなければFWDたわみ量が小さい傾向である。
　・既設舗装は，ひび割れ率に拘わらずFWDたわみ量が大きい傾向である。

3　管理の方針
　生活道路の特性を踏まえ管理の方針を策定した。予算制約下における生活道路の管理は，対症療的対策中心とならざるをえないが，管理の客観性や透明性の確保，安全性の確保を目指した。
(1) 路面劣化調査で求める健全度の評価や路面画像により舗装の状態を把握することで，管理の透明性を担保する。
(2) 事業の一部に計画的維持を導入（舗装破損が重度となる前に補修）し，管理瑕疵リスクの低減を図る。計画的維持は，舗装の健全度が高い舗装の占用復旧跡を活用した局部的な補修とすることでコスト縮減を図る。対象は路面劣化調査による健全度評価の結果から選定する。

4　路面劣化調査（舗装の現状把握と健全度評価）
　路面劣化調査は，コスト縮減を目指し管理の方針に沿った必要最小限のものとした。路面劣化調査は，管理道路全てを対象として路面画像自動撮影車（付写真-3.4.1）や自転車（車両走行不能箇所）を用いて5mごとの路面静止画像を取得し，ひび割れ水準とジョイント長さ（舗装の占

付録3　生活道路における舗装のマネジメントの具体例

用復旧と既設舗装との施工継ぎ目）により健全度評価を行った。ひび割れ水準は6ランク（ジョイントを除くひび割れ）で求めた。ジョイント長さは，道路延長方向に5mごとにジョイントの本数を評価する（縦方向：道路延長方向5mに対して0.5本単位，横方向：道路幅員に対し0.5本単位）方法とした（**付写真-3.4.2**）。この方法により，段差や平たん性低下の要因となり得る横方向のジョイント数を把握でき，縦方向ジョイント数により既設舗装の面積割合の概算を把握することが可能となる。

付写真-3.4.1　路面画像自動撮影車

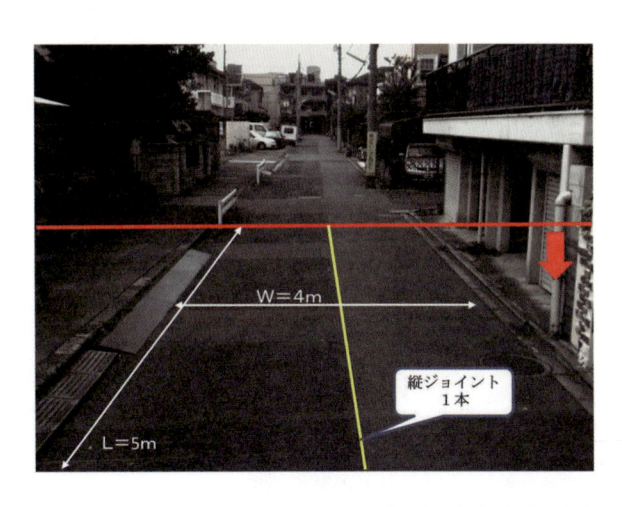

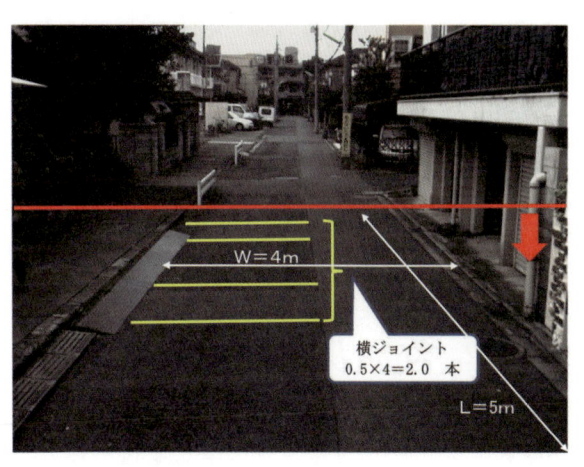

付写真-3.4.2　ジョイント長さの解析例

　路面画像とひび割れ水準データは，GISシステムに登録し地図とのリンクを図った（**付図-3.4.1**）。

　5mごとのデータを路線単位で集計したものを**付表-3.4.1**に示す。路線ごとに集計した平均ひび割れ水準は，路線全体の破損程度を示している（1路線当たりの平均延長は，140m）。平均ひび割れ水準が25%以上は全体の1%に過ぎず，ひび割れ破損は連続したものではなく局部的であることが分かる。

付表-3.4.1　ひび割れ水準別データ（路線毎の平均値の集計）

路線平均ひび割れ水準ランク	路線数※	延長※(m)	面積(m²)	既設舗装概算面積(m²)	ジョイント延長(m)
0%	1	24	72	71	2
0～3%	284	40,167	194,248	175,130	15,073
3～12.5%	5,030	751,793	3,557,431	3,286,871	242,272
12.5～25%	1,296	136,536	618,751	548,829	66,752
25～50%	67	5,360	21,932	19,220	2,815
50～75%	3	110	543	527	33
計	6,681	933,990	4,392,976	4,030,648	326,946

※ILB，階段，砂利道等2,116m分は含んでいない。

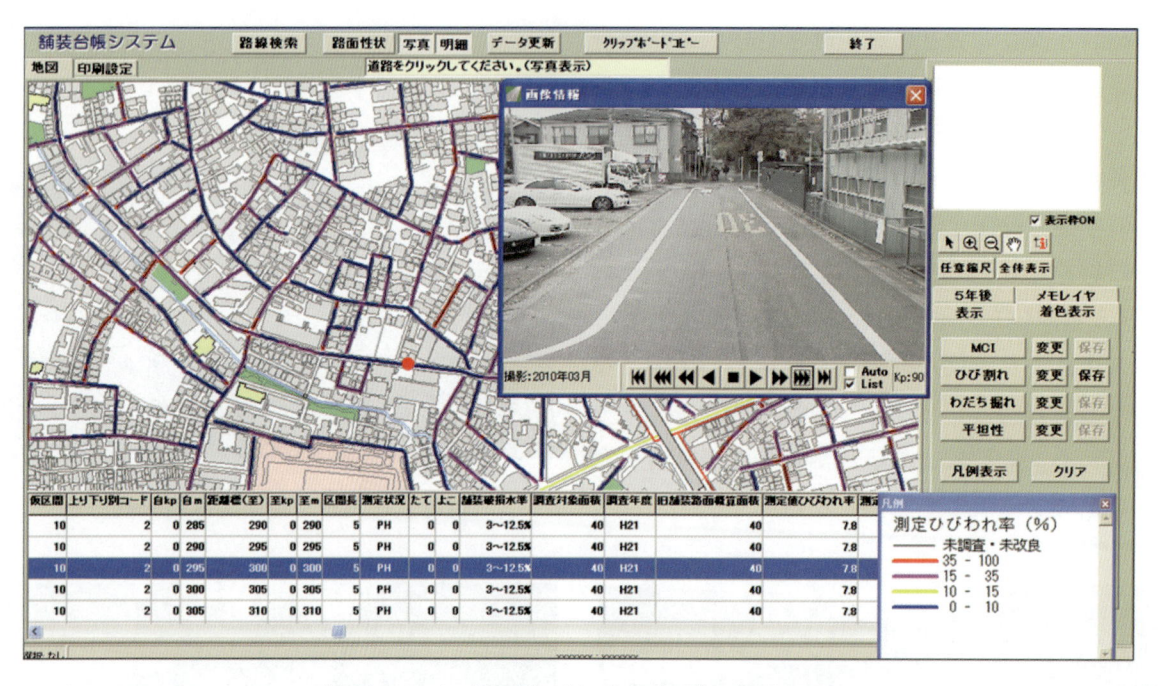

付録3　生活道路における舗装のマネジメントの具体例

付図-3.4.1　地図とリンクしたデータベース

5　維持工法の検証

　計画維持工法としてクラックシールを検討した。クラックシールは，予防的修繕工法など予防保全工法として多くの実績を有しているが，実績の大半は幹線道路が占めている。生活道路におけるクラックシールの適用は，工法自体の性能だけでなく，クラックシール跡が目立たなくするなど沿道住民の視覚的感覚等にも配慮する必要がある。そこで，クラックシール単体でなくクラックシール後に表面処理を施工することで路面全体を黒々とする方法（**付写真-3.5.1**）や長期間供用した舗装路面の色彩に合わせシール材の色を調合したカラークラックシール（**付写真-3.5.2**）を検討し，試験施工と追跡調査を実施した。生活道路における効率的な維持工法については，今後も検討を続けていくこととしている。

付写真-3.5.1　小規模表面処理

付写真-3.5.2　カラークラックシール

6　補修計画

路面劣化調査結果をもとに計画的維持費用の算定を行った。なお，計画的維持は路面補修（ジョイント以外のひび割れにより選定）とジョイント補修とした（付表-3.6.1）。

付表-3.6.1　計画的維持判定基準

ひび割れ水準	補修工法	
	路面補修	ジョイント補修
0%	—	—
0～3%	—	—
3～12.5%	—	—
12.5～25%	—	クラックシール
25～50%	表面処理	クラックシール
50～75%	打換え	クラックシール

計画的維持費用は，小規模路面補修費用 99.5 百万円，ジョイント補修 121.8 百万円の計 221 百万円となる。これを3ヶ年で実施する 74 百万円/年，4ヶ年で実施すると 55 百万円/年となる（付表-3.6.2）。

付表-3.6.2　計画的維持費用

路線平均ひび割れ水準ランク	路線数※	延長※ (m)	既設舗装概算面積 (m²)	ジョイント延長 (m)	路面補修（打換/表面処理）		ジョイント補修（クラックシール）	
					単価	費用	単価	費用
0%	1	24	71	2				
0～3%	284	40,167	175,130	15,073				
3～12.5%	5,030	751,793	3,286,871	242,272				
12.5～25%	1,296	136,536	548,829	66,752			1,750	116,816,525
25～50%	67	5,360	19,220	2,815	4,990	95,908,399	1,750	4,925,375
50～75%	3	110	527	33	6,818	3,589,677	1,750	57,750
計	6,681	933,990	4,030,648	326,946		99,498,076		121,799,650

※ILB，階段，砂利道等 2,116m 分は含んでいない。

付録4　アスファルト舗装の破損の形態と発生原因

アスファルト舗装の破損の主なものには，ひび割れ，わだち掘れ，平たん性の低下があげられ，それ以外の破損としては，段差，ポットホール，剥離，コルゲーションなどがある。アスファルト舗装に発生する破損の場合もコンクリート舗装同様，これらが単独で発生したり，複数の損傷がある程度同時期にみられたりする。

その発生原因としては，材料に起因するもの，設計に起因するもの，施工に起因するもの，供用による疲労に起因するものなどがあり，破損の種類（発生形態）にかかわらずそれらの要因が相互に影響していることが多い。

ここでは，アスファルト舗装における破損の種類ごとの破損形態や発生原因について概説する。

1　アスファルト舗装の破損の種類と発生原因

アスファルト舗装の破損は，**付表-4.1.1**の一覧表に示すように多種多様である。それらの破損が生じる要因には，舗装材料，舗装構造，施工，供用中の劣化や疲労などがあり，破損の種類や発生形態によっては，複数の要因が相互に影響し合い，破損の発生原因となっている場合もある。

付表-4.1.1　アスファルト舗装の主な破損

破損の種類			発生原因などによる細分類
ひび割れ	線状ひび割れ	縦方向	疲労ひび割れ
			わだち割れ
			施工継目のひび割れ
			凍上によるひび割れ
		横方向	リフレクションクラック
			温度応力ひび割れ
			施工継目のひび割れ
	亀甲状ひび割れ		路床・路盤の支持力低下によるひび割れ
			路床・路盤の沈下によるひび割れ
			アスファルト混合物の劣化・老化によるひび割れ
			凍上によるひび割れ
			構造物周辺のひび割れ
			基層の剥離によるひび割れ
わだち掘れ			路床・路盤の圧縮変形によるわだち掘れ
			アスファルト混合物の塑性変形によるわだち掘れ
			アスファルト混合物の摩耗によるわだち掘れ
平たん性の低下			縦断方向の凹凸
その他の破損			段差
			ポットホール
			剥離
			コルゲーション
			寄り
			くぼみ
			ポーラスアスファルト舗装の骨材飛散
			ポーラスアスファルト舗装の空隙づまり，空隙つぶれ
			ポーラスアスファルト舗装の部分的な寄り（側方流動）
			路面陥没

2　破損の種類ごとの破損形態と発生原因

2-1　ひび割れ

アスファルト舗装におけるひび割れとは，舗装表面に亀裂が入る現象である。

ひび割れの形態としては，線状（縦方向，横方向），亀甲状さらにその両方がある。

ひび割れの形態・発生位置などにより**付表-4.2.1**に示すように大別できる。

付表-4.2.1　ひび割れの形態・発生位置・種類

形　　態		発生位置など	種　　類
線状ひび割れ	縦方向	車輪走行部	疲労ひび割れ
			わだち割れ
		施工ジョイント部	施工継目のひび割れ
		施工ジョイント部やBWPなど様々	凍上によるひび割れ
	横方向	間隔が均等	リフレクションクラック
			温度応力ひび割れ
		施工ジョイント部	施工継目のひび割れ
亀甲状ひび割れ		車輪走行部	路床・路盤の支持力低下によるひび割れ
			路床・路盤の沈下によるひび割れ
		舗装面全域	アスファルト混合物の劣化・老化によるひび割れ
			凍結融解によるひび割れ
		部分的	構造物周辺のひび割れ
			基層の剥離によるひび割れ

(1) 縦断方向のひび割れ

1) 疲労ひび割れ

舗装の構造に関する技術基準で定義されている疲労破壊によって生じるひび割れであり，車輪走行部に縦方向の線状として発生する（**付写真-4.2.1**）。

発生原因は**付図-4.2.1**に示すように，交通荷重によりアスファルト混合物層の下面に引張りひずみが生じ，この引張りひずみの繰り返しにより，アスファルト混合物層の下面にひび割れが発生する。それが徐々に上部へと伸長し表面まで達する。

付写真-4.2.1　疲労ひび割れの例

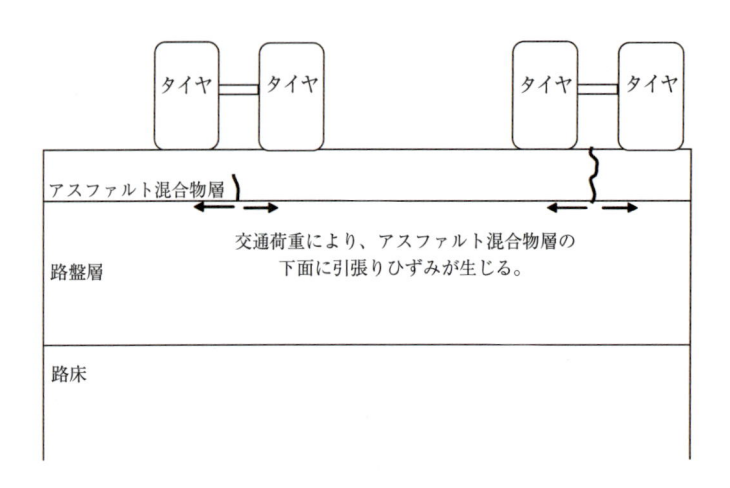

付録4　アスファルト舗装の破損の形態と発生原因

付図-4.2.1　疲労ひび割れの発生メカニズム

2）わだち割れ

わだち割れは，疲労破壊によるひび割れと同じように車輪輪跡部に縦方向の線状として発生する（**付写真-4.2.2**）。

発生の原因やメカニズム等に関する統一的な見解は得られていない。一つの見解として，**付図-4.2.2**に示すように，交通荷重によりアスファルト混合物層の表面に引張りひずみが生じ，この引張りひずみの繰り返しにより，アスファルト混合物層の表面にひび割れが発生し，徐々に下部へと伸長していくといわれている。このような場合，アスファルト混合物層が厚い，路面温度が高温となる，大型車交通量が多いなどの条件が相互に影響したときに発生しやすいといわれている。

付写真-4.2.2　わだち割れの例

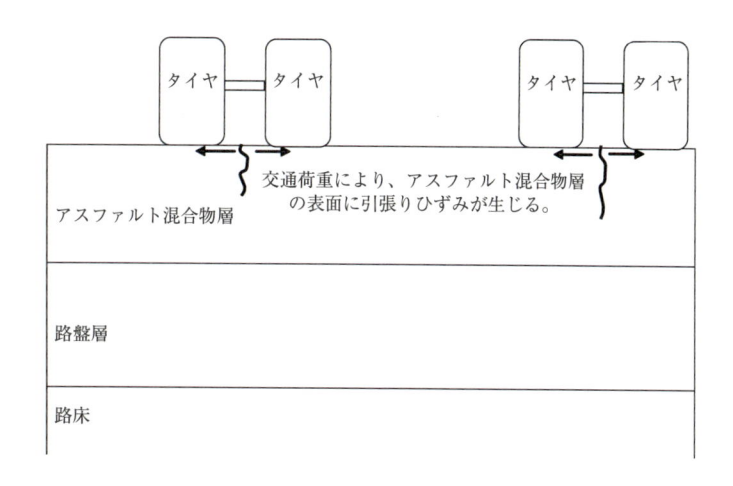

付録4　アスファルト舗装の破損の形態と発生原因

付図-4.2.2　わだち割れの発生メカニズムの一例

3）施工継目のひび割れ

縦方向の施工ジョイント部に発生するひび割れである（**付写真-4.2.3**）。

ジョイント部の接着不良や転圧不足等により，供用開始後早期に発生する場合もある。

付写真-4.2.3　施工継目のひび割れの例

4）凍上によるひび割れ

凍上によるひび割れは，冬期の低温によって道路の路床に大きなアイスレンズと呼ばれる氷の層が発生し地面が隆起することで発生するひび割れである（**付写真-4.2.4**）。

発生位置は施工ジョイント部や車線の中央など多様である。

付録4　アスファルト舗装の破損の形態と発生原因

付写真-4.2.4　凍上によるひび割れの例

(2) 横断方向のひび割れ
 1) リフレクションクラック
　コンクリート版の上にアスファルト舗装を舗設した場合，コンクリート版の横目地に誘発されて，その直上のアスファルト混合物層にひび割れが発生する（**付写真-4.2.5**）。
　ひび割れの間隔は5～10m程度（下層にあるコンクリート版の目地間隔と同じ）となる。
　セメント安定処理路盤やスラグを用いた路盤に収縮ひび割れが発生した場合，それに誘発されて，その直上のアスファルト混合物層にひび割れが発生する。ひび割れの間隔は3～5m程度である。
　また，オーバーレイや切削オーバーレイを行う際に，施工する既設の舗装にひび割れが発生していると，早期にそのひび割れが表層に進行する場合がある。このようなひび割れもリフレクションクラックと呼ばれている。

付写真-4.2.5　コンクリート版上のリフレクションクラックの例

 2) 温度応力ひび割れ（低温ひび割れ）
　温度変化に伴う伸縮の繰り返しによって，アスファルト混合物が疲労してひび割れが発生する。特に-20℃を下回るような極度の低温になる箇所において，5～10m間隔で舗装全体に渡って発

生する（付写真-4.2.6）。

付写真-4.2.6　温度応力ひび割れの例

3）施工継目のひび割れ

横方向の施工ジョイント部に発生するひび割れである（付写真-4.2.7）。
ジョイント部の接着不良や転圧不足等により，供用開始後早期に発生する場合もある。

付写真-4.2.7　施工継目のひび割れの例

(3) 亀甲状のひび割れ
1）路床・路盤の支持力低下

代表的な破損の一つであり，主に車輪走行部に沿って発生する（付写真-4.2.8）。
アスファルト混合物全層に渡ってひび割れが発生すると，雨水がそのひび割れを伝わって，路床・路盤に浸透する。これにより，路床・路盤の支持力が低下し，発生していた線状ひび割れが亀甲状ひび割れへと進行していく。そのため，路床・路盤の変形に起因する沈下を伴うことが多い（付図-4.2.3）。

付録4　アスファルト舗装の破損の形態と発生原因

付写真-4.2.8　路床・路盤の支持力低下による亀甲状ひび割れの例

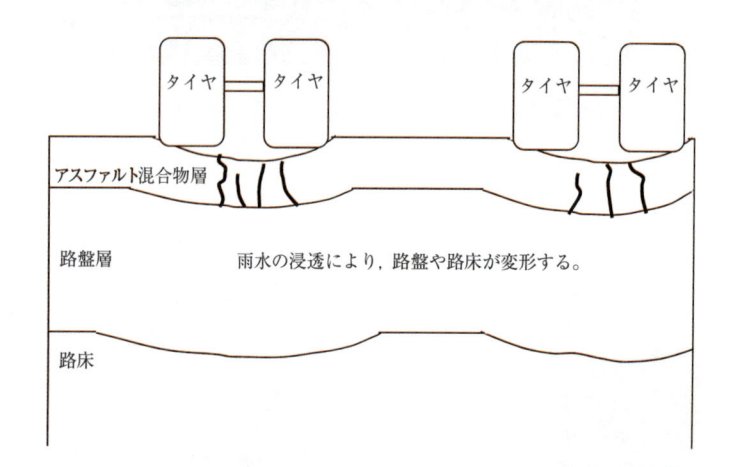

付図-4.2.3　路床・路盤の支持力低下による亀甲状ひび割れの発生メカニズム

2）路床・路盤の沈下によるひび割れ（不同沈下によるひび割れ）

不同沈下によるひび割れとは，路床や路盤の不同沈下によって生じるひび割れである（**付写真-4.2.9**）。

盛土と地山の支持力の違い，狭小部での締固め不良，路床・路盤の支持力不足等に起因する。また，構造物周辺に生じることもある。

付写真-4.2.9　路床・路盤の沈下によるひび割れの例

3）アスファルトの劣化・老化によるひび割れ

アスファルトの劣化や老化によるひび割れは，車輪走行部から舗装表面全体に発生する（付写真-4.2.10）。

アスファルトの劣化や老化に起因しているため，交通量の少ないところでも発生し，沈下を伴わないことが多い。

付写真-4.2.10　アスファルトの劣化・老化によるひび割れの例

4）融解期の路床・路盤の支持力低下によるひび割れ

春の融解期に，地盤中に発生したアイスレンズと呼ばれる氷の層が解けることによって路床の支持力が低下し，そこに交通荷重が加わることで発生するひび割れである（**付写真-4.2.11**）。

付写真-4.2.11　融解期の路床・路盤の支持力低下によるひび割れの例

5）構造物周辺のひび割れ

マンホールや排水ますなどの構造物周辺で発生する（付写真-4.2.12）。

構造物と舗装の境界の段差では，車両通過時に大きな衝撃荷重が作用するため，亀甲状のひび割れが発生する。施工時に構造物が障害となって，転圧が十分にできないことに起因することもある。

付録4　アスファルト舗装の破損の形態と発生原因

付写真-4.2.12　構造物周辺のひび割れの例

6）基層の剥離によるひび割れ

橋面舗装やポーラスファルト舗装において，車輪走行部において発生するもので，基層混合物が剥離を起こすことで支持力を失い，亀甲状のひび割れが発生する。

2-2　わだち掘れ

わだち掘れは，車輪が通過する位置に，走行方向に生じる連続的なへこみをいう。わだち掘れが大きくなると，わだちにハンドルが取られて車の操縦安定性が低下し，雨天時にはわだちに滞水した水が跳ね上げられ，ドライバーの視界阻害や歩行者・沿道住民への泥はねの原因になるなど，道路利用者に影響を及ぼす破損形態の一つである。

わだち掘れの発生形態は主に以下の3つに分類される。

① 路床・路盤の圧縮変形
② アスファルト混合物の塑性変形
③ アスファルト混合物の摩耗

また，付表-4.2.2に示すように，わだち掘れの発生要因は，気象条件や交通条件などの外的要因と，アスファルト混合物やアスファルト舗装構造などの内的要因に分けることができる。

付表-4.2.2　わだち掘れ発生の要因

分　類	発生要因
外的要因	交通荷重：交通量，大型車混入率，交通渋滞，交差点 気象条件：夏期の高温
内的要因	路床・路盤の圧縮変形 アスファルト混合物の塑性変形，摩耗，舗装構造

(1) 路床・路盤の圧縮変形によるわだち掘れ

路床・路盤の圧縮変形によるわだち掘れの代表的な例を付写真-4.2.13に示す。

路床・路盤の圧縮変形によるわだち掘れは，路床・路盤の支持力低下，路盤の締固め不足，ひび割れから雨水等が浸透することによる路床・路盤の脆弱化，舗装構造に対して過大な荷重走行により路床・路盤の圧縮変形が促進され，アスファルト混合物層がこれに追従するかたちで変形をきたすものである。

付表-4.2.3に，路床・路盤の圧縮変形が主原因である場合に見られる，わだち掘れの特徴を示

す。現道の路面性状の変化は，路床・路盤の変形への追従と，アスファルト混合物自体の圧縮変形が複合して生じる。路床・路盤変形への追従が卓越している場合，アスファルト混合物のわだち部外側への盛り上がりが少なく，ひび割れが生じる場合が多い。

付写真-4.2.13　路床・路盤の圧縮変形によるわだち掘れの例

付表-4.2.3　わだち掘れの発生要因とその特徴（路床・路盤の圧縮変形）

主な発生原因	・路床・路盤の支持力の低下，路盤の締固め不足 ・舗装構造に対して走行荷重が過大 ・長時間に及ぶ車両の停車や振動
発生場所	・アスファルト舗装厚が比較的薄い箇所 ・駐車場やヤード，高速道路のPA/SA，農道
わだち掘れの特徴 わだち掘れの幅	比較的広い
基準線からの盛り上がり	比較的少ない
わだち掘れの進行速度	供用初期に進行し，その後の進行は比較的遅い
ダブルわだち（形状）	全体的な凹形状，ダブルわだちの発生は少ない
ひび割れの有無	ひび割れも見られる場合が多い
骨材飛散	－
表面のきめ	－
走行性（縦断）	特に問題にならない場合が多い

(2) アスファルト混合物の塑性変形によるわだち掘れ

アスファルト混合物の塑性変形により発生したわだち掘れの代表的な例を**付写真-4.2.14**に示す。

アスファルト混合物の塑性変形によるわだち掘れは，主に夏期の高温時に交通荷重の繰返し作用によりアスファルト混合物が永久変形を起こして発生する。交差点部，大型車通行量が多い路線などでよくみられ，使用するアスファルト混合物の種類や夏期の気温などによって発生の程度が異なる。タイヤの走行位置にダブルわだちのへこみやその外側への盛り上がりがみられるのが特徴である。

付表-4.2.4にアスファルト混合物の塑性変形が主原因である場合のわだち掘れの特徴を示す。

付録4　アスファルト舗装の破損の形態と発生原因

付写真-4.2.14　アスファルト混合物の塑性変形によるわだち掘れの例

付表-4.2.4　わだち掘れの発生要因とその特徴（アスファルト混合物の塑性変形）

主な発生原因		・表層の塑性変形抵抗性の不足 ・アスファルト混合物の締固め不足 ・外的要因（交差点等で車両の載荷時間が長い，交通量が多い，路面温度が高温となる期間が長い）が厳しい
発生場所		・交差点の流入部/停止位置，渋滞箇所 ・高速道路のPA/SAの駐車マス ・重交通路線，大型車両の出入口，交通量の多い箇所 ・夏期における厚層施工後の開放路面
わだち掘れの特徴	わだち掘れの幅	幅が比較的狭い
	基準線からの盛り上がり	盛り上がり量が多いことがある
	わだち掘れの進行速度	夏期に比較的早く進行する
	ダブルわだち（形状）	ダブルわだちになる場合がある
	ひび割れの有無	ひび割れは発生しない場合が多い
	骨材飛散	―
	表面のきめ	―
	走行性（縦断）	ダブルわだちにタイヤが取られ運転しにくい

(3) アスファルト混合物の摩耗によるわだち掘れ

アスファルト混合物の摩耗で発生したわだち掘れの代表的な例を**付写真-4.2.15**に示す。

摩耗によるわだち掘れは積雪寒冷地の道路に多く見られ，冬期のタイヤチェーンを装着した走行車両の繰返し作用により，アスファルト混合物の表面がすり減って発生する。アスファルト混合物の変形よりも，表面のアスファルトモルタル分がすり減ることにより，横断方向に凹凸が生じ，走行軌跡部にくぼみができるのが特徴である。

アスファルト舗装の摩耗が主原因であるわだち掘れの特徴を，**付表-4.2.5**に示す。

また最近では，ポーラスアスファルト舗装の路面が増え，場合によっては路面に骨材飛散を伴う摩耗が生じることがある。通常，降雪がない路線に降雪があった場合や，積雪寒冷地であっても通常より降雪量が多く，チェーン装着をした除雪車の出動回数が多い場合などがある。

付録4　アスファルト舗装の破損の形態と発生原因

付写真-4.2.15　アスファルト混合物の摩耗によるわだち掘れの例

付表-4.2.5　わだち掘れの発生要因とその特徴（アスファルト混合物の摩耗）

	主な発生原因	・冬期のタイヤチェーン装着車による路面の摩耗 ・軟質骨材の使用
	発生場所	積雪寒冷地の道路
わだち掘れの特徴	わだち掘れの幅	比較的広い
	基準線からの盛り上がり	盛り上がりはほとんどない
	わだち掘れの進行速度	わだちの進行が冬期間に大きい
	Wわだち（形状）	全体的にすり減って，凹形状の場合が多い
	ひび割れの有無	—
	骨材飛散	路肩に摩耗した細粒分や骨材の飛散が見られる
	表面のきめ	表面付近のモルタル部分がすり減っている
	走行性（縦断）	特に問題にならない場合が多い

2-3　平たん性の低下

縦断方向の凹凸は，道路縦断方向に発生する比較的波長の長い不陸である。

原因としては，主に路床・路盤などの支持力が不均一なことによる不同沈下や凍上などが挙げられる。

2-4　その他の破損

アスファルト舗装のその他の破損として以下の11項目について概説する。
①段差
②ポットホール
③剥離
④コルゲーション
⑤寄り
⑥くぼみ
⑦すべり抵抗の低下
⑧ポーラスアスファルト舗装の骨材飛散
⑨ポーラスアスファルト舗装の空隙づまり，空隙つぶれ
⑩ポーラスアスファルト舗装における部分的な寄り（側方流動）
⑪路面陥没

付録4　アスファルト舗装の破損の形態と発生原因

(1) 段差

段差とは，構造物との取り付け部，舗装の継目部などでみられるように，路面の高さが急に変化している箇所のことをいう。構造物や地下埋設物のある舗装など，一般部の舗装構造との違いから生じる不同沈下や，既設舗装部と新設舗装部との継目部の施工不良などが原因で発生する（**付写真-4.2.16**）。特にこのような箇所においては，路盤層やアスファルト混合物層の締固めが不十分となりがちであり，このことが段差の発生を促進している。

橋梁のジョイントとの段差　　　　　　　　マンホールとの段差

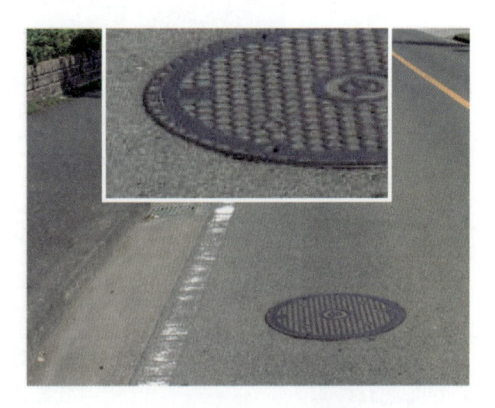

付写真-4.2.16　構造物と舗装との段差の例

(2) ポットホール

ポットホールとは，舗装表面に生じた10〜100cmの穴のことをいう。亀甲状ひび割れ部の飛散，アスファルト混合物の剥離など他の破損が進行した結果として発生する場合が多い（**付写真-4.2.17**）。

ポーラスアスファルト舗装においては，オイルなどの油脂の浸透，骨材飛散の進行，基層の剥離が原因で発生することがある。

アスファルト混合物の品質不良や施工時の締固め不足などが，ポットホールの発生を促進することになる。

付写真-4.2.17　ポットホールの例

付録4　アスファルト舗装の破損の形態と発生原因

(3) 剥離

剥離とは，アスファルトの被膜が骨材からはがれる現象であり，通常アスファルト混合物の下面から進行する。

主に水が介在することによってアスファルトの被膜が骨材からはがれ，混合物が粒状化してしまうため，そのような箇所では，ひび割れや沈下が発生し，ポットホールへと早期に進行する（**付写真-4.2.18**）。

耐水性の良くない材料の使用，締固め不足や橋面で特に床版の排水が悪い場合など，アスファルト舗装内に水が滞水しやすい条件が剥離の発生原因になることもある。

また，ポーラスアスファルト混合物を表層に適用する場合，雨水の滞水などにより基層のアスファルト混合物が剥離を生じることもある。

付写真-4.2.18　剥離の例

(4) コルゲーション

コルゲーションは，道路縦断方向に比較的短い波長で連続的に発生する波状の凹凸である。通行車両が頻繁に制動や停止を繰り返す場所に生じやすいため，交差点流入部，曲線部，下り坂，渋滞路線などに発生する（**付写真-4.2.19**）。

原因としては，塑性変形に対する抵抗性が低いなどのアスファルト混合物の不良，タックコートの品質不良や過剰な散布などによる混合物層間の接着不良などがある。

付写真-4.2.19　コルゲーションの例

付録4　アスファルト舗装の破損の形態と発生原因

(5) 寄り

　寄りは，路面に局所的に発生する盛り上がりであり，こぶと呼ぶ場合もある（**付写真-4.2.20**）。

　原因は，主にプライムコートやタックコートの散布量過多，雨水の浸透などによる混合物層間の接着不良である。

付写真-4.2.20　寄りの例

(6) くぼみ

　くぼみは，路面の高さが周囲より局部的に低くなった沈下である（**付写真-4.2.21**）。

　原因としては，表層アスファルト混合物の不良による変形や路床，路体の局部的沈下などがある。

付写真-4.2.21　くぼみの例

(7) すべり抵抗値の低下

　すべり抵抗値を低下させる舗装の破損の一つとしてポリッシングがある。

　ポリッシングとは，舗装表面が交通車両によりすり減り作用をうけ，モルタル分と骨材が同じように平滑にすり減ってしまった現象である（**付写真-4.2.22**）。

　粗骨材の品質不良が原因で発生することが多い。

付録4　アスファルト舗装の破損の形態と発生原因

付写真-4.2.22　ポリッシングの例

(8) ポーラスアスファルト舗装の骨材飛散

　ポーラスアスファルト舗装の骨材飛散とは，舗装表面の骨材が飛散し，路面が粗くなってしまった現象である。発生原因としてはタイヤチェーンの打撃等の衝撃荷重によるものと，タイヤのねじりなどによるものがある（**付写真-4.2.23**）。

　骨材飛散発生のメカニズムを**付図-4.2.4**に示す。

　タイヤチェーンの打撃等の衝撃荷重による骨材飛散は低温期に発生しやすい。これは，低温になるにつれアスファルトが硬くかつ脆くなるため，衝撃荷重でアスファルトが割れて骨材を飛散させてしまう。また，軟質な骨材を使用している場合は，骨材の割れにより飛散することもある。

　一方，タイヤのねじりなどによる骨材飛散は，高温期に発生しやすい。これは，高温になるにつれアスファルトの粘度や凝集力が低下するため，ねじり作用に対する骨材把握力が弱くなり，骨材を飛散させてしまう。特に施工継目などでは，締固め度が低くなりやすく，継ぎ目部分の骨材のかみ合わせが弱くなることから，骨材飛散は発生しやすくなる。

付写真-4.2.23　ポーラスアスファルト舗装の骨材飛散状況の例

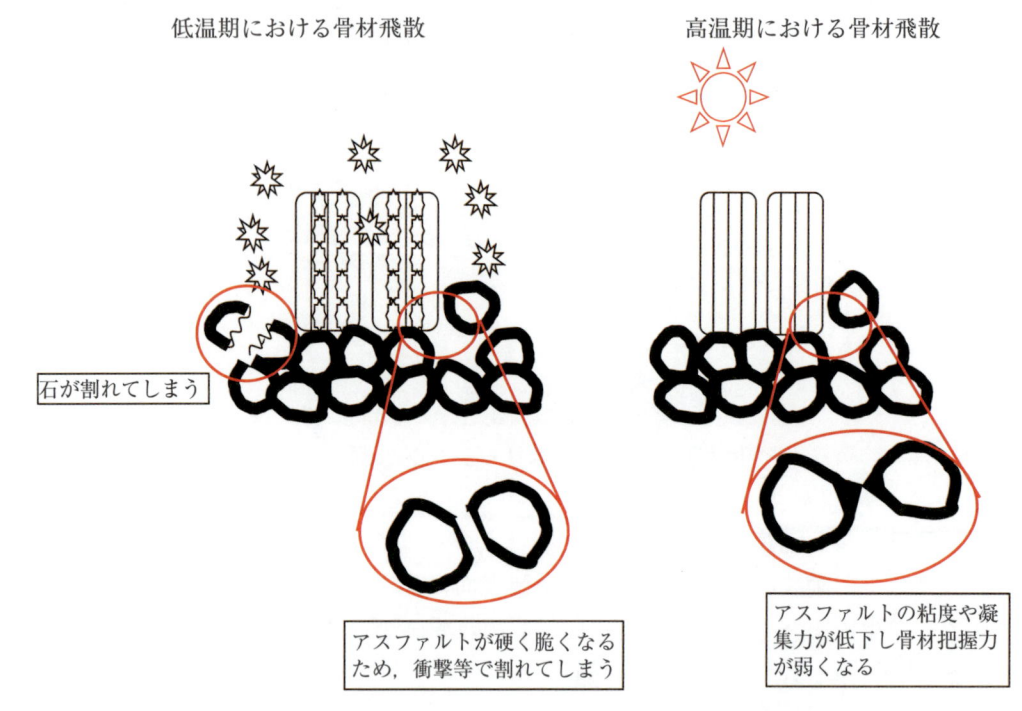

付録4　アスファルト舗装の破損の形態と発生原因

低温期における骨材飛散　　　　　　　　高温期における骨材飛散

石が割れてしまう

アスファルトが硬く脆くなるため，衝撃等で割れてしまう

アスファルトの粘度や凝集力が低下し骨材把握力が弱くなる

付図-4.2.4　ポーラスアスファルト舗装における骨材飛散のメカニズム

(9) ポーラスアスファルト舗装の空隙づまり，空隙つぶれ

ポーラスアスファルト舗装の空隙づまり，空隙つぶれとは，いずれも空隙が閉塞してしまう現象である（**付写真-4.2.24，4.2.25**）。

空隙づまりは，泥や粉塵などが空隙に堆積することにより発生する。

空隙つぶれは，走行車両によるニーディング作用などの影響や混合物の塑性変形によって空隙が閉塞されることで発生する。

これらにより，舗装本来の機能を低下させることはないが，タイヤ路面騒音低減機能や排水機能といった環境負荷の軽減機能が低下してしまう。

付写真-4.2.24　空隙づまり 　　　　　　付写真-4.2.25　空隙つぶれ

(10) ポーラスアスファルト舗装における部分的な寄り（側方流動）

ポーラスアスファルト舗装における部分的な寄り（側方流動）とは，車両走行部における舗装が部分的に沈下を伴いながら側方に寄ってしまう現象である（**付写真-4.2.26**）。

発生原因としては，表層と基層の接着力が不十分な場合や，基層混合物の損傷による場合がある。

付録4　アスファルト舗装の破損の形態と発生原因

基層混合物の代表的な損傷としては，剥離があげられる。これが起こると基層混合物の塑性変形の発生や，表基層の接着力の低下を招くことで，舗装表面に寄りが発生する。

付写真-4.2.26　ポーラスアスファルト舗装における部分的な寄りの例

参考までに，(独) 土木研究所の舗装走行実験場に発生したポーラスアスファルト舗装における部分的な寄りを開削調査した結果，以下のような報告がなされている（**付図-4.2.5　開削後の状況**）。

① 側方流動が発生した付近に向けて基層の塑性変形が顕著であった。
② 輪載荷中心部は基層が剥離により破壊しており，表層と基層の混合物が原形を留めていなかった。
③ 表層と基層の境界面が滑っており，表層が側方へずれるように流動していた。
④ 側方流動発生箇所周辺で採取したコアは，基層が原形を留めている箇所でも，車輪が通過する位置では表基層が不接着となって，コアを採取した時点で表層と基層が分離するものが半数程度であった。

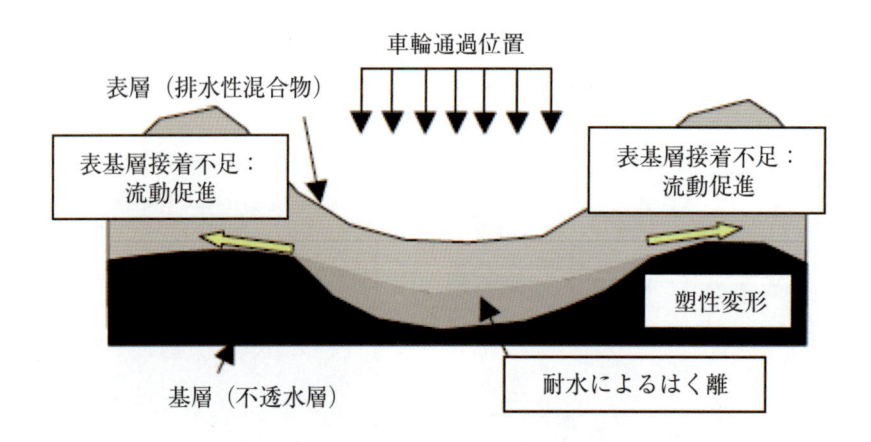

付録4　アスファルト舗装の破損の形態と発生原因

付図-4.2.5　開削後の状況

(11) 路面陥没

路面陥没とは，何らかの原因で路面下に空洞が生じ，路面が陥没する現象である。

道路の条件と空洞発生の因果関係は，究明されていないが，以下の条件に該当する道路で空洞の発生する可能性が高いと考えられている。

1）路面陥没が過去に発生した箇所と同じ道路構造（舗装構造，埋設物）を有する区間の道路
2）路面下に以下の地下構造物やライフライン等の埋設物が存在する道路
　　・地下鉄，共同溝，洞道（とうどう），地下道，地下街
　　・上水道，下水道，ガス，電気，電話，横断用水路等
3）河川，海岸など水の影響を受ける道路　等

空洞が成長すると，路面の変状が確認される場合がある。その例を**付写真-4.2.27**に示す。

空洞の発生から陥没発生に至るまでのメカニズムは，路面下における現象で視認ができないことに加え，舗装体各層の材料特性の違いや供用時に加わる交通荷重，空洞の発生要因等が関連すると考えられ，不明な点が多い。路面陥没を防ぐ対策としては，道路パトロールなどの路面の目視点検に加え，地中レーダーによる路面空洞調査やFWD調査などを定期的に行うことなどが考えられる。確認された路面陥没危険箇所は早急に対応し，その位置や状況については，可能な範囲で詳細に記録する。路面下に発生した空洞の例を**付写真-4.2.28**に示す。

付写真-4.2.27　路面陥没に至る恐れのある路面 　　　付写真-4.2.28　路面下に発生した空洞の例

付録5　コンクリート舗装の破損の形態と発生原因

　コンクリート舗装の破損の主なものには，ひび割れ，目地部の破損，段差があげられ，それ以外の破損としては，わだち掘れ，ポットホール，スケーリング，ポリッシングなどがある。コンクリート舗装に発生する破損の場合もアスファルト舗装同様，これらが単独で発生したり，複数の損傷がある程度同時期にみられたりする。

　その発生原因としては，材料に起因するもの，設計に起因するもの，施工に起因するもの，供用による疲労に起因するものなどがあり，破損の種類（発生形態）にかかわらずそれらの要因が相互に影響していることが多い。

　ここでは，コンクリート舗装における破損の種類ごとの破損形態や発生原因について概説する。

1　コンクリート舗装の破損の種類と発生原因

　コンクリート舗装の破損は，**付表-5.1.1**に示すように多種多様である。それら破損が生じる要因には，舗装材料，舗装構造，施工，供用中の劣化や疲労などがあるが，破損の種類や発生形態によっては，複数の要因が相互に影響し合い，破損の発生原因となっている場合もある。

付表-5.1.1　コンクリート舗装の主な破損

破損の種類		発生原因など
ひび割れ	横ひび割れ	供用による疲労，設計不良，施工不良
	縦ひび割れ	供用による疲労，沈下
	Y型，クラスタ型	設計不良，施工不良
	隅角ひび割れ	供用による疲労
	Dクラック	材料不良など
	乾燥によるひび割れ	施工不良
	円弧状ひび割れ	施工ひび割れ
	沈下ひび割れ	材料不良
	不規則ひび割れ	設計不良
	面状・亀甲状ひび割れ	供用による疲労
目地部の破損	目地材のはみ出し，飛散	供用時の気象や走行荷重の影響
	目地部の角欠け	施工不良，維持管理不良，走行荷重の影響
段　差	版と版の段差	エロージョン，走行荷重の影響
	隣接構造物との段差	材質の相違
	埋設構造物による段差	不等沈下，施工不良
	アスファルト舗装との段差	アスファルト混合物の流動，圧密，走行荷重
その他の破損	わだち掘れ	材料不良，タイヤチェーンの走行
	ポットホール	材料不良，施工不良
	スケーリング	硬化不良（養生不足），凍結融解
	ポリッシング	材料不良，車両走行

付録5　コンクリート舗装の破損の形態と発生原因

2 破損の種類ごとの破損形態と発生原因

2-1 ひび割れ

コンクリート舗装版に生じるひび割れは，その形状や発生位置などによって付図-5.2.1のように分類することができる。付図-5.2.2には横ひび割れの主な発生位置を示す。なお，付図-5.2.2中のアルファベットは，付図-5.2.1に示したひび割れの種類を表記したものである。

ここでは，付図-5.2.1の分類に沿って，ひび割れの形態とその発生原因について概説する。

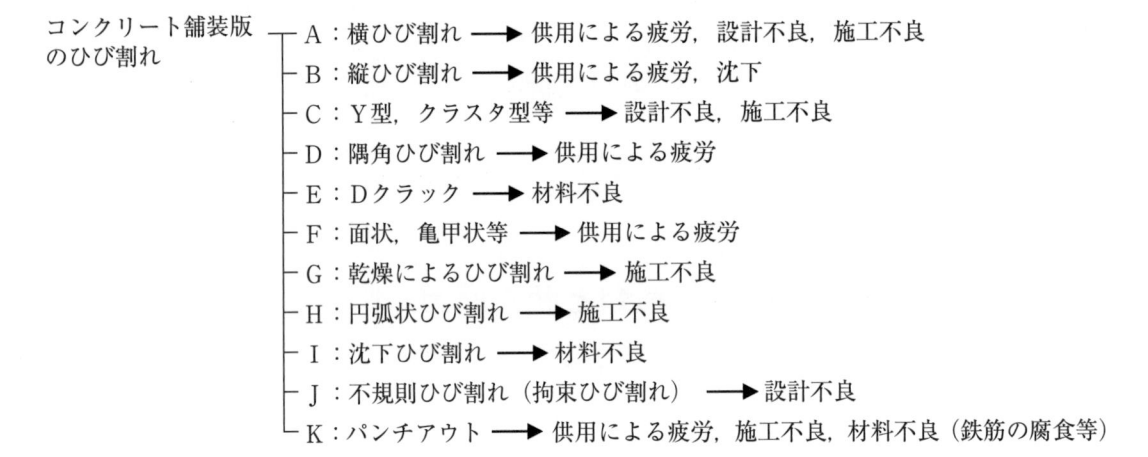

```
コンクリート舗装版 ─┬─ A：横ひび割れ ──→ 供用による疲労，設計不良，施工不良
のひび割れ           ├─ B：縦ひび割れ ──→ 供用による疲労，沈下
                     ├─ C：Y型，クラスタ型等 ──→ 設計不良，施工不良
                     ├─ D：隅角ひび割れ ──→ 供用による疲労
                     ├─ E：Dクラック ──→ 材料不良
                     ├─ F：面状，亀甲状等 ──→ 供用による疲労
                     ├─ G：乾燥によるひび割れ ──→ 施工不良
                     ├─ H：円弧状ひび割れ ──→ 施工不良
                     ├─ I：沈下ひび割れ ──→ 材料不良
                     ├─ J：不規則ひび割れ（拘束ひび割れ） ──→ 設計不良
                     └─ K：パンチアウト ──→ 供用による疲労，施工不良，材料不良（鉄筋の腐食等）
```

付図-5.2.1　コンクリート舗装版に生じるひび割れの分類と主な原因

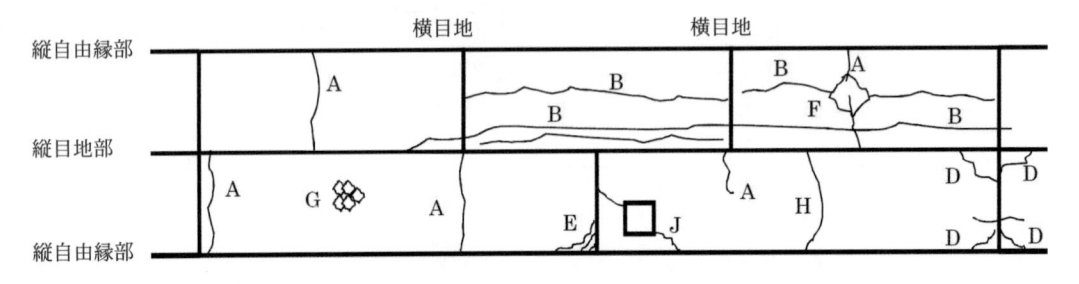

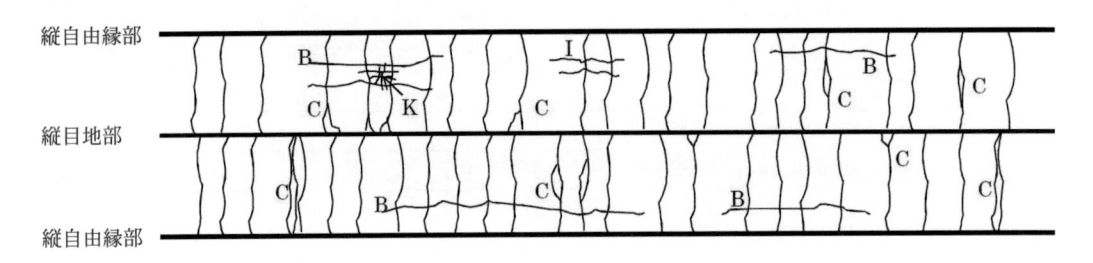

付図-5.2.2　コンクリート舗装版に生じるひび割れの発生パターン例

付録5　コンクリート舗装の破損の形態と発生原因

(1) 横ひび割れ

横ひび割れとは，車両の走行方向に対して概ね直角方向に入ったひび割れをいう。横ひび割れの代表的なものを**付写真-5.2.1**に示す。

（a）普通コンクリート舗装　　　　　　　（b）連続鉄筋コンクリート舗装

付写真-5.2.1　コンクリート舗装版に生じた横ひび割れの例

横ひび割れは，その発生原因によって，コンクリート打設後の初期養生が不適切であった場合などに硬化に伴って発生するセメント水和熱に起因して生じる初期ひび割れ，供用に伴う車両の繰返し荷重によって生じる疲労ひび割れ，目地間隔（版の長さ）が不適切なためにコンクリート版内の内部応力や路盤面との境界面に生じる拘束応力に耐えられずに発生する温度応力ひび割れに大別される。それぞれの発生メカニズムは**付図-5.2.3～5.2.5**に示すとおりであり，コンクリート版内に生じる応力やひずみが，その時のコンクリートの強度あるいは伸び能力を超えた時点で横ひび割れが発生する。

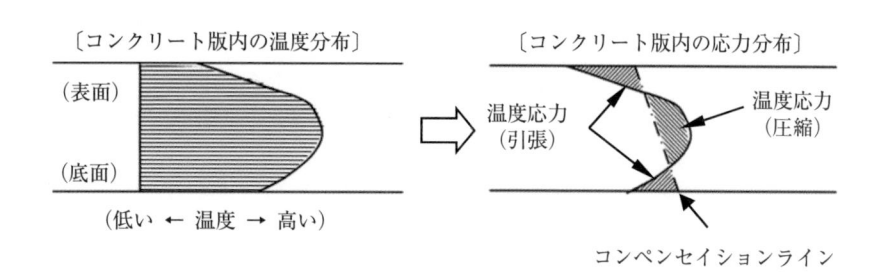

付図-5.2.3　水和熱によって生じる初期ひび割れの概念図

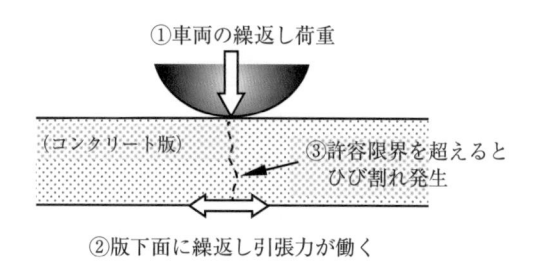

付図-5.2.4　繰返し荷重の疲労によって生じる横ひび割れの概念図

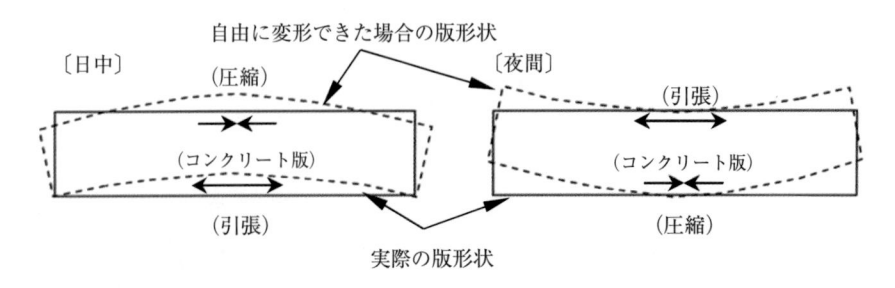

付録5 コンクリート舗装の破損の形態と発生原因

付図-5.2.5 温度応力によって生じる横ひび割れの概念図

　なお，連続鉄筋コンクリート舗装の場合には，縦方向鉄筋によりコンクリートの乾燥収縮や温度によるひび割れを分散・発生させて，個々のひび割れ幅を小さく抑えるようにあらかじめ設計されたものであることから，当該舗装に発生する横ひび割れは上記のような破損には該当しない（**付写真-5.2.1**(b)）。

(2) 縦ひび割れ

　縦ひび割れとは，車両の走行方向と同じ方向に入ったひび割れをいう。縦ひび割れの代表的なものを**付写真-5.2.2**に示す。

(a) 普通コンクリート舗装 　　　(b) 連続鉄筋コンクリート舗装

付写真-5.2.2　コンクリート舗装版に生じた縦ひび割れの例

　縦ひび割れは，主に供用に伴う車両の繰返し荷重によって生じる疲労ひび割れであることが多く，車線幅が狭く車両の走行位置が集中するような場合に発生しやすい。また，二車線以上の幅広いコンクリート版で縦目地を省略したような場合（**付写真-5.2.2**(b)）には，縦方向に温度応力ひび割れが生じることもある。それぞれの発生メカニズムは前述の**付図-5.2.4，5.2.5**に示すとおりであり，コンクリート版内に生じる応力やひずみが，その時のコンクリートの強度あるいは伸び能力を超えた時点で縦ひび割れが発生する。

(3) Y型・クラスタ型ひび割れ

　Y型ひび割れ，クラスタ型ひび割れとは，連続鉄筋コンクリート舗装特有のひび割れで，版端部にアルファベットのYの字のような形で現れたものをY型ひび割れ，ひび割れ間隔が狭く不均一に密集して発生したものをクラスタ型ひび割れという。代表的なものを**付写真-5.2.3**に示す。

(a) Y型ひび割れ　　　　　　　　　　　　(b) クラスタ型ひび割れ

付写真-5.2.3　連続鉄筋コンクリート舗装版に生じたY型・クラスタ型ひびわれの例

　先にも述べたように，連続鉄筋コンクリート舗装の場合には，縦方向鉄筋によりコンクリートの乾燥収縮や温度によるひび割れを分散・発生させて，個々のひび割れ幅を小さく抑えるようにあらかじめ設計されたもの（50～200cm程度）であることから，当該舗装に発生する横ひび割れは一般には破損には該当しない。

　しかし，Y型やクラスタ型のひび割れの場合には，それが進展すると角欠けやパンチアウトを誘発することがあるため，コンクリート版の破損と見なすことが多く，その発生原因としては，版厚不足などの設計不良や施工時の締固め不足・材料分離などが考えられる。

(4) 隅角ひび割れ

　隅角ひび割れとは，目地ありコンクリート版の隅角部に生じるひび割れである。代表例を**付写真-5.2.4**に示す。

付写真-5.2.4　コンクリート舗装版に生じた隅角ひびわれの例

　隅角ひび割れは，コンクリート版厚が薄い場合や，鉄網やダウエルバーを入れない場合に発生することが多い。

(5) Dクラック

　Dクラック（Durability Cracking；"D"Cracking）とは，隅角部クラックと同じでコンクリート版の隅角部に発生するもので，前述の隅角ひび割れに比べて，ひび割れが密に生じたものをいう。代表例を**付写真-5.2.5**に示す。

　その発生原因は，反応性骨材の使用や凍結融解に伴う骨材の膨張圧によるものとされている。

付録5　コンクリート舗装の破損の形態と発生原因

付写真-5.2.5　コンクリート舗装版に生じたDクラックの例

(6) 面状・亀甲状ひび割れ

　面状・亀甲状ひび割れとは，縦および横ひび割れが複合して，面状あるいは亀甲状となったひび割れをいう。代表的なものを**付写真-5.2.6**に示す。

　このひび割れの発生原因は，荷重や温度など複数の要因が関係したものであり，コンクリート版の最終的な破壊状態といえる。

付写真-5.2.6　コンクリート舗装版に生じた面状・亀甲状ひび割れの例

(7) 乾燥によるひび割れ

　乾燥によるひび割れは，コンクリート打設後の養生初期に生じる微細なひび割れをいう。代表的なものを**付写真-5.2.7**に示す。

　このひび割れは，日射や風等によってフレッシュコンクリートの表面が急激に乾燥したような場合に生じる。発生メカニズムを**付図-5.2.6**に示す。

　一般には，コンクリート版の表面部だけに発生することが多く，構造的に重大なダメージを与えることはないとされている。

付写真-5.2.7　コンクリート舗装版に生じた乾燥によるひび割れの例

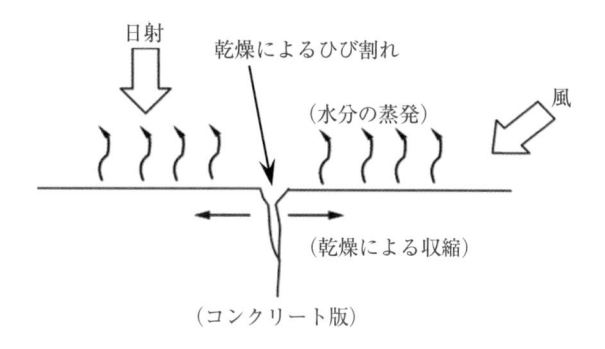

付図-5.2.6　乾燥によるひび割れの概念図

(8) 円弧状ひび割れ

　円弧状ひび割れとは，コンクリート版の施工方向に向かって凹型に生じるひび割れをいう。代表的なものを**付写真**-5.2.8に示す。

　このひび割れは，材料分離や施工の中断などが原因で生じるとされている。

付写真-5.2.8　コンクリート舗装版に生じた円弧状ひび割れの例

付録5　コンクリート舗装の破損の形態と発生原因

(9) 沈下ひび割れ

　沈下ひび割れとは，主に連続鉄筋コンクリート舗装の養生初期に，コンクリートの沈下によって生じるひび割れをいう。代表的なものを**付写真-5.2.9**に示す。

　このひび割れは，フレッシュコンクリートのコンシステンシーが不適切であったり，締固めが不十分であったりした場合に生じる。打設後のブリージングや空隙による沈下を鉄筋が妨げることで，鉄筋上部に発生する。発生のメカニズムを**付図-5.2.7**に示す。

付写真-5.2.9　コンクリート舗装版に生じた沈下ひび割れの例

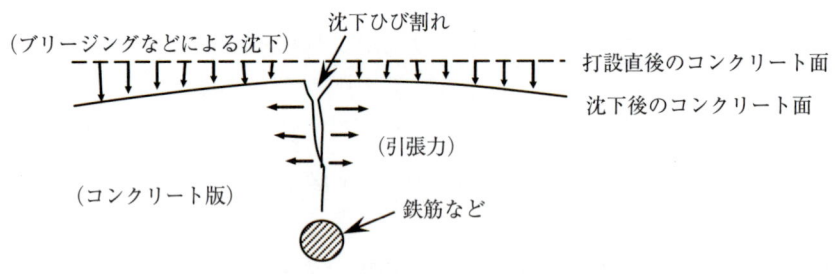

付図-5.2.7　沈下ひび割れの概念図

(10) 不規則ひび割れ（拘束ひび割れ）

　不規則ひび割れ（拘束ひび割れ）とは，コンクリート版の中に構造物などがある場合に，目地以外に不規則に入るひび割れをいう。代表的なものを**付写真-5.2.10**に示す。

　このひび割れは，異種構造が版内に含まれることで発生するもので，目地を適切な位置に配置しないと生じる場合が多い。

付写真-5.2.10　コンクリート舗装版に生じた不規則（拘束）ひび割れの例

(11) その他（ポンピングによるエロージョン）

ひび割れや目地などから雨水が浸入し，その水が路盤や路床に含まれ飽和状態にあるとき，交通荷重によってコンクリート版がたわみ，シルトや粘土等の細粒分がひび割れや目地から吹き出すことがある。この現象をポンピングという。その結果，ひび割れや目地の版下（路盤）に空洞が生じることがあり，これをエロージョン（浸食）といい，路盤支持力が低下することでコンクリート版の損傷が進行することになる。

ポンピングの代表的なものを**付写真-5.2.11**に，また，エロージョンの発生メカニズムを**付図-5.2.8**に示す。

付写真-5.2.11　コンクリート舗装版に生じたポンピングの痕跡

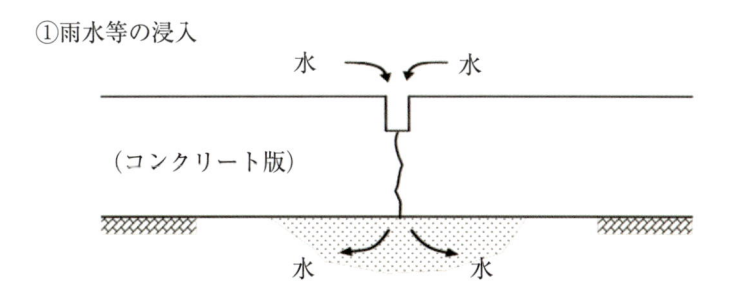

①雨水等の浸入

②交通荷重によるポンピング作用

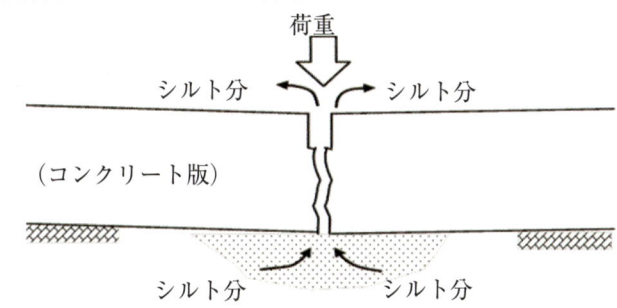

③空洞の生成

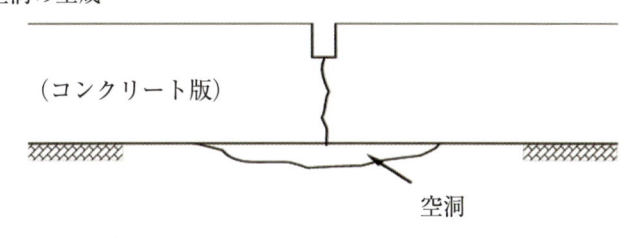

付図-5.2.8　エロージョンの発生概念

付録5　コンクリート舗装の破損の形態と発生原因

2-2　コンクリート舗装の目地部の破損

コンクリート舗装の目地部の破損は，コンクリート版の段差などの重大な破損につながる場合が多い。ここでは，次にあげる2種類の目地部の破損について概説する。

・目地材のはみ出し，飛散
・目地部の角欠け

(1) 目地材のはみ出し，飛散

コンクリート舗装の目地部において目地材がはみ出し，飛散すると平たん性の悪化や雨水の侵入，土砂詰まりなどの原因となり，目地部の大きな破損につながることがある。横収縮目地の目地材のはみ出しの例を**付写真-5.2.12**に，膨張目地の目地材の飛散事例を**付写真-5.2.13**に示す。

目地材のはみ出しや飛散は，夏期など高温時にコンクリート版が膨張し目地材が押し出され目地の外にはみ出し，通行車両等の影響ではがれ飛散することが多い。

付写真-5.2.12　目地材のはみ出し 　　　　付写真-5.2.13　目地材の飛散

(2) 目地部の角欠け

目地部に角欠けが生じた場合，車両の走行性や安全性・快適性を損ない，振動や騒音によって沿道環境を悪化させることがある。また，走行荷重の影響で目地部の大きな破損につながることもある。横収縮目地部での角欠けの事例を**付写真-5.2.14**に，膨張目地部で生じた角欠けの例を**付写真-5.2.15**に示す。

付写真-5.2.14　横収縮目地部の角欠け 　　　付写真-5.2.15　膨張目地部の角欠け

目地部の角欠けは，供用早期に生じる場合は，施工時の過度なコテ仕上げなどによる部分的な材料分離が原因となる場合が多い。また，ひび割れの誘導位置とカッタ切削位置のずれによる場合もある。供用後比較的時間をおいて発生する場合，目地の維持管理不良による異物の混入や走行荷重によるたわみの増大も原因となる（付図-5.2.9）。

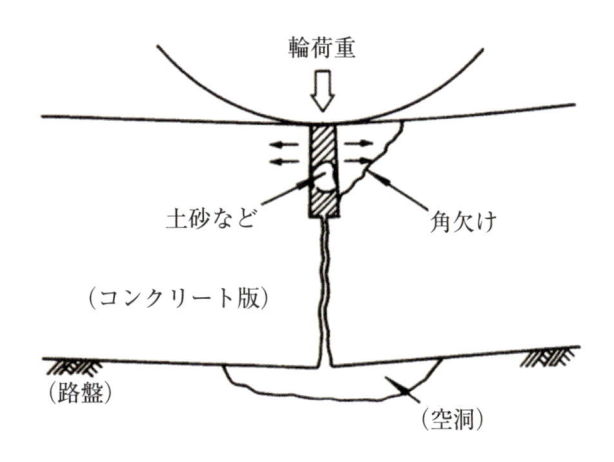

付図-5.2.9　目地部の角欠けの原因（異物の混入と走行荷重の影響）

2-3　段　差

コンクリート舗装版の段差には，①目地部やひび割れ部における版と版との段差，②橋梁取付部などの隣接構造物と版との段差，③管渠などの地下埋設構造物が舗装の下を横断している場合の段差，④版とアスファルト舗装との継目部に生じる段差などがある。ここでは，これら4種類の段差の形態とその発生原因について概説する。

(1) 版と版との段差

目地部やひび割れ部におけるコンクリート舗装版同士に発生した段差の代表的なものを**付写真-5.2.16**に示す。

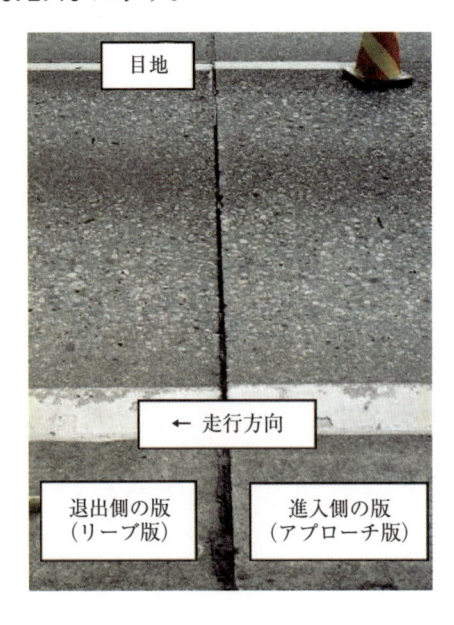

付写真-5.2.16　コンクリート舗装版に生じた目地部の段差の例

付録 5　コンクリート舗装の破損の形態と発生原因

　版と版との段差は，付図-5.2.10 に示すように目地やひび割れからの雨水等の浸入が引き金となり，供用に伴う車両の繰返し荷重によって目地構造が破損し，浸入した雨水等で路盤等が洗掘されて，やがて版同士の段差発生へと繋がるものである。この段差が進行するとコンクリート舗装版の構造的な破損にまで至る。したがって，目地部やひび割れ部のシーリングは，コンクリート舗装を維持する上でも極めて重要な位置付けにある。

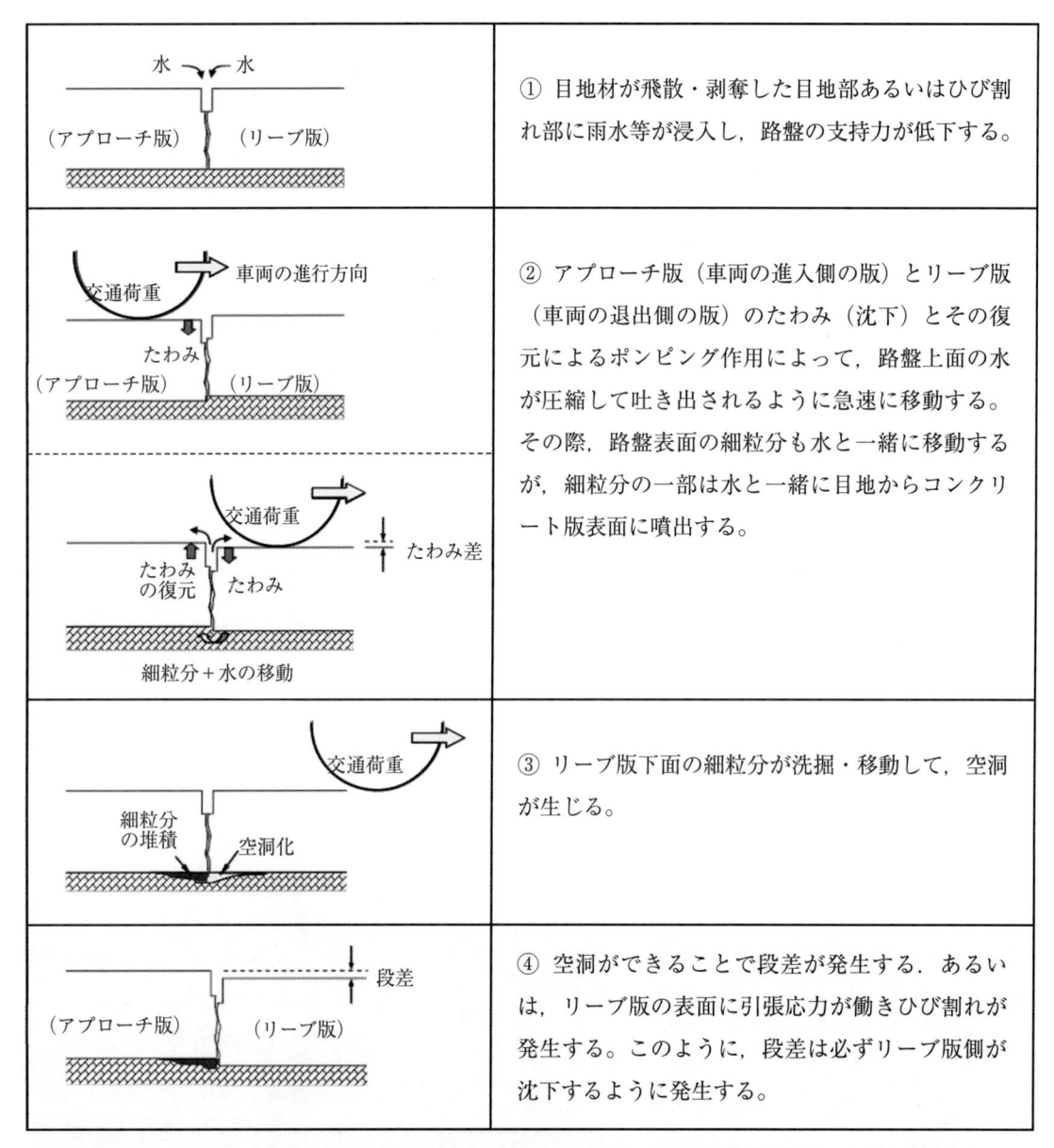

水 ↓↓ 水　（アプローチ版）（リーブ版）	① 目地材が飛散・剥奪した目地部あるいはひび割れ部に雨水等が浸入し，路盤の支持力が低下する。
交通荷重　車両の進行方向　たわみ（アプローチ版）（リーブ版）／交通荷重　たわみの復元　たわみ　たわみ差　細粒分＋水の移動	② アプローチ版（車両の進入側の版）とリーブ版（車両の退出側の版）のたわみ（沈下）とその復元によるポンピング作用によって，路盤上面の水が圧縮して吐き出されるように急速に移動する。その際，路盤表面の細粒分も水と一緒に移動するが，細粒分の一部は水と一緒に目地からコンクリート版表面に噴出する。
交通荷重　細粒分の堆積　空洞化	③ リーブ版下面の細粒分が洗掘・移動して，空洞が生じる。
段差（アプローチ版）（リーブ版）	④ 空洞ができることで段差が発生する，あるいは，リーブ版の表面に引張応力が働きひび割れが発生する。このように，段差は必ずリーブ版側が沈下するように発生する。

付図-5.2.10　コンクリート舗装版目地部やひび割れ部の段差発生プロセスの概念

(2) 隣接構造物と版の段差

　隣接構造物との段差は，主に摩耗抵抗性の違いによって発生する。橋梁の伸縮装置とコンクリート舗装版とに生じる段差の概念を付図-5.2.11 に示す。

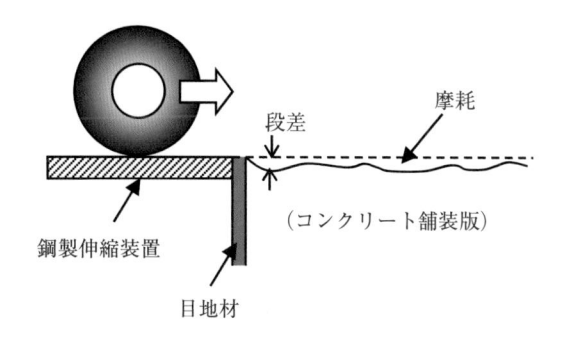

付録5　コンクリート舗装の破損の形態と発生原因

付図-5.2.11　橋梁の伸縮装置とコンクリート舗装版とに生じる段差の概念図

(3) 地下埋設構造物に伴う段差

　地下埋設構造物に伴う段差は，地下埋設構造物周囲の締固め度の不均一性や地下埋設構造物も含めた舗装剛性の違い等によって生じる地盤の不等沈下が原因で発生する。ボックスカルバートが舗装の下を横断している場合にコンクリート舗装版に生じる段差の概念を付図-5.2.12 に示す。

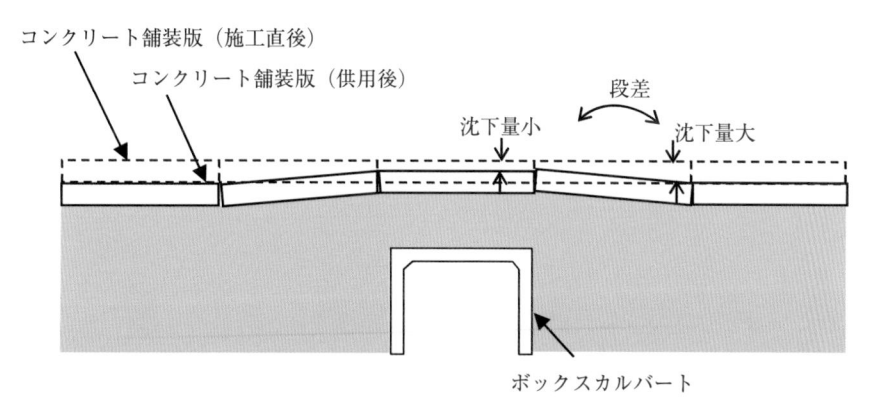

付図-5.2.12　ボックスカルバート上のコンクリート舗装版に生じる段差の概念図

(4) アスファルト舗装との継目部の段差

　コンクリート舗装版とアスファルト舗装との継目部に発生した段差の代表的なものを付写真-5.2.17 に示す。

付写真-5.2.17　アスファルト舗装との継目部に生じた段差の例

付録5　コンクリート舗装の破損の形態と発生原因

アスファルト舗装との継目部の段差は，主にアスファルト混合物の高温時の流動・圧密が原因で生じることが多い。その概念を**付図-5.2.13**に示すが，一度アスファルト混合物が流動・圧密によって塑性変形してしまうと，そこには車両の衝撃荷重が加わることになるため，おのずと段差量は大きくなってしまう傾向にある。

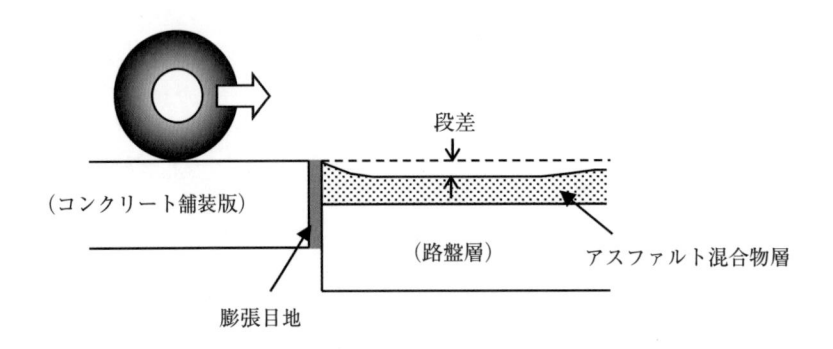

付図-5.2.13　アスファルト舗装との継目部に生じる段差の概念図

2-4　コンクリート舗装のその他の破損

コンクリート舗装のその他の破損として，以下の4種類の破損について概説する。
- わだち掘れ
- ポットホール
- スケーリング
- ポリッシング

(1) わだち掘れ

コンクリート舗装のわだち掘れは，車輪が走行する位置に連続的に生じる横断方向の凹凸である（**付写真-5.2.18**）。わだち掘れが進行すると車両の走行性や安全性・快適性を損ない，振動や騒音によって沿道環境を悪化させる場合もある。

付写真-5.2.18　コンクリート舗装版に発生したわだち掘れ

コンクリート舗装のわだち掘れは，タイヤチェーンの走行により，すり減り作用を受け，表面のモルタルがはく奪，粗骨材が摩耗して生じる摩耗わだちがほとんどである。スパイクタイヤ禁止前は，深さが数cm以上に及ぶ顕著なわだち掘れもみられたが（**付写真-5.2.18**），最近では，コンクリート舗装のわだち掘れはあまりみられない。

コンクリート舗装のわだち掘れの発生要因をまとめると**付図-5.2.14**のようであり，タイヤチ

付録5　コンクリート舗装の破損の形態と発生原因

ェーンの走行による摩耗が主原因であるが，その他にコンクリートの配合に起因する場合やそれら相互の作用により発生するとものと考えられる。

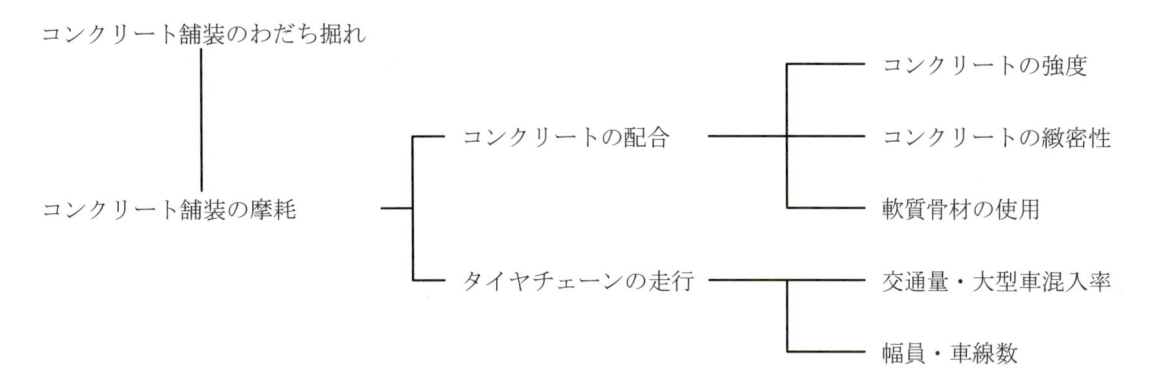

```
コンクリート舗装のわだち掘れ
                              ┌─ コンクリートの配合 ─┬─ コンクリートの強度
                              │                      ├─ コンクリートの緻密性
コンクリート舗装の摩耗 ───────┤                      └─ 軟質骨材の使用
                              │
                              └─ タイヤチェーンの走行 ─┬─ 交通量・大型車混入率
                                                        └─ 幅員・車線数
```

付図-5.2.14　コンクリート舗装のわだち掘れの発生要因

(2) ポットホール

コンクリート舗装のポットホールは，コンクリート版の表面に生じる直径10～100cmの小穴のことをいう（**付写真-5.2.19**）。

付写真-5.2.19　ポットホールの例

コンクリート舗装のポットホールは，局部的な材料分離が生じたり，吸水膨張する品質の悪い粗骨材の使用や施工時の木くずなどの異物の混入などが原因で生じる。

(3) スケーリング

コンクリート舗装のスケーリングは，版表面のモルタル分が剥がれることをいう。スケーリングの程度により，車両の走行性や安全性・快適性を損ない，振動や騒音によって沿道環境を悪化させる場合もある。

スケーリングは，コンクリート版表面の硬化不良や初期凍害により発生する（**付写真-5.2.20**）。また，供用中の凍結融解作用や融雪剤散布，コンクリートの空気量不足等が原因で発生することもある（**付写真-5.2.21**）。

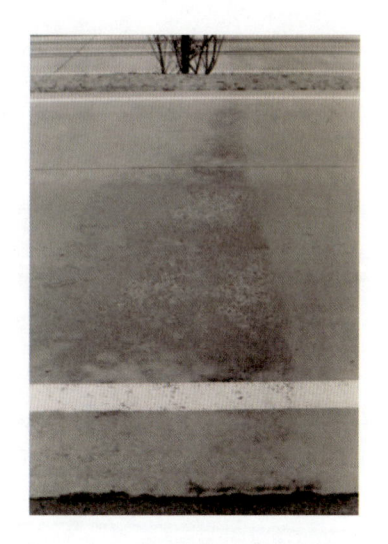

付録5　コンクリート舗装の破損の形態と発生原因

付写真-5.2.20　初期凍害によるスケーリング 　　　写真-5.2.21　凍結融解によるスケーリング

(4) ポリッシング（すべり抵抗の低下）

　ポリッシングは粗面仕上げ面が破損し，表面が磨かれた状態をいい，コンクリート舗装版がポリッシングを受けるとすべり抵抗が低下する（**付写真-5.2.22**）。

付写真-5.2.22　ポリッシングの例

　コンクリート舗装のポリッシングは，通常の車両走行やタイヤチェーンの影響で表面仕上げが消失したり，露出した軟質骨材が磨かれることなどが原因で生じる。

索 引

【英数字】

CBR（California Bearing Ratio）試験
　　　　　　　　　　　　　　34,78,82,86
CO_2排出量低減値 …………………163
D_0 …………………………35,36,41,49,50,52,
　　　　　　　　　　　73,74,80,81,85
D_{150} ……………………………41,80,81,85
Dクラック …………………………49
FWD（Falling Weight Deflectometer）調査
　　　　　　　　　　26,35,36,80,85,86
IRI（International Roughness Index）
　　　　　　　　　　　15,16,32,33,145
ISO（International Organization for Standadization） ………………7
LCC（Life Cycle Cost）
　　　　6,7,8,9,10,11,13,15,18,19,20,87,171
MCI（Maintenance Control Index）
　　　　　　　　　　　　　14,15,16
PAS55（Publicly Available Specification）
　　　　　　　　　　　　　　　　　7
PDCA（Plan-Do-Check-Act）
　　　　　　　2,6,7,12,13,15,18,20,22
Y型ひび割れ ………………………49

【あ】

アスファルト
　──中間層 …………158,160,161,162
　──乳剤系混合物 ………………93,95
　──乳剤系シール材 ……93,100,101
アセットマネジメントシステム ………7,23
圧縮変形 …………………………44,58
圧密沈下 ……………………………34
アンダーシーリング工法 …………114
維持工法 ……1,12,45,57,58,60,91,92,93,95,
　　　　　103,107,112,113,116,132,151,155
維持修繕

──計画 ………7,8,9,10,11,12,13,19,20,
　　　　　　　21,22,164,169,170,171,
──工法 ……2,6,8,10,12,15,18,19,20,21,22,
　　　　　　　27,56,57,58,59,60,78,82,86,91
──候補箇所 ………………12,19,21
インターロッキングブロック ………68,94
ウォータージェット工法 ……………110
打換え工法 ………1,57,58,59,60,72,74,
　　　　　　75,79,83,86,87,92,93,116,
　　　　　　125,126,132,133,138,141
エロージョン ………………………26,60
塩化物含有量 …………………159,166,168
円弧状ひび割れ ……………………49
沿道および地域社会の費用 ………11,19
沿道環境 ………24,27,56,64,69,76,79,84,147
オーバーレイ工法 ………1,57,58,59,60,
　　　　　　72,74,75,92,93,106,107,112,116,
　　　　　　121,125,126,132,134,136,137,140
温度応力ひび割れ …………………34,38,58

【か】

開削調査 …………25,33,34,35,40,44,
　　　　　　　　47,77,78,81,82,86
開粒度アスファルト混合物 ……………94
荷重伝達率 …………………35,49,50,51,52
角欠け ………………29,31,37,48,49,52,
　　　　　　　　　53,60,98,99,111,136
カットバックアスファルト系混合物 ……93
加熱
　──アスファルト系シール材 ……93,100,101
　──アスファルト混合物 ……41,57,71,72,
　　　　　　76,78,79,84,93,95,96,97,106,
　　　　　　112,143,147,159,166,168,169
　──混合式 ……………………92,93,95
カーペットコート …92,93,106,107,112,157
環境

索　引

――騒音 …………………… 18,76,164,165
――負荷の軽減対策 ………………………… 62
間接計測 ………………………… 151,152,153
幹線道路 ……………… 2,3,15,16,20,21,22,26
乾燥によるひび割れ ……………………………… 49
管理
　――指標 …………………………………… 8,9,15
　――目標 …………… 2,3,6,7,8,9,10,11,12,13,15,
　　　　　　　　16,17,19,20,22,38,42,46,
　　　　　　　　48,50,51,53,55,170,171
基準試験 …………… 151,154,155,165,166,167
亀甲状ひび割れ ………………… 30,49,77,78,82
隅角ひび割れ ……………………………………… 49
機能回復工法 ……………………………………… 141
局部打換え工法 ………………… 57,58,59,60,75,
　　　　　　　　　　　　　　　92,93,133,138
空隙
　――つぶれ …………………… 28,37,46,47,58,110
　――づまり ……………………… 28,37,46,47,57,58,77,
　　　　　　　　　　　　　　92,110,141,142,148
　――づまり洗浄工法 ……………… 57,58,92,
　　　　　　　　　　　　　　　　　　110,141,142
空洞 …………………… 46,49,50,51,52,59,114
くぼみ ……………………… 16,28,32,34,46,57,58
クラスタ型ひび割れ ……………………………… 49
クラックシール材 ……………………………… 149
クラッシャラン … 72,76,78,79,83,84,87,167
　――鉄鋼スラグ ………………………………… 167
グルービング工法 ………………… 59,60,92,111,141
検査ロット ……………………………………… 154
健全度 …… 5,7,8,9,10,12,14,17,19,20,21,22,
　　　　　　34,35,40,41,62,85,89,170,171
研掃工 …………………………………………… 137
合格判定値 … 150,154,155,158,160,161,162
鋼繊維補強コンクリート ……………… 74,137
構造
　――設計 …… 24,25,42,44,54,55,56,60,71,73,
　　　　　　　　74,75,76,84,85,112,146,160,170
　――調査 …… 24,25,26,27,32,33,34,35,38,
　　　　　　　　40,42,44,45,47,49,51,80,85

――破損 …………………… 25,26,34,35,37,38,
　　　　　　　　　　　　　40,44,45,48,49,56,58
拘束ひび割れ ……………………………………… 49
構築路床 ………………………… 158,160,161,162
工法選定上の区分 …… 25,37,38,42,44,46,47,
　　　　　　48,50,51,52,53,54,55,57,58,59,60
国際ラフネス指数 ……………… 15,16,32,33
骨材
　――飛散 ……… 28,32,34,37,46,47,58,63,66,
　　　　　　　　68,94,107,108,109,141,153
　――飛散抵抗性 ………………… 63,66,68,94,109
　――露出工法 …………………………………… 141
コルゲーション ……………… 28,32,34,46,58,102
コンクリート
　――オーバーレイ工法 ………………… 92,93,140
　――温度 ………………………………………… 159
　――強度 …………………………………… 159,168
コンシステンシー ……………………… 133,159

【さ】

再生用添加剤 ………………… 57,93,129,130,131
砕石マスチック混合物 ……… 68,76,94,107
最大流出量比 …………………………………… 153
細粒度アスファルト混合物 ………………… 95
サービス
　――指標 ………………………………… 8,9,13,15
　――水準 ……………………………… 5,6,9,10,62
サブシーリング工法 …………………………… 114
残存等値換算厚 ……………… 35,40,41,42,71,72,
　　　　　　　　　　　　　75,77,80,81,82,85,86
残留
　――安定度 ……………………………………… 166
　――強度率 ……………………………………… 167
サンプリング …………………………………… 154
事後評価 …………………… 7,8,10,12,18,20,21
支持力低下 …………………………… 34,38,49,58
シックリフト工法 ……………………………… 119
実施計画 …………… 2,3,7,8,12,20,24,25,55,56,
　　　　　　　　　　60,61,62,64,116,132,146
締固め度 …………………………… 159,160,162,168

索　引

遮水型排水性舗装工法 …………………… 124
遮熱性舗装 ……………………………62,68,94
修正CBR ……………………………………167
樹脂
　──系グラウト ……………………………93
　──系混合物 ……………………… 93,95,112
　──コンクリート …………………………93
　──モルタル ……………………59,68,93,94,141
常温混合式 ……………………………… 92,93,95
衝撃
　──吸収性 …………………………………68
　──骨材飛散値 ………………………… 66,153
床版増厚工法 ……………………………… 137
情報化施工技術 …………………………… 145
初期ひび割れ ……………………………… 75
ショットブラスト工法 …………………… 110
シーリング工法 ………………… 59,60,93,100
シール材注入工法 ……… 57,58,92,93,95,100,
　　　　　　　　　　　　116,151,155,156,157
浸透
　──水量 …… 47,63,64,66,67,69,152,154,169
　──用セメントミルク ………………… 93,143
振動
　──低減 ………………………………… 62,63,66
　──レベル低減値 ……………………… 66,153
信頼度 ……………………………… 72,76,79,84,170
水硬性粒度調整鉄鋼スラグ ……………… 167
水浸膨張比 ………………………………… 167
スケーリングすべり ………… 29,33,35,37,59
すべり
　──抵抗 ……18,28,29,31,32,33,45,46,55,58,
　　　　　　　 59,63,64,66,67,68,94,102,103,
　　　　　　　 108,109,110,111,144,147,153,164
　──抵抗性 ……………………45,55,59,63,66,67,68,
　　　　　　　　　　　　　94,102,108,111,144
　──抵抗値 …… 31,45,46,55,58,63,64,66,153
すり減り値 ………………………………… 66,153
スラリーシール
　──工法 ………………………………… 105
　──混合物 ……………………………… 93

スランプ ……………………………… 166,168
性能
　──規定 ………………………… 1,18,150,164,165
　──指標 …………………4,46,55,56,60,61,62,63,
　　　　　　　　　　64,65,66,67,69,70,71,145,
　　　　　　　　　　150,151,152,153,154,163
　──の確認 ……………………… 2,3,150,151,154
生活道路 ……2,3,15,20,21,22,23,27,32,34,56
施工継目ひび割れ ……………………… 34,38,58
石灰
　──安定処理 ………… 72,159,162,167,168,169
　──量 …………………………… 159,162,167,168
設計CBR ……… 18,72,76,78,79,81,82,83,84,
　　　　　　　　　85,86,87,119,146,164,165,170
切削
　──工法 …………………… 57,58,92,102,129
　──オーバーレイ工法 … 1,57,92,93,116,125
セメント
　──・アスファルト乳剤安定処理 ……… 126
　──安定処理 ……………………… 72,83,84,126,
　　　　　　　　　　　　　162,167,168,169
　──系注入材 ……………………………… 93
　──注入工法 …………………………… 115
　──・フォームドアスファルト安定処理
　　　　　　　　　　　　　　　　　　 126
　──モルタル …………………59,93,115,116,139
　──・瀝青安定処理 ……………………… 72
線状ひび割れ ……………………………… 80
騒音
　──値 ……………………… 47,63,64,66,67,69,153
　──低減 ……………… 57,63,66,67,68,94,110,143
総合指標 ………………………………… 15,16
側方流動 ……………………………… 28,47,58
塑性変形
　──抵抗性 …………………… 63,66,67,68,94,111
　──輪数 ………………………… 63,64,66,67,69,69,
　　　　　　　　　　　　　　70,71,151,152,170
粗面処理工法 ……………………… 59,60,92,110,143

索引

【た】

滞水 …………………………28,29,42,54,144
ダイヤモンドグラインディング工法 …110
多層弾性理論 ………………74,83,84,89
立会い検査 ……………155,156,157,158,160
縦ひび割れ ……………………………48,49
たわみ量 …………8,9,18,25,33,34,35,36,40,
　　　　　　41,42,49,50,51,52,71,72,73,
　　　　　　74,80,81,85,86,146,164,165
段差すり付け工法 ……………57,58,92,93
弾性係数 …34,35,40,41,42,73,74,81,82,146
単独指標 ………………………………15
チップシール ………68,92,93,94,103,104,157
注入工法 …………57,58,59,60,75,92,93,95,
　　　　　　100,101,102,114,115,116,
　　　　　　135,140,151,155,156,157
直接計測 ……………………151,152,153
沈下ひび割れ …………………………49
低騒音舗装 …………………………62,70,142
出来形検査 ……………154,155,156,157,158
データベース ………7,8,10,12,14,18,19,20,
　　　　　　　21,22,89,150,169,170
転圧コンクリート ……………48,132,158,
　　　　　　　159,160,161,162
――版 …………………158,159,160,161,162
天然石ブロック ………………………68,94
凍結融解 ………………………………58
凍上 ……………………………34,38,58
透水係数 ……………………………153,166
透水性 ………62,63,64,65,66,67,68,92,93,
　　　　　94,109,141,142,148,149,153
――樹脂モルタル ………………68,93,94
――舗装 …………62,64,65,141,142,148
等値換算厚 ……35,40,41,42,71,72,75,77,78,
　　　　　　80,81,82,83,84,85,86,127
動的安定度 …………………………66,152,166
道路
――管理者費用 …………………10,11,13,19
――利用者費用 …………………11,12,13,19
トップコート工法 ……………68,94,108,149

【な】

ニート工法 ……………………68,94,108
抜取り検査 ……………………155,158,160,162
ねじり骨材飛散値 ……………………66,153
ネットワークレベル …………7,11,12,19,21

【は】

配合設計 ……………………………154
排水性
――舗装 ……………23,62,64,128,141,144
――トップコート工法 ………68,94,108,149
薄層
――オーバーレイ工法 …………57,92,93,112
――コンクリートオーバーレイ工法
　　　　　　　　　　…………………92,93,140
剥離 ……………28,32,34,37,38,45,47,58,59,
　　　　　77,78,103,124,135,136,141
バーステッチ工法 …59,60,75,92,93,116,134
破損
――形態 ………………………………15
――原因 ……………………………12,64
――状態 ……………………53,64,80,81,85,91
――の程度 ………………24,25,26,27,32,
　　　　　　　37,46,55,56,57,59
――の評価 ………………32,37,44,46,47,56
――の分類 ………………26,37,38,44,45,
　　　　　　　46,48,49,56,58,60
パッチング工法 ………59,60,95,151,155,156
半たわみ性舗装 ………………68,94,108,143
ひび割れ率 ………8,9,10,15,16,17,18,32,38,
　　　　　　39,72,80,85,113,164,165
評価区分 ………………………………37
表層・基層打換え工法 ………57,58,125,141
氷着引張強度 ………………………66,153
表面処理工法 …………57,58,59,60,92,93,95,
　　　　　　103,105,107,108,155,157
疲労
――破壊輪数 ………63,72,76,79,84,91,140,
　　　　　　145,146,151,152,160,170
――ひび割れ ……………………34,38,40,58

品質
　——検査 ………………… 151,154,155,156,
　　　　　　　　　　　　157,158,159,160
　——の確認 ………………………… 150,151
フォグシール ………………… 92,93,103,109
フォームドアスファルト ………… 84,86,93,
　　　　　　　　　　　　　　126,167,168
　——安定処理工法 …………………… 126
不規則ひび割れ ………………………… 49
不等沈下 ………………………………… 51
部分打換 ………………………………… 116
部分的な寄り ………………… 28,32,34,47,58
フルデプスアスファルト舗装工法 ……… 119
プルーフローリング …………………… 159
プレキャストコンクリート版 ………… 93,94
プロジェクトレベル …………………… 7,12
フロー値 …………………………… 166,167
ブローンアスファルト ………………… 100,114
平たん性の低下 ………………… 31,37,44,58
補修工法 ……………………………… 34,71,170
保水性舗装 …………………… 62,68,70,71,94
舗装
　——計画交通量 …… 18,62,63,64,65,69,70,71,
　　　　　　　　　　76,79,84,126,127,164,165,170
　——構造評価 …………………………… 73
　——の維持管理指数 …………………… 15
　——の支持力 ……… 33,40,41,80,81,83,85,91
　——の性能指標 ……… 61,62,64,150,151,154
　——の設計期間 ………………… 63,76,79,84
　——マネジメントシステム ……… 7,8,12,13,
　　　　　　　　　　　　　　14,18,20,23
ポットホール …………… 14,20,28,29,32,33,35,
　　　　　　　　　　37,44,45,47,53,55,57,
　　　　　　　　　　58,60,77,85,95,98,99
歩道
　——の硬さ …………………………… 154
　——の浸透水量 ……………………… 154
　——の路面段差 ……………………… 153
ポーラス
　——アスファルト混合物 … 32,34,45,61,66,
　　　　　　　　　　　　68,69,70,71,76,77,78,94,108,
　　　　　　　　　　　　109,124,126,136,141,142,153
　——アスファルト舗装 ‥11,13,28,37,38,45,
　　　　　　　　　　　　46,47,57,58,65,91,92,95,100,
　　　　　　　　　　　　101,103,108,109,110,126,142
　——コンクリート ………… 68,94,141,142
　——コンクリート舗装 ………………… 142
ポリッシング ……… 28,29,31,32,33,34,35,
　　　　　　　　　　37,45,53,55,58,59,60
ポリマー改質アスファルト混合物 … 68,94
ホワイトトッピング工法 ……………… 121
ポンピング ………………………… 51,142

【ま】

マイクロサーフェシング工法 ………… 105
曲げ強度 ……………… 75,133,155,160,162,166
マネジメント …… 1,2,3,5,6,7,8,10,11,12,13,
　　　　　　　　　　14,15,16,17,18,20,22,23,87
摩耗抵抗性 ……………………… 63,66,68,94,111
水はね … 28,29,42,54,61,62,63,77,79,83,140
明色
　——性 ………………………… 63,66,68,94,111,143
　——舗装 ……………………………… 143
目地
　——材のはみ出し・飛散 ……………… 53
　——部の角欠け ……………………… 52,53
　——部の破損 ………………… 29,31,33,35,37,60
面状ひび割れ …………………………… 49
目視調査 ………………… 24,25,26,27,38,42,
　　　　　　　　　　47,51,52,53,54,55,56

【や】

要求性能 ……………… 24,25,55,56,60,61,62,
　　　　　　　　　　64,65,67,69,70,76,79,84
横ひび割れ ……………………… 48,49,50,60
予防的維持 …… 12,57,103,105,108,112,113
寄り …………………… 28,32,34,46,47,58,102

【ら】

ライフサイクルコスト ………… 2,6,60,61,87,

索　引

　　　　　　　　　　　　　　88,89,145,164
リフレクションクラック
　――対策工法 ……………………………… 134
　――抑制工法 ……………………… 121,134
リペーブ方式 ……………… 112,113,129,131
リミックス方式 …………… 112,113,129,131
粒度
　――調整 …………… 72,76,78,79,83,84,87,158,
　　　　　　　　159,160,161,162,167,168,169
　――調整砕石 …… 72,76,78,79,83,84,87,167
　――調整鉄鋼スラグ …………………… 167
流動 ……………… 28,34,37,44,47,57,58,77,78,
　　　　　　80,83,101,102,111,112,143,144
瀝青安定処理 ……… 65,72,76,77,78,79,83,84,
　　　　　　　　　　86,87,119,126,158,159,
　　　　　　　　　　160,161,162,167,168,169
レジンモルタル充填工法 ……………… 109
劣化
　――予測 ……… 10,12,16,17,18,19,20,170,171
　――予測モデル ……… 10,12,16,17,18,19,20
老化 ……………………… 34,38,58,59,103,105
ロジックモデル …………………………14,23
路床
　――の支持力 ……………… 35,40,41,80,81,119
　――のCBR ………………… 41,78,81,82,85,86
路上再生
　――セメント・アスファルト乳剤安定処理
　　　　………………………………………… 126
　――セメント・フォームドアスファルト
　　　安定処理 …………………………… 126
　――セメント安定処理 ………………… 126

　――瀝青安定処理工法 ………………… 126
路上表層再生工法 ……………… 57,58,92,93,
　　　　　　　　　　　　　　　112,113,129
路上路盤再生工法 ……… 57,58,72,83,84,
　　　　　　　　　　　　　86,87,92,93,126
ロットの大きさ ………………………… 154
路面
　――維持工法 ……………… 92,93,112,113
　――温度低減 …… 63,66,67,68,70,71,94,153
　――温度低減値 …… 63,66,67,70,71,153
　――下空洞 ………………………………… 46
　――陥没 …………………………………… 46
　――性状測定車 ………… 15,16,17,20,66,152
　――性状調査 ‥15,17,24,25,26,27,32,35,38,
　　　　　　42,46,47,48,50,51,52,53,54,55,80
　――性状データ ……………… 10,15,17,18
　――設計 ……………… 24,25,42,54,55,56,60,
　　　　　　　　　　　64,65,69,70,140,170
　――調査 …………………… 24,25,26,27,38,
　　　　　　　　　　　　　40,42,44,47,53,54
　――破損 ……………… 26,32,34,35,37,38,40,44,
　　　　　　　　　　　45,46,47,48,49,55,56,58
　――明度 ……………………………… 66,153
ロールドアスファルト舗装 ……… 94,143,144

【わ】

わだち
　――部オーバーレイ工法 …57,58,92,93,112
　――掘れ深さ …… 3,10,15,16,17,18,32,33,42,
　　　　　43,54,55,77,80,85,106,113,130,164,165

執筆者 （五十音順）

石垣　　勉	泉　　秀俊	伊藤　達也
海老澤秀治	加納　孝志	久保　和幸
小関　裕二	五伝木　一	近藤　成則
坂本　寿信	坂本　康文	島崎　　勝
田口　　仁	中原　大磯	板東　芳博
廣藤　典弘	前原　弘宣	松村　高志
美馬　孝之	山本　富業	渡邉　一弘

舗装の維持修繕ガイドブック2013

平成25年11月１日　初　版　第１刷発行
令和６年３月29日　　　　　　第６刷発行

編集
発行所　公益社団法人　日本道路協会
　　　　東京都千代田区霞が関3-3-1

印刷所　大和企画印刷株式会社
発売所　丸善出版株式会社
　　　　東京都千代田区神田神保町2-17

本書の無断転載を禁じます。

ISBN978-4-88950-332-6　C2051

日本道路協会出版図書案内

図書名	ページ	定価(円)	発行年
交通工学			
クロソイドポケットブック（改訂版）	369	3,300	S49. 8
自転車道等の設計基準解説	73	1,320	S49.10
立体横断施設技術基準・同解説	98	2,090	S54. 1
道路照明施設設置基準・同解説（改訂版）	240	5,500	H19.10
附属物（標識・照明）点検必携 ～標識・照明施設の点検に関する参考資料～	212	2,200	H29. 7
視線誘導標設置基準・同解説	74	2,310	S59.10
道路緑化技術基準・同解説	82	6,600	H28. 3
道路の交通容量	169	2,970	S59. 9
道路反射鏡設置指針	74	1,650	S55.12
視覚障害者誘導用ブロック設置指針・同解説	48	1,100	S60. 9
駐車場設計・施工指針同解説	289	8,470	H 4.11
道路構造令の解説と運用（改訂版）	742	9,350	R 3. 3
防護柵の設置基準・同解説（改訂版） ボラードの設置便覧	246	3,850	R 3. 3
車両用防護柵標準仕様・同解説（改訂版）	164	2,200	H16. 3
路上自転車・自動二輪車等駐車場設置指針 同解説	74	1,320	H19. 1
自転車利用環境整備のためのキーポイント	140	3,080	H25. 6
道路政策の変遷	668	2,200	H30. 3
地域ニーズに応じた道路構造基準等の取組事例集（増補改訂版）	214	3,300	H29. 3
道路標識設置基準・同解説（令和2年6月版）	413	7,150	R 2. 6
道路標識構造便覧（令和2年6月版）	389	7,150	R 2. 6
橋梁			
道路橋示方書・同解説（Ⅰ共通編）（平成29年版）	196	2,200	H29.11
〃（Ⅱ鋼橋・鋼部材編）（平成29年版）	700	6,600	H29.11
〃（Ⅲコンクリート橋・コンクリート部材編）（平成29年版）	404	4,400	H29.11
〃（Ⅳ下部構造編）（平成29年版）	572	5,500	H29.11
〃（Ⅴ耐震設計編）（平成29年版）	302	3,300	H29.11
平成29年道路橋示方書に基づく道路橋の設計計算例	564	2,200	H30. 6
道路橋支承便覧（平成30年版）	592	9,350	H31. 2
プレキャストブロック工法によるプレストレストコンクリートTげた道路橋設計施工指針	81	2,090	H 4.10
小規模吊橋指針・同解説	161	4,620	S59. 4
道路橋耐風設計便覧（平成19年改訂版）	300	7,700	H20. 1

日本道路協会出版図書案内

図書名	ページ	定価(円)	発行年
鋼道路橋設計便覧	652	7,700	R 2.10
鋼道路橋疲労設計便覧	330	3,850	R 2.9
鋼道路橋施工便覧	694	8,250	R 2.9
コンクリート道路橋設計便覧	496	8,800	R 2.9
コンクリート道路橋施工便覧	522	8,800	R 2.9
杭基礎設計便覧（令和2年度改訂版）	489	7,700	R 2.9
杭基礎施工便覧（令和2年度改訂版）	348	6,600	R 2.9
道路橋の耐震設計に関する資料	472	2,200	H 9.3
既設道路橋の耐震補強に関する参考資料	199	2,200	H 9.9
鋼管矢板基礎設計施工便覧（令和4年度改訂版）	407	8,580	R 5.2
道路橋の耐震設計に関する資料（PCラーメン橋・RCアーチ橋・PC斜張橋等の耐震設計計算例）	440	3,300	H10.1
既設道路橋基礎の補強に関する参考資料	248	3,300	H12.2
鋼道路橋塗装・防食便覧資料集	132	3,080	H22.9
道路橋床版防水便覧	240	5,500	H19.3
道路橋補修・補強事例集（2012年版）	296	5,500	H24.3
斜面上の深礎基礎設計施工便覧	336	6,050	R 3.10
鋼道路橋防食便覧	592	8,250	H26.3
道路橋点検必携～橋梁点検に関する参考資料～	480	2,750	H27.4
道路橋示方書・同解説Ⅴ耐震設計編に関する参考資料	305	4,950	H27.4
道路橋ケーブル構造便覧	462	7,700	R 3.11
道路橋示方書講習会資料集	404	8,140	R 5.3
舗装			
アスファルト舗装工事共通仕様書解説（改訂版）	216	4,180	H 4.12
アスファルト混合所便覧（平成8年版）	162	2,860	H 8.10
舗装の構造に関する技術基準・同解説	104	3,300	H13.9
舗装再生便覧（令和6年版）	342	6,270	R 6.3
舗装性能評価法(平成25年版)―必須および主要な性能指標編―	130	3,080	H25.4
舗装性能評価法別冊―必要に応じ定める性能指標の評価法編―	188	3,850	H20.3
舗装設計施工指針（平成18年版）	345	5,500	H18.2
舗装施工便覧（平成18年版）	374	5,500	H18.2
舗装設計便覧	316	5,500	H18.2
透水性舗装ガイドブック2007	76	1,650	H19.3
コンクリート舗装に関する技術資料	70	1,650	H21.8

日本道路協会出版図書案内

図　書　名	ページ	定価(円)	発行年
コンクリート舗装ガイドブック２０１６	348	6,600	H28. 3
舗装の維持修繕ガイドブック２０１３	250	5,500	H25.11
舗装の環境負荷低減に関する算定ガイドブック	150	3,300	H26. 1
舗　装　点　検　必　携	228	2,750	H29. 4
舗装点検要領に基づく舗装マネジメント指針	166	4,400	H30. 9
舗装調査・試験法便覧（全4分冊）（平成31年版）	1,929	27,500	H31. 3
舗装の長期保証制度に関するガイドブック	100	3,300	R 3. 3
アスファルト舗装の詳細調査・修繕設計便覧	250	6,490	R 5. 3
道路土工			
道路土工構造物技術基準・同解説	100	4,400	H29. 3
道路土工構造物点検必携（令和5年度版）	243	3,300	R 6. 3
道路土工要綱（平成２１年度版）	450	7,700	H21. 6
道路土工－切土工・斜面安定工指針（平成21年度版）	570	8,250	H21. 6
道路土工－カルバート工指針（平成21年度版）	350	6,050	H22. 3
道路土工－盛土工指針（平成２２年度版）	328	5,500	H22. 4
道路土工－擁壁工指針（平成２４年度版）	350	5,500	H24. 7
道路土工－軟弱地盤対策工指針（平成24年度版）	400	7,150	H24. 8
道路土工－仮設構造物工指針	378	6,380	H11. 3
落　石　対　策　便　覧	414	6,600	H29.12
共　同　溝　設　計　指　針	196	3,520	S61. 3
道　路　防　雪　便　覧	383	10,670	H 2. 5
落石対策便覧に関する参考資料 ―落石シミュレーション手法の調査研究資料―	448	6,380	H14. 4
道路土工の基礎知識と最新技術（令和5年度版）	208	4,400	R 6. 3
トンネル			
道路トンネル観察・計測指針（平成21年改訂版）	290	6,600	H21. 2
道路トンネル維持管理便覧【本体工編】（令和2年版）	520	7,700	R 2. 8
道路トンネル維持管理便覧【付属施設編】	338	7,700	H28.11
道路トンネル安全施工技術指針	457	7,260	H 8.10
道路トンネル技術基準（換気編）・同解説（平成20年改訂版）	280	6,600	H20.10
道路トンネル技術基準（構造編）・同解説	322	6,270	H15.11
シールドトンネル設計・施工指針	426	7,700	H21. 2
道路トンネル非常用施設設置基準・同解説	140	5,500	R 1. 9
道路震災対策			
道路震災対策便覧（震前対策編）平成18年度版	388	6,380	H18. 9

日本道路協会出版図書案内

図書名	ページ	定価(円)	発行年
道路震災対策便覧（震災復旧編）（令和4年度改定版）	545	9,570	R 5. 3
道路震災対策便覧（震災危機管理編）（令和元年7月版）	326	5,500	R 1. 8
道路維持修繕			
道路の維持管理	104	2,750	H30. 3
英語版			
道路橋示方書（Ⅰ共通編）〔2012年版〕（英語版）	160	3,300	H27. 1
道路橋示方書（Ⅱ鋼橋編）〔2012年版〕（英語版）	436	7,700	H29. 1
道路橋示方書（Ⅲコンクリート橋編）〔2012年版〕（英語版）	340	6,600	H26.12
道路橋示方書（Ⅳ下部構造編）〔2012年版〕（英語版）	586	8,800	H29. 7
道路橋示方書（Ⅴ耐震設計編）〔2012年版〕（英語版）	378	7,700	H28.11
舗装の維持修繕ガイドブック2013（英語版）	306	7,150	H29. 4
アスファルト舗装要綱（英語版）	232	7,150	H31. 3

※消費税10%を含みます。

発行所 (公社)日本道路協会　☎(03)3581-2211
発売所 丸善出版株式会社　☎(03)3512-3256
　　　　丸善雄松堂株式会社　学術情報ソリューション事業部
　　　　　　法人営業統括部　カスタマーグループ
　　　TEL：03-6367-6094　FAX：03-6367-6192　Email：6gtokyo@maruzen.co.jp